KATE KITCHENHAM (HRSG.)

Streuner — HUNDE

VON MOSKAUS
U-BAHN-HUNDEN BIS
INDIENS UNDERDOGS

MIT KOSMOS MEHR ENTDECKEN
BEITRÄGE
renommierter
FORSCHER
aus aller Welt
SEIT 1822

KOSMOS

☞ *Inhalt*

WUNDERTÜTE HUND
— Vorwort von Kate Kitchenham

Hunde stehen seit zwei Jahrzehnten im Fokus von immer mehr Forschern auf der ganzen Welt. In Hunderten von Studien wurden ihre kommunikativen und sozialen Fähigkeiten mit Artgenossen und uns Menschen untersucht (Gansloßer & Kitchenham, 2018). Doch in den letzten Jahren ist unter den Hundeforschern ein neuer Trend zu verzeichnen: Immer mehr von ihnen verlassen den Komfort ihrer warmen und praktischen Labore und begeben sich nach draußen, in die Gesellschaft von „Streunern". In manchen Gegenden der Welt kann man deshalb zurzeit auf Wissenschaftler treffen, die auf Müllhalden oder in Hinterhöfen bei Abfalltonnen hocken und mit Kamera, Papier und Stift bewaffnet das Verhalten der Hunde untereinander und mit den menschlichen Anwohnern beobachten. Manche von ihnen gehen sogar noch weiter und führen Versuche mit den Hunden auf der Straße durch – kein leichtes Unterfangen, denn Hunde kommen und gehen, wann sie wollen, und oftmals stören neugierige Menschen den Versuchsablauf. Doch die Verhaltensbiolog*innen geben nicht auf: Sie zeigen einen langen Atem und sammeln fleißig Daten, die uns dabei helfen, das Puzzle der gemeinsamen Geschichte von Mensch und Hund und den Blick des Hundes auf die Welt, seine Bedürfnisse und Talente immer besser zu verstehen. Ihre Beobachtungen lassen uns erahnen, wie Hunde und Menschen ursprünglich einmal zusammengelebt und sich daraus die heutige enge Beziehung entwickelt haben könnte. Und natürlich auch, welche Fähigkeiten der Hunde sich über den Prozess der Haustierwerdung, der „Domestikation", noch erhalten oder auch neu entwickelt haben und ihnen ermöglichen, ein eigenständiges Leben in unserer Welt zu führen. Dabei überraschen sie uns mit ihrer Verhaltensvielfalt und ihrer großen sozialen Flexibilität – oder wussten Sie, dass frei lebende Hunde manchmal Kriege führen (siehe S. 217 ff.)? Dass sie Rudel bilden, die gemeinschaftlich Junge versorgen, und eine Forscherin sogar beobachten konnte, wie eine Großmutter ihre Enkelkinder gesäugt und alleine aufgezogen hat, nachdem die Tochter kurz nach der Geburt der Welpen gestorben ist (siehe S. 119)? Haben Sie schon davon gehört, dass frei lebende Hunde in Moskau U-Bahn fahren gelernt haben und Streuner beim Betteln gezielt Menschen auswählen, die ihnen vom Verhalten eher freigiebig statt geizig erscheinen? Ich wusste vieles noch nicht und habe fasziniert und dankbar bei der Übersetzung dieser Kapitel die neuen Informationen und Geschichten über Hunde in mich aufgesogen.

EIN LEBEN AUF DER STRASSE

Sie sehen schon: Die Ergebnisse der Streunerforschung sind bunt, vielseitig und dadurch wunderbar geeignet, unser Bild, das wir von Hunden haben, immer wieder neu zu überdenken. Dieses Buch widmet sich deshalb ausschließlich diesem noch relativ neuen Interessengebiet der Kanidenforschung: den frei lebenden Hunden. Doch was genau ist

das eigentlich, ein „Streuner"? Ein bemitleidenswertes Wesen, weil es nicht auf dem Sofa sitzen darf, nicht regelmäßig entwurmt wird und noch niemals an einem Agility-Kurs teilnehmen konnte? Oder ist es vielleicht oft auch ein kluger, gelassener Hund, der sich seinen Tagesablauf selbst einteilen, sein Fressen selbst suchen und seinen Partner alleine bestimmen darf, also, mit wem er oder sie sich verpaaren möchte?
Fest steht: Es gibt nicht nur das eine Dasein, das bei uns auf dem Designer-Hundebett, gut gesichert durch die Leine entlang von Straßen oder beim Freilauf auf einer eingezäunten Hundewiese stattfindet. Tatsächlich kommt nur eine Minderheit der Welthundepopulation in den „Genuss" eines derart behüteten Lebens. **85 Prozent der Welthundepopulation lebt auf der Straße oder im Umkreis menschlicher Siedlungen – und dort häufig auch recht gut.** In diesem Buch fassen fünf Forscher aus vier verschiedenen Kontinenten ihre Beobachtungen vieler Jahre zusammen: wie variationsreich das Gruppen- oder Single-Leben dieser frei agierenden Hunde aussehen kann, je nachdem, in welchen Gebieten der Erde und unter welchen Bedingungen sie leben und welche Strategien sie sich je nach „ökologischer Nische" wählen, um gut versorgt über die Runden zu kommen. Denn wenn auch der Anblick eines „frei laufenden Hundes

Lieblingsbeschäftigung „Gucken". Dabei lernen Streuner viel über uns und die Umwelt.

ohne menschliche Begleitung" bei uns in Deutschland sofort einen Polizeieinsatz zur Folge hat – in anderen europäischen Ländern gehört er noch (!) zum gewohnten Alltagsbild dazu und niemand regt sich auf. Im Gegenteil: Oft werden die lokalen Streuner wie Nachbarn wahrgenommen, die man täglich trifft und kurz streichelt. Beobachten konnten Sie das vielleicht auch schon. Denn wer im Urlaub im Osten oder Süden Europas mit offenen Augen durch die Straßen geht, dem sind Hunde, die sich ohne Besitzer durch die Stadt bewegen dürfen, mit Sicherheit schon aufgefallen. Ein Phänomen, das vor weniger als hundert Jahren auch bei uns noch zum normalen Alltag gehörte, wie Enrique Font in seinem Kapitel schreibt (ab S. 15 ff.).

FREI LAUFENDE BESITZERHUNDE

Natürlich geht es vielen frei laufenden Hunden nicht gut, je nach Region und beteiligter Menschen kann man traurige Szenen beobachten. Aber sehr häufig fallen einem auch „Streuner" ins Auge, die ein freies, selbstbestimmtes Leben führen und dabei alles andere als unglücklich oder unterernährt wirken. Ich freue mich z. B. in meinem liebsten Urlaubsort in Frankreich jedes Jahr darauf, dort die gleichen Hunde wiederzutreffen und ein bisschen beobachten zu können. Es sind entspannte, gelassene Typen, die dort jeder kennt und die tagsüber völlig frei durch die Straßen der kleinen, südfranzösischen Stadt streifen dürfen. Sie verbringen ihre Tage damit, in den zahlreichen Cafés und Restaurants meist gezielt Touristen mit traurigen Augen anzubetteln, in der Hoffnung auf ein paar Happen vom leckeren Essen. Sehr oft mit Erfolg: Immer wieder lassen bevorzugt Deutsche oder Holländer ein Stück Brot oder Pizza fallen oder reichen es dem „armen" Hund – und sehen sich besorgt nach einem Besitzer um. Einheimische werden dagegen von den Hunden nicht angebettelt – man begrüßt sich höchstens kurz, dann geht jeder seiner Wege – der Kellner bedient weiter die Tische, der Hund hofft, dass davon etwas für ihn abfällt.

„Herrenlos" sind diese Hunde aber nicht – den richtigen Besitzer erkennt man daran, dass der „Straßenhund" sofort seine neuen Freunde aus dem Restaurant vergisst und zu ihm sprintet, ihn begrüßt und dann wird gemeinsam durch die Gassen nach Hause geschlendert. So verbringt dieser „frei laufende Besitzerhund", wie Stefan Kirchhoff ihn nennt (siehe S. 256 f.), seine Tage: Während seine Menschen unterwegs sind, streunt er oder sie alleine oder in seiner „Gang" durch die Straßen der Stadt, trinkt Wasser am Brunnen, bettelt an Tischen, wird verjagt oder gefüttert und abends trifft man sich mit seinen Menschen wieder und beendet gemeinsam den Tag. Diese in Alters- und Größenordnung bunt gemischte Hundetruppe habe ich nie aggressiv agieren sehen: Die Hunde kommunizieren klar und unaufgeregt miteinander.

Ruhe und Gelassenheit

Kläffende Hunde der Touristen, die an kurzen Leinen festgehalten werden, sorgen bei ihnen noch nicht einmal für ein Aufblicken. Sie wissen, wie sie sich in verschiedenen Situationen zu verhalten haben, wann es besser ist, sich aus dem Staub zu machen, und können Menschen verdammt schnell und richtig einschätzen. Sie sind für mich die besten Verhaltensforscher, erfassen sofort, welcher Mensch gehetzt, genervt, gelangweilt ist oder ein weiches Herz hat, also: bei wem sich das Betteln lohnt und welche Strategie man bei verschiedenen Persönlichkeitstypen anwenden sollte. Genau das beschreibt Andrey Poyarkov bei einer Gruppe Hunde vor einem Moskauer Supermarkt (siehe S. 246 ff.). Was für ein Hundeleben! Ich befürchte, meine Hunde würden sofort alle Sicherheiten gegen diese Freiheit trotz ein paar Flöhen und Würmern tauschen.

DEN STREUNER GIBT ES NICHT!

Was spannend ist: Allgemeine Aussagen über „den" Streuner können wir immer weniger machen, je mehr wir wissen. Der italienische Verhaltensforscher Roberto Bonanni hat z. B. beobachtet, dass „meine" frei lebenden Besitzerhunde aus Südfrankreich eher nicht dazu neigen, soziale Gruppen zu bilden – auch wenn sie lockere Freundschaften zueinander eingehen, ziehen sie immer noch den Menschen als Sozialpartner vor. Doch es geht auch anders: Scheinbar, je geringer der Grad der Beziehung zum Menschen ist und je mehr Futter an einem Ort verfügbar, bilden Hunde wieder stabile soziale Gruppen, in denen die Mitglieder nicht nur das Territorium verteidigen, sondern auch gemeinsam den Nachwuchs aufziehen (siehe Studien von Anindita Bhadra aus Indien, S. 103 ff.).

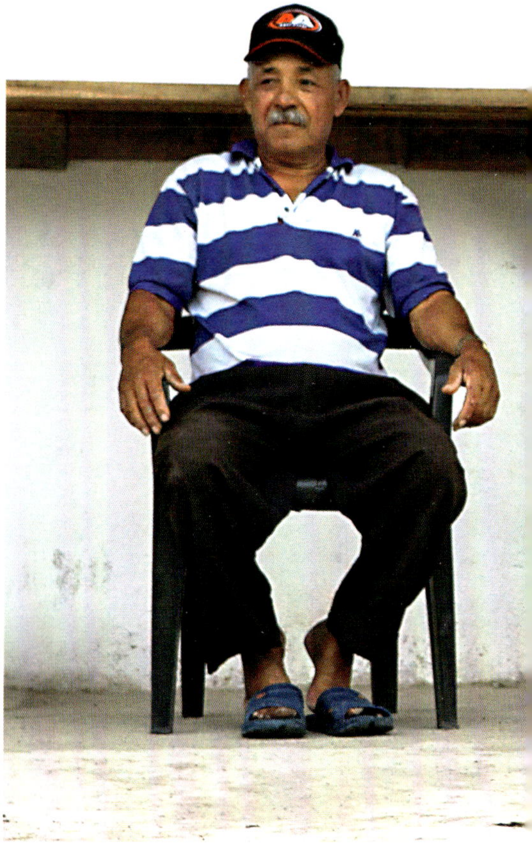

Streuner wie dieser hier zeigen uns, …

BUNTE VIELFALT

Hunde leben also in vielen Varianten mit Menschen und Artgenossen, mal als Einzelgänger oder Paar, mal in Gesellschaft mehrerer Artgenossen, manchmal ziehen auch Streuner den Menschen als Sozialpartner vor. Ein positiver Einfluss während der sensiblen Phase könnte richtungsweisend sein, was später im Leben für den Hund mehr Bedeutung hat: der Mensch oder der gute Hundekumpel. Wir müssen uns schnellstens vom einheitlichen und oft auch idealisierten Bild des „typischen" Streuners verabschieden; er führt weder immer ein romantisches Abenteuerleben, noch ist er immer arm dran. Der unterschiedliche Lebensraum prägt stark, wie Hunde sich verhalten, sich ernähren, wie eng ihre Beziehung zum Menschen und wie „glücklich" ihr Leben ist. Aber genau diese extreme Flexibilität in der Lebensweise macht das Gebiet der Streunerforschung so spannend: In Moskau haben die „Metro-Dogs" das U-Bahn-Netz erobert, deshalb und anhand eigener Beobachtungen gesteht Günther Bloch z. B. Hunden sogar unterschiedliche Kulturen zu. Er studierte ein Rudel, das in seinem Lebensraum ein strahlenförmiges Wegenetz angelegt hatte (S. 204 ff.). Diese „Routen" konzentrierten sich auf die Autobahnen, die das kanadische Reservat umschlossen, in dem diese herrenlosen Hunde lebten. Diese Hundegruppe konnte auf keine menschlichen Abfälle zurückgreifen, sondern ernährte sich von Hirsch-, Elch- und Rehkadavern entlang der kanadischen Highways. Eine Spezialisierung, die er als „kulturelle Besonderheit" beschreibt und die wieder deutlich macht, dass Hunde genau wie andere Kaniden enorm flexibel in der Lage sind, sich an unterschiedlichste Lebensräume anzupassen und Überlebensstrategien zu entwickeln.

... wie die ursprüngliche Mensch-Hund-Beziehung ausgesehen haben könnte.

VON STREUNERN LERNEN

Doch wie ist es mit der Problemlösekompetenz dieser auf der Straße lebenden Hunde? Wenn sie ständig allein und selbstständig auf Futtersuche gehen müssen, dann müsste ihre „Beharrlichkeit" oder Kreativität beim Lösen einer Aufgabe doch größer sein als die von Familienhunden, die rundum versorgt werden? Das legen zumindest Berichte von überforderten Hundehaltern nahe, die seit der Aufnahme eines ehemaligen Straßenhundes ihre Mülleimer und Gartenpforten auf besondere Weise sichern müssen, um Diebstahl und Ausbruch zu verhindern. Dass das Leben auf der Straße überraschenderweise nicht mit mehr Erfindungsreichtum bei der Aufgabenlösung gekoppelt zu sein scheint, konnten Martina Lazzaroni und Sarah Marshall-Pescini feststellen. Sie haben vergleichbare Versuche mit frei lebenden Hunden in Marokko und Familienhunden aus Wien sowie Hunden und Wölfen, die im „Wolf Science Center" (WSC) in Ernstbrunn leben, durchgeführt (siehe S. 145 ff.). Einen ganz anderen Blick auf das Phänomen Streunerhunde hat ein Forscherteam aus Ungarn eingenommen, das sich für unterschiedliche Persönlichkeitsmerkmale von Familien- und Streunerhunden interessierte. Sie sind für ihre Studie nach Indonesien auf die Insel Bali gereist: Luca Corrieri und Marco Adda haben hier die „Bali Dogs" untersucht (Corrieri et al., 2018), die seit Jahrhunderten als freie Hunde an der Seite der lokalen Bevölkerung leben dürfen. Erst in den letzten Jahren haben Zugezogene, meist aus den westlichen Industrienationen, damit begonnen, einige Exemplare dieser Population zu entnehmen. Fortan durften sie mit im Haus leben und genossen einen „24-Stunden-Service".

FREIHEIT MACHT GELASSEN

Die beiden Forscher interessierte, ob sich Persönlichkeitsmerkmale durch den Lebensstil verändern, wenn die Hunde im Haus unter Betreuung von Menschen statt frei leben dürfen. Denn den privat gehaltenen „Bali Dogs" kommt jetzt all der Luxus zuteil, den auch unsere Hunde kennen: Sie haben ein eigenes, sicher umzäuntes Grundstück, feste Futterzeiten und regelmäßige Gassirunden an der Leine. Sie müssen sich um ihre Grundversorgung also keine Sorgen mehr machen. Mit Hilfe von Fragebögen, die an Besitzer und Anwohner (bei den frei lebenden Hunden) verteilt wurden, ermittelte das Team aus Budapest, ob es Veränderungen im Verhalten bedingt durch die unterschiedliche Lebensweise geben könne. Da es sich um eine einheitliche Population handelt, die erst in den letzten Jahren durch den Zuzug von Ausländern getrennt wurde, konnten bei dieser Studie rassebedingte Verhaltensunterschiede ausgeschlossen werden. Das Ergebnis der Studie zeigt besonders deutlich den Einfluss, den der Entzug der freien Entscheidungs- und Erfahrungsmöglichkeit auf das Verhalten der Hunde haben kann: Die frei lebenden Hunde waren weniger aktiv, weniger erregbar und weniger aggressiv gegenüber ihren Verwandten, die im Haus leben durften. Außerdem waren die „freien" Hunde viel weniger daran interessiert, andere Tiere oder Menschen zu jagen. Die Ergebnisse lassen vermuten, dass eine Änderung des Lebensstils – in diesem Fall, „von Menschen adoptiert zu werden und in einem eingezäunten, überwachten Umfeld zu leben" – negative Konsequenzen auf Persönlichkeitsmerkmale wie Aktivitätsgrad, Erregbarkeit, Jagdpassion und Aggression der Hunde haben kann – alles „Verhaltensprobleme", die zum Tagesgeschäft unserer Hundeschulen in Deutschland gehören ... **Von Verhaltensstudien mit Streunern können wir also z. B. lernen, was alles möglich wäre, wenn wir uns ein bisschen entspannen und Hunden mehr Eigenerleben ermöglichen. „Leute, lasst die**

Streuner sind meist entspannte Hunde – sie verstehen viel vom Leben.

Hunde gucken!", hat Günther Bloch einmal sehr schön formuliert und dabei auf genau solche Studienergebnisse und seine Beobachtungen an den „Pizza-Hunden" (Kosmos, 2007) Bezug genommen, deren Lieblingsbeschäftigung das „Gucken" war.

Von der Straße ins Haus

Doch auch in westlichen Industrienationen begegnen uns manchmal sehr gelassene Hunde, die sehr viel „gucken dürfen": Sie gehören meist zu Menschen, die mit ziemlicher Wahrscheinlichkeit noch niemals einen Hundeschulkurs besucht oder ein Hundebuch gelesen haben: zu Punkern oder Obdachlosen. Stefan Kirchhoff schreibt von der beeindruckenden Entspanntheit dieser Hunde, die zusammen mit ihren Menschen auf der Straße leben und freie Entscheidungen fällen dürfen (siehe S. 264 f.). Kommen diese Hunde ins Tierheim, werden adoptiert und leben dann in ihren neuen Familien im gepflegten Reihenhaus mit hohem Gartenzaun, werden zu vorgegebenen Zeiten gefüttert und „ausgeführt", hat das oft eine Reihe von Problemen zur Folge. Für Kirchhoff führen die ehemaligen Streuner, die nach Deutschland gebracht wurden, ein erzwungenes „Frührentnerleben", das oft zwar vergleichsweise bequem, aber auch sehr langweilig sein kann. Die klassischen Verhaltensprobleme beschreibt er genauso wie mögliche „Wege aus der Krise", für die das Verständnis für die Herkunft und den Blick des Hundes auf die neue Welt, in der er jetzt leben muss, unabdingbar sind (siehe S. 258). Für dieses Buch hat Stefan Kirchhoff jedoch nicht nur inhaltlich passend zu den Beiträgen der Forscher seine Beobachtungen über Streuner beschrieben und auf diese Weise den Studien lebendige Beispiele aus dem Alltag dieser besonderen Hunde zur Seite gestellt. Er hat zusätzlich viele Fotos von seinen Reisen ausgewählt und damit dieses Buch unfassbar schön bebildert.

DAS POTENZIAL IM HUND

Doch was ist eigentlich alles möglich, wenn Hunde nicht von „Helikopter-Haltern" vor jeder eigenständigen Erfahrung beschützt werden, sondern Kompetenzen erwerben können, die zu selbstständigem Handeln und dem Entwickeln verschiedener sozialer Strategien befähigen? Andrey Poyarkov beschreibt auf den Seiten 246 ff., wie Hunde in Zeiten der Liberalisierung während der Perestroika die Moskauer Metro erobert haben – zunächst wurden sie in den Eingangshallen im Winter geduldet, später fingen manche Gruppen oder Individuen damit an, die Züge scheinbar gezielt zur Fortbewegung zu nutzen. Seine Geschichte steht für die Ambivalenz, mit der Menschen heute dem Phänomen Streunerhund begegnen: **Sieht man Straßenhunde nicht als Störfaktor, sondern als natürliche Form der Beziehung zwischen Mensch und Hund, können sie zu einer Bereicherung nicht nur für die**

Dieser Hund weiß, bei wem sich Betteln lohnt!

wissenschaftliche Arbeit der Forscher, sondern auch für das gesamte Umfeld und, wie im Fall der Metrohunde, sogar zu einer Touristenattraktion werden. Doch die Politik steht den sich frei bewegenden Hunden zunehmend skeptisch gegenüber. Die Befürchtung: Hunde könnten den reibungslosen Ablauf in öffentlichen Einrichtungen und das Stadtbild schädigen. Aus dieser Annahme heraus kam es in Moskau und kommt es an vielen anderen Orten der Erde zur Vertreibung und oft grausamen Ausrottung von Hunden, die sich eigentlich hoch spezialisiert an ihren Lebensraum angepasst haben. So verlieren nicht nur viele Menschen vor Ort ihre oft geschätzten, freundlichen vierbeinigen Nachbarn, sondern die Menschheit auch ein Stück ursprünglicher Kulturgeschichte der Mensch-Hund-Beziehung, die sich bis in die heutige Zeit erhalten konnte.

Entgegen vieler Behauptungen, ...

UNFÄHIG, SOZIAL ZU LEBEN?

Die Behauptung, Hunde hätten durch die Domestikation die Fähigkeit verloren, sozial im Gruppenverband miteinander leben zu können, ist heute dank der Streunerstudien widerlegt: So konnte z. B. Roberto Bonanni bei seinen jahrelangen Beobachtungen verschiedener Gruppen einen starken Zusammenhalt z. B. bei der Verteidigung von Territorien feststellen. Dabei konnten er und sein Team kaum beschädigende aggressive Interaktionen beobachten (1 % Beißvorfälle innerhalb der Gruppe, siehe S. 60). Bekannt ist dagegen, dass die Fähigkeit, aggressive Auseinandersetzungen zu meistern, bei Hunden, die mit wenigen Wochen von der Mutter getrennt werden und dann bei Menschen aufwachsen, sehr viel weniger ausgebildet wird. Das zeigt uns, wie wichtig vielfältige Erfahrungen in festen Hundegruppen für heranwachsende Junghunde sind, um in stabilen Dominanzbeziehungen (siehe Bonanni, S. 58 ff.) eine Vielzahl an Lösungsmöglichkeiten für Konfliktsituationen lernen zu können. Doch das bedeutet nicht, dass Hundegruppen immer friedlich miteinander interagieren. Andrey Poyarkov konnte in Russland beobachten, dass es zwischen Gruppen, die sich ein relativ kleines Gebiet teilen müssen, zur Entstehung langfristiger Konflikte kommen kann. Daraus entstehen – ganz ähnlich wie bei Nachbarn, die sich regelmäßig über den Zaun anbrüllen – mit den Jahren regelrechte persönliche Abneigungen, die sich in „Kriegen" entladen können, bei denen im Extremfall auch hemmungslos getötet wird. Andrey Poyarkov schildert, wie sich auf dem Gelände der Universität in Moskau in den 1980er-Jahren diese Konflikte entwickelt und schließlich in regelrechten „Kriegen" gegipfelt haben und welche wichtige Rolle beim Thema „Gewinnen oder Verlieren eines Kampfes" dem internen Gruppenzusammenhalt zukommt (siehe ab S. 226).

… leben viele Streuner nicht einzelgängerisch, sondern oft in Gruppen zusammen.

DIE IDEE ZUM BUCH

Die Idee für ein solches Buch zu haben ist einfach – sie entsteht z. B. spontan, wenn man wie ich 2017 auf dem „Wolf Canid Symposium" in Berlin sitzt und begeistert den spannenden Geschichten und Forschungsergebnissen von Wissenschaftlern wie Roberto Bonanni, Günther Bloch oder Andrey Poyarkov lauscht. Doch eine Idee würde niemals zum Buch werden können, wenn sich diese Forscher nicht von mir hätten infizieren lassen. Sie alle haben mitgemacht, haben mir ihre Forschungen zusammengefasst aufgeschrieben und zugesandt – sogar einmal um den Erdball herum, wie im Fall von Andrey Poyarkov aus Russland, Günther Bloch aus Kanada oder Anindita Bhadra aus Indien, die mich sogar noch niemals persönlich getroffen hat. Für dieses Vertrauen und die tolle Zusammenarbeit über diesen langen Zeitraum hinweg, bin ich allen Forschern unendlich dankbar. Aber es fehlt noch ein wichtiger Baustein, ohne den es einfach bei einer Sammlung spannender Texte geblieben wäre: Man braucht einen Verlag, der dieses Projekt von Anfang an begeistert begleitet, über die lange Phase der Vorbereitung und Planung hinweg. Dafür danke ich besonders meiner wunderbaren Lektorin Hilke Heinemann, die bei Problemen immer einen Ausweg weiß, die Ruhe bewahrt und nicht aufgibt, bis die tollsten Buchprojekte verwirklicht werden können. So haben wir jetzt ein Buch vorliegen, das nicht nur die Gemeinschaftsarbeit vieler hundebegeisterter Forscher ist, nicht nur den aktuellen Stand der Wissenschaft rund um das Phänomen „Streunerhunde" zusammenfasst und uns zeigt, was wir uns von frei lebenden Hunden für den Umgang mit unseren Hunden abgucken sollten, sondern auch – und vor allen Dingen! – ein Buch, das aufruft zu einem neuen, wertschätzenden Blick auf diese besonderen, faszinierenden Tiere und für den Erhalt der ursprünglichen, eigentlich friedlichen Koexistenz zwischen Mensch und Straßenhund!

SOZIALE ORGANISATION STREUNENDER HUNDE

— Von Enrique Font

DOMESTIKATION UND SOZIALVERHALTEN

Ein immer wiederkehrender Streitpunkt in Studien zum Hundeverhalten ist das Ausmaß, in welchem Domestikation und künstliche Selektion Verhaltensveränderungen insbesondere im Sozialverhalten der Hunde beeinflusst haben. Durch die Präsenz großer Populationen streunender Hunde in städtischen und vorstädtischen Gebieten weltweit bietet sich hier eine ausgezeichnete Gelegenheit, die Auswirkungen der Domestikation auf das Sozialverhalten der Hunde zu untersuchen. Im Gegensatz zu Wölfen werden streunende Hunde oft als asoziale Tiere dargestellt, die keine dauerhaften sozialen Bindungen aufbauen können. Vor fast 40 Jahren begann ich mit einer Studie über die Streunerpopulation in der Stadt Valencia, Spanien. Die Ergebnisse dieser Studie – die erste ihrer Art in diesem Teil der Welt – zeigten, dass streunende Hunde sehr wohl stabile soziale Gruppen bilden können, die in Struktur und Dynamik denen von Wölfen und anderen rudelbildenden Kaniden ähnlich sind. Neuere Studien mit streunenden Hunden in städtischen und vorstädtischen Umgebungen konnten bestätigen, dass das Sozialverhalten der Hunde komplexer ist als bisher angenommen (mehr dazu erfahren Sie in den Kapiteln von Roberto Bonanni, Anindita Bhadra, Sarah Marshall-Pescini & Martina Lazzaroni, Günther Bloch und Andrey Poyarkov). Die sozialen Kompetenzen der Hunde ähneln sehr denen anderer Kaniden in Bezug auf die kooperative Verteidigung des Territoriums, Dominanzbeziehungen, Bindung und soziale Interaktionen. Auch Führung der Gruppe durch einzelne Individuen und soziale Regulierung der Reproduktion lassen sich beobachten.

WIE WÖLFE ZU HUNDEN WURDEN

Genetische und archäologische Funde deuten darauf hin, dass die Domestizierung des Wolfes zum Hund zu verschiedenen Zeiten und an verschiedenen Orten in ganz Europa und Ostasien wahrscheinlich vor 30 000 bis 15 000 Jahren stattgefunden hat (Larson et al., 2012; Wang et al., 2016). Die relevanten Ereignisse dieses Domestikationsprozesses liegen so lange zurück, dass wir nur sehr wenige Beweise dafür haben. Die meisten historischen Rekonstruktionen basieren weitgehend auf Spekulationen. Wir können nur vermuten, dass sich frühe Hunde, die „Proto-Dogs", im Übergang vom Wolf zum Hund in einigen wichtigen Aspekten von modernen Wölfen unterschieden haben. Wölfe zeichnen sich besonders durch ihre Vorsicht gegenüber Menschen aus. Sie sind schwer zu zähmen und gehen selten eine Bindung zu einzelnen Menschen ein. Vielleicht war die Domestikation mit einem kleinen, weniger scheuen Teil der ansässigen Wolfspopulation verbunden, die nur aus Tieren bestand, die aus irgendeinem Grund ein geringes Maß an Aggression und Angst gegenüber Menschen zeigten (Bradshaw, 2011).

ENRIQUE FONT, VALENCIA/ SPANIEN

Enrique Font ist Verhaltensforscher an der Universität Valencia in Spanien. Eine Studie an frei lebenden Straßenhunden in dieser Großstadt im östlichen Teil Spaniens war der Startschuss für seine professionelle Karriere, die sich bis heute dem Studium des Verhaltens von Tieren widmet. 1988 erhielt er den Doktorgrad in Verhaltensbiologie an der Universität Tennessee (Knoxville, USA). Nach der Rückkehr in seine Heimatstadt Valencia gründete er die Verhaltensforschungsgruppe am Institut Cavanill für Biodiversität und evolutionäre Biologie (Universität Valencia). Obwohl die meisten seiner aktuellen Studien sich mit dem Verhalten von Reptilien befassen, hat er ein anhaltendes Interesse an Straßenhunden und deshalb viele Master- und Doktorarbeiten im Bereich Kommunikation unter Kaniden begleitet.

Denkmal für den Hund

Auf dem Foto steht Enrique neben dem berühmten Londoner „Hunde-Denkmal". Es zeigt einen kleinen braunen Mischling, der während des 20. Jahrhunderts medizinischen Versuchen zum Opfer fiel. Tierversuchsgegner haben diese Statue im Battersea Park in London errichtet, um daran zu erinnern, dass viele Hunde – die meisten davon waren Straßenhunde – in grausamen Experimenten missbraucht wurden, oftmals ohne den Einsatz von Schmerz- oder Betäubungsmitteln. Das Denkmal wurde schnell zum Zentrum gewaltsamer Demonstrationen und Konfrontationen zwischen Tierrechtlern und Medizinstudenten, die ihre Arbeit missverstanden fühlten. Nach mehreren Jahren der Auseinandersetzungen wurde die Statue schließlich entfernt, 1985 wurde jedoch ein neues Denkmal errichtet, der „kleine braune Mischling".

PHASEN DER DOMESTIZIERUNG

Entgegen der landläufigen Meinung bestand die erste Phase des Domestizierungsprozesses wahrscheinlich nicht darin, dass Menschen Wolfswelpen aus ihren Höhlen nahmen, sie zähmten und ausbildeten. Vielmehr begann die Domestikation wahrscheinlich mit dem Eindringen einiger weniger scheuer Wölfe und der Besetzung einer neuen ökologischen Nische: der „mittelsteinzeitlichen Dorfhalde". Diese frühen Stadien der Domestikation von Hunden und Wölfen sind somit auf einen Prozess der natürlichen Selektion zurückzuführen. Die zahmeren Wölfe passten sich einer neuen Umgebung an und domestizierten sich bis zu einem gewissen Grad selbst (Coppinger & Coppinger, 2001).

Kontrolle über die Fortpflanzung

Irgendwann wechselten diese Proto-Hunde jedoch von der Nahrungssuche um menschliche Siedlungen herum zu einer intimeren und gleichwertigeren Beziehung zu den Menschen, aus der beide Arten ihren Nutzen zogen. Während dieser Phase des Domestizierungsprozesses begannen die Menschen, die Kontrolle über die Paarung von Hunden zu übernehmen. Auf diese Weise sorgten sie dafür, dass sich wünschenswerte Eigenschaften durchsetzen konnten. Es ist zweifelhaft, dass die künstliche Auswahl bestimmter Merkmale zunächst ein zielgerichtetes Vorgehen war, das überall auf die gleiche Weise stattfand. Viel wahrscheinlicher ist, dass die Auswahl ein eher zufälliger Prozess war, bei dem verschiedene Eigenschaften zu unterschiedlichen Zeiten und an verschiedenen Orten bevorzugt ausgewählt wurden. Wie bei anderen domestizierten Arten auch, ist es wahrscheinlich, dass das Merkmal „Zahmheit" auf globaler Ebene besonders beliebt war. In diesen frühen Phasen der Domestikation hatten diejenigen Tiere, die weniger Angst und mehr Toleranz gegenüber dem Menschen zeigten, also eindeutig einen Überlebensvorteil. Zahmheit erleichtert die Handhabung und Haltung von Tieren und gilt als wesentliches Merkmal für eine erfolgreiche Domestikation (Preis, 2002).

DOMESTIKATION, ZÄHMUNG UND VERWILDERUNG

Domestikation erfordert, dass sich nicht menschliche Tiere an eine vom Menschen geschaffene Umgebung anpassen. Diese Anpassung wird weitgehend durch genetische Veränderungen erreicht, die sowohl durch natürliche als auch durch künstliche Selektion hervorgerufen werden. Aber Haustiere unterscheiden sich von wild lebenden Tieren auch dadurch, dass sie in einer künstlichen Umgebung aufwachsen, sie sind „gezähmt". Das Leben in unmittelbarer Nähe zum Menschen beeinflusst dadurch das Verhalten des sich entwickelnden Tieres. Es ist also eine Kombination aus vererbten genetischen Veränderungen und dem Leben mit Menschen, die ein Tier zum häuslichen Mitbewohner macht. Somit ist die Domestikation ein zweistufiger Prozess, der neben genetischen Veränderungen auch umweltbedingte Entwicklungseffekte beinhaltet, die nach der Zeugung wiederkehren (Preis, 1984, 1999). Der wichtigste umweltbedingte Effekt der Domestikation ist die Sozialisation: ein Lernprozess, der die Etablierung primärer sozialer Bindungen ermöglicht. Die Sozialisation (und Prägung) wurde für viele Arten beschrieben. Aber Hunde sind außergewöhnlich, weil bei ihnen selbst sporadischer Kontakt mit Menschen und Hunden während eines sensiblen Entwicklungszeitraums (in der Regel zwischen drei und zwölf Wochen) ausreicht, um sogar doppelt sozialisiert zu werden – mit Menschen und Hunden (Scott & Fuller, 1965). Auch weniger gut sozialisierte Hunde können durchaus eine Bindung zum Menschen aufbauen. In diesem Fall braucht es aber mehr Zeit und Einfühlungsvermögen (siehe Studie von Anindita Bhadra, S. 136 ff.).

SELEKTION AUF ZAHMHEIT

Interessanterweise ist es möglich, dass einige der Merkmale, die Wölfe von Hunden unterscheiden, als unbeabsichtigte Folge der Auswahl nach Zahmheit entstanden sind. Ein Forschungsprojekt mit Silberfüchsen, das vom russischen Genetiker Dmitri Belyaev in den späten 1950er-Jahren initiiert wurde und sich über mehr als 50 Jahre erstreckt hat, konnte zeigen, dass einige der klassischen Domestikationserscheinungen mit der Selektion auf Zahmheit zusammenhängen. So sind die physischen und physiologischen Veränderungen wie Schlappohren, Ringelschwänzchen, fleckiges Fell und frühere sexuelle Reife unbeabsichtigte Folgen der Selektion auf mehr Toleranz und Zahmheit (Wahrheit, 1999; Dugatkin, 2018).

ZÄHMEN VERSUS DOMESTIKATION

Zähmen unterscheidet sich von Domestikation, weil zahme Tiere in einer vom Menschen geschaffenen Umgebung aufgezogen werden. Sie leben oft isoliert von ihrer eigenen Art, unterscheiden sich genetisch jedoch nicht von ihren wild lebenden Verwandten. Während wir es gewohnt sind, an zahme Haustiere und nicht zahme Wildtiere zu denken, gibt es zwei weitere Möglichkeiten: zahme Wildtiere (z. B. viele Zootiere) und domestizierte Tiere, die nicht mit dem Menschen sozialisiert wurden und sich wie Wildtiere verhalten. Letztere werden oft als „verwilderte Tiere" bezeichnet. Eine Verwilderung ehemals domestizierter Arten tritt auf, wenn ein Tier aus heimischem Bestand während der sensiblen Zeit nicht dem engen menschlichen Kontakt ausgesetzt ist und daher nicht mit dem Menschen sozialisiert wurde.

Obwohl sie manchmal als Entdomestizierung oder Domestizierung im Umkehrschluss beschrieben wurde, ist Verwilderung der umgekehrte Prozess zur Sozialisierung, nicht zur Domestizierung (Daniels/Bekoff, 1989; Miklósi, 2007). Allerdings können wilde Tiere durch Verhinderung der Fortpflanzung von ihren Hausgenossen isoliert werden, sodass sich die Populationen sowohl genetisch als auch in der individuellen Entwicklung (ontogenetisch) unterscheiden können.

AUS ALLER WELT – HALBWILDE HUNDE

In diesem Wald in Portugal leben seit Jahren Hunde. Die wenigsten von ihnen wurden jedoch dort geboren, sondern im Laufe der Zeit ausgesetzt. Je nach Persönlichkeitstyp und den vorherigen Erfahrungen können sich sehr schnell Verhaltensweisen etablieren, die an verwilderte Haushunde erinnern. Es sind also keine wirklich verwilderten Hunde, man könnte sie nach der Definition von Bonanni als halbwilde Hunde bezeichnen (S. 49). Es ist auch durchaus möglich, dass ein eigentlich nicht schlecht sozialisierter Hund dort ausgesetzt wird und das scheue Verhalten der anderen Hunde annimmt. Im Laufe meiner Hundetrainertätigkeiten habe ich einige Hunde kennengelernt, die ich erst als halbwild und unvermittelbar eingeschätzt habe, diese sich aber überraschenderweise doch noch dem Menschen anschließen konnten und sich an ein ganz „normales" Leben im Haushalt angepasst und dieses offensichtlich auch genossen haben.

Diese Hunde in Portugal wurden zumeist ausgesetzt.

WAS IST EIN STREUNENDER HUND?

Hunde decken den gesamten Bereich von vollständig domestizierten bis hin zu verwilderten Tieren ab. Obwohl es mehrere Versuche gegeben hat, eine einheitliche Terminologie zu etablieren (Boitani et al., 2007; Miklósi, 2007; Bonanni & Cafazzo, 2014), gibt es wenig Übereinstimmung darüber, wie Hundepopulationen klassifiziert werden sollten aufgrund der Unterschiede, die sich durch die verschiedenen Lebensweisen und die daraus resultierenden unterschiedlichen Beziehungen und Interaktionsformen miteinander und mit dem Menschen ergeben. Wie Boitani et al. (2007) betonten, gibt es keine klar voneinander abzugrenzenden Kategorien, sondern eher uneinheitliche (heterogene) Klassen, deren Unterschiede oft nur gering sind. Ein Hund kann während seines Lebens auch von einer Klasse zur anderen wechseln, was die Klassifizierung zusätzlich erschwert. „Frei streunende" und „frei laufende" Hunde wurden dabei oft als Sammelbegriff verwendet, um alle Hunde zu erfassen, die nicht streng vom Menschen abhängig und vollständig von ihm kontrolliert werden.

WILDHUNDE

An einem Ende der Reihe stehen Wildhunde, die einst aus verwilderten Hunden entstanden sind (auch als sylvatische Hunde bezeichnet; Macdonald & Carr, 1995). Sie haben in der sensiblen Zeit nur mit Artgenossen soziale Bindungen gebildet und wurden nicht mit dem Menschen sozialisiert, deshalb werden Menschen eher gemieden. Dazu gehören z. B. der Dingo und einige Populationen von Hunden, die auf abgelegenen Inseln leben.

STREUNERHUNDE

Am anderen Ende stehen die bekannten Streunerpopulationen, die in vielen Städten und Vororten weltweit noch immer verbreitet sind. **Streunerhunde sind zum Teil auf den Menschen sozialisiert und direkt oder indirekt von ihm abhängig, um Nahrung und Unterkunft zu erhalten. Streunerhunde leben sehr vielfältig mit bemerkenswert unterschiedlichen Verbindungen zum Menschen. Einige sind relativ eng gebundene Individuen, die täglich für bestimmte Zeiträume frei herumlaufen dürfen. Andere sind entlaufene oder leider öfter auch ausgesetzte Hunde.**

Diese beiden Hunde sind fremden Menschen gegenüber sehr scheu und halten eine große Fluchtdistanz. Zu ihrem „Versorger" haben sie allerdings ein gewisses Vertrauen.

DORFHUNDE

Und es gibt Hunde, die von solchen mehr oder weniger frei streunenden Hunden geboren wurden (zur Unterscheidung siehe auch S. 45 ff.). Einige Forscher identifizieren sogenannte Dorf- oder Pariahunde als eine eigene Klasse, die etwas zwischen wilden und streunenden Hunden liegt. Dorfhunde werden als halbwilde Hunde bezeichnet, die von Abfällen aus menschlichen Siedlungen leben, insbesondere in ländlichen Gemeinden in Entwicklungsländern. Die Unterscheidung zwischen Dorf- und Streunerhunden ist jedoch etwas verschwommen.

AUS ALLER WELT – DOMINIKANISCHE REPUBLIK

Weit abseits vom Touristengebiet findet man hier noch ein sehr ursprüngliches Streunerverhalten. Müll und Essensreste gibt es bei den eher armen Dorfbewohnern kaum. Trotzdem schaffen es die Hunde, irgendwie über die Runden zu kommen. Entsprechend dünn sehen sie auch aus. Die Umwelt beeinflusst selbstverständlich auch das Verhalten. Sollten diese Hunde, aus welchem Grund auch immer, eingefangen und vermittelt werden, sind große Probleme vorprogrammiert. Im Gegensatz zu den Straßenhunden aus dem urbanen Umfeld kennen die Dorfhunde auch nicht ansatzweise die Alltagsbelastungen, die auf sie zukommen würden, wenn sie z. B. nach Deutschland vermittelt würden.

Ein typischer Dorfhund in der Dominikanischen Republik

URTYP DER MENSCH-HUND-BEZIEHUNG?

Die Domestikation hat das Verhalten der Hunde stark beeinflusst. Einige Veränderungen sind offensichtlich: Die meisten Hunde sehen einfach nicht mehr aus wie Wölfe. Die Selektion hat zu körperlichen Veränderungen geführt, die sich auf das Repertoire der kommunikativen Signale des Hundes auswirken. So sind z. B. Ohren und Ruten wichtige Elemente der visuellen Kommunikation von Kaniden, die sich im Vergleich zum Wolf stark verändert haben. Andere Auswirkungen der Domestikation sind umstrittener, insbesondere das Ausmaß, in dem das Sozialverhalten durch Domestikation beeinflusst wurde, wird nach wie vor heftig diskutiert.

STUDIEN ZUM SOZIALVERHALTEN

Frei laufende Hunde bieten eine ausgezeichnete Möglichkeit, das Verhalten von Hunden relativ unbeeinflusst vom menschlichen Eingriff zu untersuchen und unser Verständnis für die Auswirkungen natürlicher und künstlicher Selektion auf das Verhalten zu verbessern. Insbesondere wilde Hunde mit minimalem Kontakt und minimaler Beeinflussung durch den Menschen scheinen ideal geeignet zu sein, um die Auswirkungen einer Rückkehr in einen wilden Zustand zu untersuchen, deshalb wurden hier zahlreiche Studien durchgeführt (z. B. Scott & Causey, 1973; Nesbitt, 1975; Boitani & Ciucci, 1995; Boitani et al., 2007). Aber auch frei laufende und frei streunende Hunde, die in vielen Städten und Vororten weltweit leben, sind heute begehrte Studienobjekte. Sie unterscheiden sich von verwilderten Hunden dadurch, dass sie eine hohe Toleranz gegenüber der Anwesenheit von Menschen zeigen, sogar menschliche Nähe zulassen und viel zugänglicher sind. Wilde Hunde leben dagegen in einer Umgebung, die sich nicht wesentlich vom Lebensumfeld des Wolfes oder anderer wilder Kaniden unterscheidet. Im Gegensatz dazu leben streunende Hunde in einer vom Menschen dominierten Umgebung. Durch diesen Umstand wird vermutet, dass streunende Hunde ein Fenster in die Vergangenheit der Hundwerdung bieten können, da ihr Verhalten dem der angestammten Proto-Hunde sehr ähnlich sein könnte, die in und um menschliche mittelsteinzeitliche Siedlungen lebten (Coppinger & Coppinger, 2016).

Erste Studie zur Ökologie und Populationsbiologie

1973 veröffentlichte Alan Beck eine bahnbrechende Studie über die städtischen Streunerhunde der Stadt Baltimore (Maryland, USA). Die Studie wurde wegen ihrer Originalität hoch gelobt: Zum ersten Mal betrachtete ein Wissenschaftler städtische streunende Hunde vielschichtig aus den Augen der Verhaltensforschung (Ethologie), bezog die Umweltbedingungen für das tägliche Überleben mit ein (Ökologie) und beachtete die Langzeitentwicklung der Gruppen (Populationsbiologie). Becks Arbeit diente damit als Inspiration für eine Vielzahl von Studien, die die Ökologie und das Verhalten von Streunerhunden in städtischen, vorstädtischen und ländlichen Gebieten, hauptsächlich in den USA, untersuchten (Fox et al., 1975; Fox, 1978; Rubin & Beck, 1982; Berman & Dunbar, 1983; Daniels, 1983a, b; Daniels & Bekoff, 1989). Eine Schlussfolgerung aus einigen dieser frühen Studien ist, dass streunende Hunde selten große Rudel bilden, wie wir sie von Wölfen und anderen wilden Kaniden kennen. Die meisten der streunenden Hunde in diesen Studien wurden allein oder in kleinen, kurzlebigen Gruppen von zwei bis fünf Individuen beobachtet.

Basierend auf diesen Erkenntnissen wurde der Schluss gezogen, dass Hunde im Wesentlichen Einzeltiere sind, die als direkte Folge der Domestikation viele der Verhaltensweisen, die wir bei Wölfen sehen, verloren haben. Deshalb sei es ihnen nicht mehr möglich, stabile, zusammenhängende soziale Gruppen zu bilden. Wie John Bradshaw es ausdrückte: **„Da Hunde durch Domestikation verändert wurden, scheinen viele der Feinheiten und Raffinessen des Wolfsverhaltens entfernt worden zu sein, sodass ein Tier zurückbleibt, das immer noch als Kanide, aber nicht mehr als Wolf erkennbar ist."** (Bradshaw 2011, S. 4).

Ein Stadthund in der Dominikanischen Republik. Sein frecher, aufgeschlossener Blick lässt erahnen, dass er Menschen gegenüber aufgeschlossen ist.

ÖKOLOGIE DER STREUNER IN VALENCIA

Vor diesem Hintergrund begann ich im Sommer 1981 mit einer sechsmonatigen Studie über das Leben der streunenden Hunde in Valencia, einer Stadt mit etwa 800 000 Einwohnern an der spanischen Mittelmeerküste (Font, 1982). Becks bahnbrechende Studie hatte die Ökologie und das Verhalten (einschließlich des Sozialverhaltens) der städtischen Streunerpopulation von Baltimore beschrieben, und ähnliche Studien wurden in anderen Großstädten der USA durchgeführt oder waren im Gange. Angesichts der vielen Unterschiede zwischen nordamerikanischen und europäischen Städten, insbesondere in Bezug auf Klima, Stadtlandschaft und Einstellung der Menschen zu Tieren, habe ich mich gefragt, ob sich die Hunde in Valencia anders verhalten würden als die Hunde in Baltimore, St. Louis, Newark, Queens oder Berkeley. Besonders fasziniert hat mich die hartnäckige Behauptung, dass städtische Streuner keine stabilen sozialen Gruppen bilden, was meinen vorläufigen Beobachtungen der Streunerpopulation von Valencia widersprach.

METHODISCHES VORGEHEN

Meine Studie umfasste sowohl Populationserhebungen als auch detaillierte Langzeitbeobachtungen ausgewählter Streunergruppen. Mit Hilfe von Bevölkerungsumfragen konnte ich Daten über die Häufigkeit, die räumliche Verteilung und die demografischen Merkmale der Hundepopulation in sieben Distrikten mit einer Größe von 17 bis 51 Hektar im gesamten Großraum Valencia sammeln. Die sieben Bezirke waren repräsentativ für typische Erscheinungsformen städtischer Umgebungen in Valencia. Sie reichten von einkommensschwachen, wirtschaftlich schwachen Stadtvierteln bis hin zu Mittelstandsgebieten, meist Wohngebieten. Die Häufigkeit von streunenden Hunden wurde mit Hilfe der fotografischen Markierungserfassungsmethode geschätzt, bei der ein Foto die eigentliche Erfassung des Tieres ersetzt.

VORKOMMENSDICHTE

Die Vorkommensdichte an Hunden auf der nur für die Hunde verfügbaren, berechneten Fläche in den sieben Bezirken (d. h. ohne Gebäude und eingezäunte Flächen) lag zwischen 127 und 1 304 streunenden Hunden pro Quadratkilometer, also durchschnittlich 479 streunende Hunde pro Quadratkilometer. Höhere Dichten traten tendenziell in den wirtschaftlich schwächeren Stadtteilen auf, insbesondere in denjenigen mit reichlich freien Flächen. Hier konnte eine starke Präsenz der Hunde erfasst werden (permanente Streuakkumulation). Diese gefundenen Dichten ähneln den Dichtewerten anderer

städtischer Streunerpopulationen (z. B. Beck, 1973, 1975; Daniels, 1983a), sind aber viel höher als die für wilde Hunde und Streuner in vorstädtischen und ländlichen Lebensräumen (z. B. Bonanni & Cafazzo, 2014; Boitani et al., 2017). Das Geschlechterverhältnis war männlich dominiert (2:1) wie in den meisten Streunerpopulationen, für die Daten verfügbar sind (z. B. Beck, 1973; Westbrook und Allen, 1979; Daniels, 1983a).
In Übereinstimmung mit anderen Studien wurden bei Populationserhebungen Hunde allein (63,5 %) oder in kleinen Gruppen von zwei bis drei Tieren beobachtet. Dies deutet zwar darauf hin, dass städtische Streunerhunde keine sozialen Gruppen bilden. Doch schaut man genauer hin und beobachtet einzelne Fokustiere über längere Zeiträume, ergibt sich ein anderes Bild. Demnach bildeten streunende Hunde in Valencia zwei Arten von Gruppen: sowohl zeitweilige Zusammenschlüsse (temporäre Aggregationen) als auch stabile soziale Gruppen.

ZUSAMMENSCHLÜSSE VON STREUNERN

Bei diesen Gruppen handelt es sich um ein eher kurzlebiges Zusammensein. Den Grund dafür bildet meistens eine Nahrungsquelle (z. B. ein menschlicher Wohltäter, der die Hunde füttert) oder eine läufige Hündin. Die häufigsten kurzfristigen Zusammenkünfte entstanden um eine läufige Hündin (die sogenannten „Östrus-Gruppen"), die von einer Reihe von Rüden umgeben wurde, die versuchten, sich mit ihr zu paaren (Daniels, 1983a, b). Östrus-Gruppen können groß sein und bis zu zwölf Rüden umfassen, die sich um ein Weibchen versammeln. Läufige Hündinnen durchqueren während ihres Östrus ganze Stadtgebiete und somit auch verschiedene Territorien. Das lockt Streuner aus völlig unterschiedlichen Gruppen oder Gegenden an. In städtischen Gebieten handelt es sich dann eher selten um ein festes Rudel, sondern eine Gruppe aus

Bei „Östrusgruppen" handelt es sich um eine läufige Hündin, die von mehreren Rüden umworben wird.

vielen sich untereinander unbekannten Streunern. Das sorgt für viele Konflikte und Auseinandersetzungen. Auch bei der Bevölkerung sind diese Östrus-Gruppen nicht sehr beliebt, da sie sich sehr auffällig benehmen.Diese Versammlungen dauern aber in der Regel nur wenige Tage an. Sie zeichnen sich durch eine sich stetig verändernde Zusammensetzung von männlichen „Freiern" und aggressiven Auseinandersetzungen zwischen den Rüden aus (Daniels, 1983a, b; Pal et al., 1999; Pal, 2011). Gelegentlich schließen sich auch Hündinnen einer „Östrus-Gruppe" an, die selbst nicht in der Hitze sind; in einem solchen Fall handelt es sich meist um Begleiterinnen eines Rüden, der an der „Östrus-Gruppe" Interesse hat, also einer ursprünglich sozialen Gruppe von drei Individuen, die sich kurzfristig dazugesellt.

STABILE GRUPPEN

Im Gegensatz zu den „Östrus-Gruppen" sind stabile soziale Gruppen zusammenhaltende und relativ langlebige soziale Einheiten, die einige der Merkmale aufweisen, die oft Wolfsrudeln zugeschrieben werden, wie kooperative Verteidigung des Territoriums, altersbasierte Dominanzhierarchie und Anführer-Gefolgschafts-Beziehungen (siehe Bonanni & Cafazzo, 2014). Zwei dieser Gruppen (als Gruppe I und Gruppe II bezeichnet) wurden für 90 bzw. 150 Stunden beobachtet. Die Beobachtungen der Fokusgruppen wurden in dreistündigen Perioden geplant, die so verteilt waren, dass sie einen Tageszyklus abdeckten. Während jedes Beobachtungszeitraums ergab eine Kombination aus beliebiger/spontaner Beobachtung und konzentrierter Fokussierung auf das Verhalten einzelner Tiere Daten über die täglichen Aktivitätsmuster der Hunde („ad libitum und fokal animal sampling", nach Altmann, 1974). Auf diese Weise wurde genau erfasst, wie sie sich in ihrem Gebiet bewegten, wie groß das Territorium war, wo sich die Rückzugsorte befanden, wie viel Zeit die Tiere mit Nahrungs- und Wasserbeschaffung sowie Sozialverhalten verbrachten. Gruppe I bestand aus zwei erwachsenen mittelgroßen Rüden, während Gruppe II eine erwachsene Hündin und drei Rüden unterschiedlichen Alters und unterschiedlicher Größe umfasste. Das einzelne Weibchen in Gruppe II hatte einen Wurf von drei Welpen, die später von den Menschen in der Nachbarschaft aufgenommen wurden.

AUS ALLER WELT – GRUPPENGRÖSSE

Das Vorkommen großer Gruppen kann von Gebiet zu Gebiet sehr unterschiedlich sein. So habe ich in Rumänien und der Türkei recht viele kopfstarke Gruppen getroffen, in Italien und Bulgarien hingegen eher kleine Gruppen oder einzeln umherlaufende Hunde. Zum einen kann das mit dem Vorkommen frei laufender Besitzerhunde zu tun haben. Diese schließen sich, wenn überhaupt, nur kurz zu einer Gruppe zusammen, lösen sich aber im Laufe des Tages wieder auf. Zum anderen können natürlich durch Kastrationsaktionen oder Einfangaktionen für einen gewissen Zeitraum die Gruppen versprengt werden. In Bukarest z. B. wurden aufgrund eines tödlichen Beißvorfalls (2013) die Hunde rigoros eingefangen. Zu dem Zeitpunkt hat man dann kaum noch Hunde in der Stadt gesehen. Mittlerweile sind wieder überall Straßenhunde anzutreffen. Dadurch wird wieder einmal bestätigt, dass Einfangaktionen nicht langfristig für eine Populationsregulierung geeignet sind.

Gemeinsames Ruhen und Wachen sind auch für viele Streunerhunde typische Verhaltenselemente.

REVIERVERTEIDIGUNG

Das Territorium oder der Teil des Heimatgebiets, das aktiv gegen Eindringlinge verteidigt wurde, konnte für Gruppe II anhand der aggressiven Begegnungen zwischen Gruppenmitgliedern und potenziellen Eindringlingen festgestellt werden, die an den Grenzen dieses Bereichs besonders intensiv stattfanden. Es ist wahrscheinlich, dass die territorialen Grenzen von allen Gruppenmitgliedern gleich wahrgenommen wurden, da sich alle an diesen Handlungen der territorialen Verteidigung beteiligten. Das Gebiet der Gruppe bestand aus einem zwei Hektar großen, unbebauten Grundstück mit vielen Sträuchern und abgelegten Abfällen. Bei allen beobachteten Begegnungen wurden Eindringlinge, die diesen exklusiven Bereich betraten, von der Gruppe vertrieben. Eine Ausnahme machte die Streunergruppe bei den Haushunden der Anwohner, die den Gruppenmitgliedern bekannt waren und deshalb nicht als Eindringlinge behandelt wurden. Obwohl keine quantitativen Daten über die Geruchsmarkierung erhoben wurden, schien das Urin- und Kotabsetzen der Gruppenmitglieder entlang der Territorialgrenzen am stärksten ausgeprägt zu sein, was darauf hindeutet, dass sie als territoriale Geruchsmarkierungen dienen könnten (siehe auch Cafazzo et al., 2012).

TAGESRHYTHMUS

An einem typischen Tag verbrachten die Hunde bis zu 18 Stunden Ruhezeit (d. h. schlafen, liegen oder sitzen) innerhalb der Territorialgrenzen. Als die Tiere zum ersten Mal am Morgen aktiv wurden, sah man sie oft an einer „Morgenbegrüßungszeremonie“ teilnehmen, bei der sich die Hunde viel Zeit für die gegenseitige geruchliche Untersuchung (Fox et al., 1975) und freundliche soziale Interaktionen nahmen. Aggressive Auseinandersetzungen zwischen den Gruppenmitgliedern kamen kaum vor, auch ritualisierte Demonstrationen von Dominanz oder Unterwerfung wurden selten beobachtet. Dies unterstützt die Behauptung, dass die Kommunikation sehr vertraut ist und auf gegenseitiger Anerkennung beruht (Fox et al., 1975). Auf der Grundlage der seltenen aggressiven Vorfälle wurde für Gruppe II eine Dominanzhierarchie erfasst, nach der das größte Männchen dominant gegenüber den anderen beiden Männchen eingeschätzt wurde. Von diesen war der Jugendliche in der sozialen Hierarchie am niedrigsten und allen anderen Mitgliedern der Gruppe untergeordnet. Es wurden keine aggressiven Wechselwirkungen zwischen der Hündin und den erwachsenen Rüden beobachtet, obwohl sich die Rüden zurückzogen, wenn diese Ansprüche auf Futter oder eine Ruhestelle erhob.

ERGEBNIS DER STUDIE

Streuner können stabile soziale Gruppen bilden!

Die Resultate dieser Studie zeigen, dass Streuner in der Stadt in komplexen interaktiven Netzwerken mit allen Attributen einer stabilen sozialen Gruppe leben (Font, 1982). Mitglieder der in Valencia untersuchten sozialen Gruppen verteidigten ein gemeinsames Territorium, hatten Dominanzhierarchien, gemeinsame Nahrung, und ihre Zusammensetzung blieb auch nach Abschluss der Studie unverändert. Neuere Studien mit streunenden Hunden in städtischen und vorstädtischen Umgebungen haben bestätigt, dass die soziale Organisation von Hunden der von Wölfen und anderen wilden Kaniden in Bezug auf die kooperative Verteidigung eines Territoriums, Dominanzbeziehungen, affiliative soziale Interaktionen, Führung und soziale Regulierung der Reproduktion gleichen kann (Pal et al., 1998; Bonanni et al., 2010a, b; Cafazzo et al., 2010, 2014; Bonanni & Cafazzo, 2014). So sind Hunde auch nach jahrtausendelanger Domestikation und künstlicher Selektion immer noch in der Lage, soziale Gruppen zu bilden, die in Organisation und Dynamik denen anderer Arten von Kaniden ähnlich sind.

GIBT ES „ASOZIALE" STREUNER?

Doch wie können diese Beobachtungen von stabilen sozialen Streunergruppen in Einklang gebracht werden mit Bevölkerungsumfragen, die ergeben haben, dass frei lebende Hunde als Einzelgänger leben? Wie sich herausstellt, basiert die Schlussfolgerung auf der Verwendung einer für diese Studien nicht geeigneten Methodik. Die meisten Studien, die behaupten, dass Hunde einzelgängerisch leben (Beck, 1973; Berman & Dunbar, 1983; Daniels, 1983a; Daniels & Bekoff, 1989a; Ortolani et al., 2009), haben das soziale Wesen der Hunde bewertet, indem sie die Häufigkeiten von Gruppen mit ein, zwei, drei und mehr Individuen bei Populationserhebungen gezählt haben. Diese statistische Wahrscheinlichkeitsrechnung („Poisson-Verteilung") ergab, dass die Zusammensetzung der Gruppen nur durch den Zufall bestimmt ist, dass die beobachteten Gruppen also durch zufällige Begegnungen zwischen den Tieren erzeugt wurden, die alle frei durch ihre Heimatgebiete wanderten. Nach diesen Studien repräsentieren diese Hunde keine „echten" sozialen Gruppen. Trotz ihrer verführerisch einfachen Anwendungsmöglichkeit ist diese Methodik wenig geeignet, um zu beurteilen, inwieweit streunende Hunde (oder andere nicht menschliche Tiere) stabile, langlebige soziale Gruppen bilden (Font, 1987). Streunende Hunde neigen dazu, einzeln oder in sehr kleinen Gruppen auf Nahrungssuche zu gehen. Wahrscheinlich, weil sie in einer städtischen Umgebung keine Jagd auf große Beutetiere machen müssen, bei der eine kooperative Gruppenjagd nötig wäre. Stattdessen durchstreifen sie auf der Suche nach Fressbarem meist allein ihren Heimatbereich. Wenn sich aber Gruppenmitglieder bevorzugt allein oder höchstens zu zweit durch ihr Territorium bewegen, dann wird in der Bevölkerungsbefragung der Anteil größerer sozialer Gruppen tendenziell unterschätzt. Laut Daniels (1983b) zeigten sich die bei einer Befragung in Wohngebieten von Newark entdeckten „Gruppen" mit einer Dauer von fünf bis sechs Minuten nur sehr kurz. Diese flüchtigen Eindrücke spiegeln deshalb meist zwanglose Begegnungen wider und entsprechen nicht den zusammenhängenden sozialen Gruppen, die die lange Beobachtung von Streunern in städtischen, vorstädtischen und ländlichen Lebensräumen gezeigt hat (Font, 1982, 1987; Macdonald & Carr, 1995; Pal et al., 1998; Bonanni et al., 2010a, b; Cafazzo et al., 2010; Bonanni & Cafazzo, 2014).

Hunde sind nach jahrtausendelanger Domestikation immer noch in der Lage, soziale Gruppen zu bilden.

SOZIALE ORGANISATION BEI WÖLFEN & STREUNERN

Da streunende Hunde also anscheinend in der Lage sind, stabile soziale Gruppen zu bilden, sollten wir fragen, wie die Domestikation ihre soziale Organisation im Vergleich zu Wölfen und anderen wilden Kaniden verändert hat. **Eine „soziale Organisation" wird beschrieben durch ihre Größe, die sexuelle Geschlechterzusammensetzung und den Zusammenhalt einer sozialen Gruppe innerhalb eines bestimmten Raumes über eine bestimmte Dauer** (räumlich-zeitlich, Kappeler & van Schaik, 2002). Die Wolfsgesellschaft ist als Rudel organisiert, und wird häufig als stabile Gruppe von Individuen beschrieben. Wölfe bewegen sich meist miteinander durchs Territorium, jagen zusammen, ziehen gemeinschaftlich Jungtiere auf und verteidigen das Gemeinschaftsgebiet (Mech & Boitani, 2003). Die Größe des Rudels kann dabei variieren: Meist bestehen die Rudel aus sechs oder sieben Familienmitgliedern, aber es wurden auch schon bis zu 36 Wölfe beobachtet (Mech, 1970).
Die stabilen sozialen Gruppen von streunenden Hunden, die in Valencia und anderen städtischen Gebieten registriert wurden, überschritten selten eine Mitgliederzahl von fünf bis sechs Individuen. In Vororten und ländlichen Gebieten konnten jedoch viel größere Gruppen beschrieben werden. Bonanni und Cafazzo (2014) berichten z. B. von Gruppengrößen zwischen sechs und 27 Hunden in einer Population von streunenden Hunden im Vorort Rom (Italien, siehe S. 70).
Diese Gruppen können relativ langlebig sein. Drei Hunde in der Valencia-Studie waren über zwei Jahre lang Mitglieder der Gruppe II und einige Hunde im Vorort Rom blieben noch länger in der gleichen Gruppe (Bonanni & Cafazzo, 2014).

KOOPERATIVE JUNGENAUFZUCHT?

Ein wichtiger Unterschied zwischen Wölfen und Hunden besteht darin, dass Wolfsrudel Familieneinheiten sind, die aus einem reproduktiven Paar und ihren Nachkommen bestehen (etwas anderes hat Günther Bloch in Kanada beobachten können, siehe S. 204 ff.). Im Gegensatz dazu sind die Mitglieder einer Gruppe von streunenden Hunden in der Regel unabhängige Individuen, und in einigen der größeren Gruppen kann es mehr als ein aktives Fortpflanzungspaar geben. Ein weiterer oft zitierter Unterschied ist, dass Wölfe und andere wilde Kaniden sich bei der Aufzucht der Jungtiere unterstützen, also kooperative Aufzucht betreiben, bei der einige Individuen innerhalb eines Rudels, die sogenannten „Babysitter", als Helfer für das „Elternpaar" fungieren (Moehlman, 1986; Packard, 2003). Zu den Aufgaben gehören die Betreuung vor Ort, die Verpflegung durch Hervorwürgen von Nahrung, das Spielen und die Pflege durch Gruppenmitglieder, die sich nicht verpaaren.
Die kooperative Aufzucht wurde bei Streunern lange Zeit nicht beschrieben, was nicht verwunderlich ist, wenn man bedenkt, dass Mitglieder einer Streunergruppe manchmal genetisch voneinander unabhängig sind. Langzeitstudien an Paria-Hunden in Westbengalen/Indien haben jedoch in letzter Zeit Belege für die väterliche Fürsorge geliefert. Hier betreuen und verteidigen Rüden den Wurf und bringen Futter für die Welpen. Auch die Unterstützung der Eltern durch ältere Geschwister aus dem vorherigen Wurf konnte beobachtet werden (Pal, 2005; siehe auch S. 119 ff.). Diese weitverbreitete Unterstützung bei der Aufzucht durch Verwandte deutet daraufhin, dass streunende Hunde eher gemeinschaftlich als kooperativ Junge aufziehen können (Paul & Bhadra, 2018).

Hunde gehen oft einzeln auf die Suche nach weit verstreutem Müll.

PLASTIZITÄT DER ORGANISATION

Ein Großteil der Debatte darüber, ob streunende Hunde stabile Gruppen bilden oder nicht, basiert auf einem Missverständnis des Sozialverhaltens von Wölfen und anderen rudelbildenden Kaniden. In den letzten Jahrzehnten hat sich unser Wissen über das soziale Verhalten von Wölfen in mindestens zweierlei Hinsicht grundlegend verändert. Wir haben festgestellt, dass die soziale Organisation des Wolfes plastisch ist und sich je nach Umweltbedingungen verändert. Wölfe und andere wilde Kaniden sind in der Lage, sich an die jeweiligen ökologischen Gegebenheiten, also das Vorkommen und die Verteilung von Nahrungsressourcen und Rückzugsmöglichkeiten, in ihrem Lebensstil anzupassen. So können sie sich von einer im Wesentlichen solitären Lebensweise – wenn es Sinn macht – zu Gruppen unterschiedlicher Größenordnung zusammenschließen. Wenn die Umstände ungünstig sind, insbesondere in Bezug auf die Verfolgung durch den Menschen und die Verfügbarkeit von Futter, bevorzugen sie in der Regel das Einzelgängertum oder leben in kleinen Gruppen. Wenn die ökologischen Umstände passen, können sie zusammenkommen und sogar große, gemischte Gruppen bilden. Aber auch Wölfe, die eigentlich zu einem Rudel gehören, können einzeln oder in kleineren Gruppeneinheiten auf Nahrungssuche gehen (Mech, 1970).

VOM EINZELGÄNGER ZUM GRUPPENJÄGER

Streunerhunde in der Stadt ernähren sich hauptsächlich von Müll und gelegentlichen Almosen von Anwohnern (Beck, 1973; Font, 1982; Daniels, 1983a). Müll ist eine lückenhaft verteilte Nahrungsressource. Er ist für die streunenden Hunde in Form von kleinen Mengen auffindbar, die aber weit verstreut in ihren Gebieten liegen und aufgesucht werden müssen. Diese Verteilung der Nahrungsressourcen fördert die Nahrungssuche einzeln oder in sehr kleinen Gruppen (Fox et al., 1975). Aber, vergleichbar mit Wölfen, bedeutet die Einzelsuche nicht, dass der Hund Einzelgänger ist – er kann ebenso einer stabilen sozialen Gruppe angehören. Doch auch die Gruppenjagd ist bei Streunerhunden möglich: Beobachtungen von Parias in ländlichen Gebieten Indiens zeigten erneut die erstaunliche Verhaltensplastizität der Hunde: Hier schlossen sich Hunde aus überlappenden Gebieten gelegentlich zusammen, um Hirsche zu jagen und fremde Hunde aus gemeinsamen Jagdrevieren zu vertreiben (Fox, 1978).

ZUSAMMENHALT STATT DOMINANZSTREIT

Doch noch an anderer Stelle konnte durch Freilandstudien ein realistischeres Bild des Wolfsrudels gewonnen werden. Das ikonische Bild des von männlichen und weiblichen Tyrannen dominierten Wolfsrudels, des Alpha-Paares, das jeweils an der Spitze seiner geschlechtsspezifischen sozialen Hierarchien steht und die Angriffe seiner dominanzverrückten Rudelmitglieder ständig abwehrt, wurde durch die Großfamiliengruppe ersetzt, in der Harmonie und Kooperation eher die Regel als die Ausnahme sind. Einige der frühen Studien, die die Wolfsgesellschaft als primär aggressiv beschreiben, wurden mit Rudeln durchgeführt, die in Gehegehaltung lebten. Diese Gruppen bestanden zudem aus einer Reihe von meist unabhängigen Wölfen (z. B. Schenkel, 1947; Zimen, 1975). Im Gegensatz dazu bestehen Wolfsrudel in der Wildnis in der Regel aus einem Fortpflanzungspaar und dessen Nachkommen aus den vorangegangenen ein bis drei Jahren. In frei lebenden Wolfsrudeln gibt es eine sehr etablierte, auf dem Alter der Individuen basierende Dominanzhierarchie.

Die Erwachsenen sind dominant gegenüber ihren Nachkommen und die ein- bis zweijährigen Jungwölfe sind dominant gegenüber den jüngeren Geschwistern. David Mech (1999) konnte an wild lebenden Wölfen keine Dominanzstreitereien beobachten. Stattdessen entstanden Wolfsrudel als Familien, wobei die Eltern die Aktivitäten der Gruppe leiteten und sich die Verantwortung teilten. Mech beobachtete zwar eine ständige Demonstration des sozialen Ranges durch die einzelnen Rudelmitglieder. Doch dieser Rang wurde durch die Positionierung und Körpersprache in der jeweiligen sozialen Interaktion und nicht durch offene Aggression etabliert.

EIN GEFÄHRLICHES MISSVERSTÄNDNIS

Trotz zahlreicher Erkenntnisse aus der Forschung, die das Gegenteil beweisen, hat die Sichtweise auf Wolfsgesellschaften als starr strukturierte und aggressiv erzwungene Dominanzhierarchien nach wie vor erhebliche Anhänger, mit unglücklichen Folgen für das Wohlbefinden der Hunde und für die Beziehungen zwischen Hunden und ihren Besitzern. Viele Trainer einschließlich einiger bekannter „Fernsehstars" betrachten Aggressionsprobleme bei Hunden als natürlichen Ausdruck des Konflikts, der entsteht, wenn es um den Dominanzstatus geht. Die empfohlene Lösung für Aggressionsprobleme ist oft, dass der Besitzer seinen dominanten Status als Alpha-Wolf oder Rudelführer geltend macht, wenn nötig durch körperliche Bestrafung. Diese Empfehlung ist nicht nur fehlgeleitet und im Allgemeinen unwirksam, sondern führt in den meisten Fällen zu mehr Verhaltensproblemen bei Hunden, als sie löst.

Die Mehrheit der Hunde lebt auf der Straße, …

MILLIONEN HUNDE AUF DER STRASSE

Die große Mehrheit der weltweiten Hundebevölkerung führt kein behütetes Leben an der Seite eines „Besitzers", sondern lebt auf der Straße: Die Zahl der frei lebenden Streunerhunde wird weltweit auf 750 – 850 Millionen geschätzt (Coppinger & Coppinger, 2016; Westing, 2016; Udell et al., 2014). Eine unbekannte Anzahl davon sind verwilderte Hunde, die selten mit Menschen interagieren. Doch der größere Teil lebt in der Nähe menschlicher Gesellschaften. Damit sind Streuner sozusagen im „Niemandsland" gefangen: Ursprünglich entstanden für ein gemeinschaftliches Leben und Arbeiten in der Nähe oder mit dem Menschen, müssen sie auf eigene Faust mit wenig oder gar keiner unmittelbaren menschlichen Aufsicht überleben. Werden sie nicht durch den Menschen verfolgt, dann haben sie mit diesem Leben in unserer Nähe aber keine Probleme. Im Gegenteil: die meisten Hunde kommen damit sehr gut zurecht.

... wie hier diese Gruppe in den Ruinen von Pompeji, die gerne Touristen bei ihrer Tour begleitet.

STREUNERHUNDE HEUTE

Die menschliche Toleranz gegenüber streunenden Hunden in städtischen Gebieten scheint sich im Laufe weniger Jahrzehnte drastisch verändert zu haben. Streunerhunde waren in den 1980er-Jahren in Valencia und anderen europäischen Städten ein recht häufiges Phänomen. Schätzungen kamen auf eine Gesamtzahl von 11 700 – 13 000 Streunerhunden in den ungefähr 50 Quadratkilometern, die das Ballungsgebiet von Valencia im Jahr 1981 umfassten (Font, 1982). Heute sind frei lebende Hunde jedoch sehr selten geworden. Brachflächen, verlassene Felder und landwirtschaftliche Flächen, die einst in und um Valencia reichlich vorhanden waren, wurden weitgehend durch Gebäude, eingezäunte Flächen und belebte Straßen ersetzt. Streunerhunde gelten als Belästigung, und eine strenge Kontrolle der Streunerhundepopulation wird derzeit in den meisten Großstädten durchgesetzt. In der Folge sind Streunerhunde aus den Städten, in denen einst die Erforschung ihres Verhaltens und ihrer Ökologie ihren Anfang genommen hat, fast verschwunden. Im Gegensatz dazu berichten andere Städte von einer wachsenden Anzahl von Streunerpopulationen und behaupten, ein Problem mit der Überbevölkerung von Streunerhunden zu haben. In wieder anderen Metropolen sind streunende Hunde in das Stadtleben scheinbar so weit integriert, dass sie zu einer Touristenattraktion werden, so wie einst die berühmte Population der „Moskauer U-Bahn-Streuner" (S. 246 ff.). Streunende Hunde sind nach wie vor wertvolle Untersuchungsobjekte für Studien zum sozialen Verhalten von Kaniden. Doch paradoxerweise sind die gleichen Gründe, die streunende Hunde zu interessanten Objekten für wissenschaftliche Untersuchungen machen, auch die Ursache ihres Unglücks. Sie werden gerne als ein Paradigma der Freiheit und Unabhängigkeit dargestellt, gleichzeitig kann ein Leben in einer schwierigen Umgebung ohne Hilfe des Menschen sehr hart sein, und das Vorhandensein einer großen Anzahl von Streunern in einigen städtischen und vorstädtischen Gebieten wirft auch tiefe ethische Bedenken auf.

WIE STREUNER LEBEN
— *Von Roberto Bonanni*

DIE ROLLE DER STREUNER BEI DER DOMESTIKATION

Die Abstammung und Domestikation von Hunden bleibt eines der faszinierendsten Geheimnisse in der Geschichte der Wissenschaft. Obwohl die meisten Forscher heute übereinstimmen, dass Eurasische Wölfe (*Canis lupus*) die engsten Verwandten unserer Hunde sind, gibt es trotz vieler genetischer und archäologischer Forschungen immer noch eine lebendige Debatte über den Zeitpunkt und den Ort der Domestikation sowie über die evolutionären Kräfte, durch die sich Wölfe zu Hunden entwickelt haben könnten (Thalmann et al., 2013; Freedman et al., 2014; Wang et al., 2015; Frantz et al., 2016; Botigué et al., 2017). Ich denke, dass besonders der letztgenannte Punkt sehr wichtig ist, weil er einen großen Einfluss darauf haben kann, wie wir die Beziehung zwischen Hund und Mensch verstehen.

HYPOTHESEN ZUR DOMESTIKATION

DOMESTIKATION DURCH KÜNSTLICHE SELEKTION

Lange Zeit wurde davon ausgegangen, dass Hunde durch menschliche Kontrolle und selektive Zucht entstanden sind. Nach dieser Vorstellung fingen Menschen Wolfswelpen ein, brachten sie in ihre Lager und ließen dann nur die gutmütigsten Exemplare überleben und sich paaren. Nach vielen Generationen solch kontrollierter Verpaarungen entwickelten sich dann die ersten primitiven Hunde (siehe Coppinger & Schneider, 1995), die sogenannten „Proto-Dogs“. Die jüngste Version dieser Hypothese schlägt vor, dass menschliche Jäger und Sammler während der frühen Jungsteinzeit (vor etwa 25 000 – 35 000 Jahren) Wölfe domestizierten, um sie als Verbündete bei der Mammutjagd zu nutzen (Shipman, 2009, 2014; Germonpré et al., 2018). Ein berühmtes künstliches Selektionsexperiment zeigte, dass nur durch die Auswahl eines einzigen Verhaltensmerkmals, nämlich der „Zahmheit gegenüber Menschen“, es tatsächlich möglich ist, eine Population von in Gefangenschaft lebenden, wilden Füchsen (*Vulpes vulpes*) in eine Population von häuslichen Kaniden zu verwandeln. Neben einer wachsenden Zutraulichkeit gegenüber Menschen entwickelten die Füchse parallel weitere hundeähnliche Merkmale: Sie bekamen Schlappohren, geschecktes Fell und zeigten eine erhöhte Fruchtbarkeit (Trut, 1999; Trut et al., 2009). Das gleiche Experiment zeigte aber auch, dass die Domestizierung eines wilden Kaniden eine recht knifflige Aufgabe ist, da sie mehrere Jahrzehnte dauerte und die Verwaltung von mehreren Zehntausend Zuchtfüchsen beinhaltete. Meines Wissens hat in letzter Zeit niemand versucht, dieses Experiment mit Wölfen zu wiederholen, die viel größer und schwieriger zu handhaben sind als Füchse (siehe z. B. Ujfalussy et al., 2017). Deshalb vermute ich, dass die künstliche Selektion von Hunden aus Wölfen für prähistorische Menschen eine sehr herausfordernde Aufgabe gewesen wäre.

SELBSTDOMESTIKATION DURCH NATÜRLICHE SELEKTION

Aus diesem und anderen Gründen schlug Coppinger & Coppinger (2001, 2016) die Hypothese der Selbstdomestikation von Hunden durch natürliche Selektion vor, bei der die ersten Hunde sich von den Abfällen des Menschen ernährten. Nach dieser Hypothese begann die Domestikation von Hunden mit dem Beginn der Sesshaftwerdung des Menschen während der späten Jungsteinzeit (vielleicht vor 12 000 – 15 000

ROBERTO BONANNI, ITALIEN

Roberto Bonanni arbeitet als freier Forscher, Verhaltensbiologe und Publizist und verfügt über viel Erfahrung im Studium des sozialen Verhaltens von Säugetieren. Er studierte biologische Wissenschaften an der „La Sapienza"-Universität in Rom und hat 2002 mit einer experimentellen Arbeit über das soziale Verhalten von Streunerkatzen seine Studienzeit mit Auszeichnung abgeschlossen. Von 2006 bis 2007 hat er im „Leipniz-Institut für Zoo- und Wildtierforschung" in Berlin mitgearbeitet und sich an Forschungen zur hormonellen Auswirkung von sozialen Stellungen in Hyänengruppen beteiligt. Seinen Doktor vervollständigte er dann 2009 im Fachbereich „Verhaltensbiologie" an der Universität in Parma mit einer Arbeit über Kooperation, Leadership und Wettstreit in Gruppen frei laufender Hunde. Seit mehreren Jahren ist er involviert in das Management und die Erhebung von frei laufenden Hunde- und Katzenpopulationen in Zusammenarbeit mit der „Öffentlichen Vereinigung für Tiergesundheit" in Rom (Public Veterinary Health Unit of Rome). Zusätzlich hat er als statistischer Berater mit verschiedenen italienischen Universitäten zusammengearbeitet, um unterschiedliche Gruppen von Tieren zu erfassen, z. B. Ameisen, Vögel, Oktopusse oder Tintenfische.

Ein Leben für die Streuner

Seit vielen Jahren interessiert sich Roberto Bonanni hauptsächlich für die soziale Organisation von frei lebenden Streunerhunden. Im Speziellen möchte er wissen, welche Variablen das unterschiedliche intraspezifische (also unter Artgenossen stattfindende) soziale Verhalten beeinflussen. Während der Zeit, die Roberto mit seinem Team bislang im Feld bei Beobachtungen von Straßenhunden verbracht hat, ist er den Hunden sehr nahegekommen, von einigen Individuen kennt er mittlerweile ganze Lebensgeschichten und konnte freundschaftliche Beziehungen zu ihnen entwickeln. Er glaubt, dass Straßenhunde von vielen Menschen missverstanden werden, und setzt sich auch deshalb im Moment sehr für Aufklärung ein: Er hält für die Bevölkerung viele Seminare über Hundeverhalten und hofft dadurch, die negative Wahrnehmung von Straßenhunden verändern zu können.

Jahren) oder während der nachfolgenden Jungsteinzeit. Nach dieser Hypothese wird vermutet, dass diese ersten Bauern im Vergleich zu halbnomadischen Jägern und Sammlern reichlichere und vorhersehbarere Lebensmittelabfälle produzierten und dadurch einige weniger scheue Wölfe damit begannen, sich Dörfern anzunähern, um sich von den Abfällen zu ernähren. Nach dieser Hypothese hatten durch die natürliche Selektion Wölfe mit kürzerer Fluchtdistanz zum Menschen (oder geringerer emotionaler Reaktivität oder höherer Zahmheit) gegenüber schüchterneren Individuen einen Überlebensvorteil, da die „forscher" auftretenden Exemplare die Nahrungsquelle in der Nähe der Menschen erfolgreicher nutzen konnten.

Zucht durch den Menschen

Die Hypothese schlägt auch vor, dass die künstliche Selektion dann erst der nachfolgende Schritt im Domestizierungsprozess war. Die Zuchtauswahl durch den Menschen setzte also erst ein, nachdem sich die Wölfe bereits zu zahmeren, primitiven Hunden entwickelt hatten, und sorgte dafür, dass sich weitere für den Menschen wünschenswerte Eigenschaften durchsetzen konnten. Diese neue Sicht auf die Entstehungsgeschichte des Hundes, die „Selbstdomestizierungshypothese", kann aus kultureller Sicht als revolutionär betrachtet werden, denn sie hat wichtige Auswirkungen auf die Beziehung zwischen Hund und Mensch. Die ältere Hypothese der „Domestikation durch menschliche Kontrolle" sieht Hunde als völlig passive Tiere, die sich nur zur Befriedigung menschlicher Bedürfnisse entwickelt haben (z. B. Unterstützung bei der Jagd, Bewachung und Kameradschaft). Diese Sichtweise hat zweifellos Einfluss darauf, wie wir das Phänomen „Streuner" betrachten: nämlich, dass frei laufende Hunde „Problemtiere" sind, die der menschlichen Kontrolle aus Mangel an Eigenverantwortung entkommen sind. Umgekehrt lässt die „Selbstdomestizierungshypothese" eine neue Art der Betrachtung entstehen. **Sehen wir Hunde als Tiere, die sich dem Menschen angeschlossen haben, dann werden die primitiven, herrenlosen, frei lebenden Hunde zu natürlichen Vertretern ihrer Art, die aktiv beschließen, an dem zu ihnen passenden Ort zu leben!**

Streuner – eine natürliche Spezies?

Es gibt noch eine weitere herausfordernde Hypothese von Koler-Matznick (2002, 2016), die einen Schritt weitergeht: Sie schlägt vor, dass Hunde sich schon lange vor der eigentlichen Domestizierung von Wölfen zu unterscheiden begannen. Mit anderen Worten, laut diesem Autor würden unsere heutigen Hunde von einem dingoartigen Wildhund abstammen, der über lange Zeit als Aasfresser in der Nähe von menschlichen Dörfern zu leben begann und in einer entsprechenden Beziehung zu den Menschen blieb, bevor einige Populationen dieser Hunde von Menschen einer Zuchtauswahl nach bestimmten Wesenseigenschaften unterzogen wurden. Während Coppinger & Coppinger (2001, 2016) also feststellten, dass die anfängliche Entwicklung von Hunden von der Entwicklung einer „abfallorientierten", wenn auch nicht unbedingt sozialen Beziehung zum Menschen abhängt, ist der Streuner laut Koler-Matznick (2002, 2016) demnach eigentlich eine „natürliche Spezies", die seit Langem unabhängig von menschlichen Aktivitäten existiert!

DOMESTIKATION DURCH KOOPERATION

Einige Forscher kritisierten die „abfallorientierte Hypothese" von Coppinger & Coppinger (2001,2016) vor allem deshalb, weil sie dem Aspekt der Zusammenarbeit in der Mensch-Hund-Beziehung kaum Bedeutung schenkt. Diese Wissenschaftler schlugen deshalb eine neue, die „sozial aktive Domestikationshypothese" vor, um die anfängliche Domestikation von Hunden zu erklären (Fogg & Pierotti, 2017; Portl & Jung, 2017; Jung & Portl, 2018). Dabei vermuten diese Autoren, dass im frühen Oberpaläolithikum, als sowohl Menschen als auch Wölfe in Familiengruppen lebten und kooperativ Mammuts jagten, einige erwachsene Wölfe eine soziale Beziehung zu Menschen entwickelten und Mensch und Wolf damit begannen, auf der Jagd zu kooperieren. Die ähnliche soziale Organisation der beiden Arten, so die Hypothese, hätte die interspezifische Kommunikation und das Einfühlungsvermögen in die jeweiligen Aktionen der anderen Spezies erleichtert. Wölfe, die weniger Angst vor Menschen hatten, hätten dann einen natürlichen Selektionsvorteil gegenüber scheueren Exemplaren gehabt: Durch die Jagd in Kooperation mit Menschen wurde der Erfolg bei der Tötung großer Beutetiere gesteigert. So seien nach mehreren Generationen die ersten primitiven Hunde entstanden. Aus meiner Sicht ist diese alternative Version der Selbstdomestizierungshypothese wirklich mutig, denn sie impliziert, dass Wölfe, die nicht mit dem Menschen sozialisiert sind, eine enge Zusammenarbeit mit ihm entwickeln könnten.

ARCHÄOZOOLOGIE UND DOMESTIKATION

Die Hypothese, dass die gemeinsame Jagd und damit eine Mensch-Wolf-Zusammenarbeit der erste Schritt zur Domestikation von Hunden war, bekommt teilweise Unterstützung durch die Entdeckung einiger vermeintlicher fossiler Hundeschädel aus der Zeit vor 15 000 – 33 000 Jahren an eurasischen Fundstätten (Sablin & Khlopachev, 2002; Germonpré et al., 2009, 2012, 2017; Ovodov et al., 2011). Einige dieser Schädel lagen in der Nähe von Mammutknochen, die Tiere wurden vermutlich von Menschen

Die Malereien in den Acacus Mountains in …

getötet (Shipman, 2015). Neuere Studien haben jedoch die Gültigkeit der traditionellen Methoden zur Unterscheidung fossiler Hundeüberreste von denen von Wölfen infrage gestellt, einschließlich z. B. linearer Messungen der relativen Breite des Gaumens, der Schnauzenlänge und der Zahnstellung (Drake et al., 2015, 2017; Ameen et al., 2017). Insbesondere das internationale Team um die New Yorkerin Abby Grace Drake zeigte, dass die Vermessung der Oberflächengestalt, ihrer Form und Struktur mit Hilfe der 3D-Morphometrie-Analyse notwendig erscheint, um Hundeschädel von Wolfsschädeln zuverlässig unterscheiden zu können (Drake et al., 2015). Diese Untersuchung offenbarte auch, dass einige der zuvor identifizierten oberpaläolithischen Hunde in Wirklichkeit wohl Wölfe sind. Einige europäische fossile Canidenreste aus der Zeit vor etwa 14 000 Jahren wurden hauptsächlich wegen ihrer Nähe zu menschlichen Lagerstätten als Hunde eingestuft (überprüft in Jenssen et al., 2018), obwohl dieses Kriterium auch fragwürdig sein kann, da menschliche Jäger und Sammler häufig Wildtiere gefangen und in ihre Lager gebracht haben (Germonpré et al., 2018). Generell scheint es, dass vermeintliche fossile Hundeüberreste im Paläolithikum

... Lybien sind ca. 9000 Jahre alt und zeigen Hunde, die Menschen bei der Jagd unterstützen.

selten sind, während sie im nachfolgenden Neolithikum vor etwa 9000 Jahren (Clutton-Brock, 2016) viel häufiger vorkommen. Dieser Punkt ist entscheidend, da die Domestikation ein evolutionärer Prozess ist, an dem eine Tierpopulation beteiligt ist. Und deshalb ist es wichtig, die Existenz einer Population von Haushunden (also einer größeren Anzahl von Funden, Anmerkung der Herausgeberin) in einem bestimmten Zeitraum zu dokumentieren, um den Beginn dieses Prozesses korrekt zu datieren (Coppinger & Coppinger, 2016).

GENETIK UND DOMESTIKATION

Genetische Studien können ebenfalls nützlich sein, um die Evolutionsgeschichte von Hunden zurückzuverfolgen. So ist es z. B. möglich, durch die Beurteilung von Ähnlichkeiten und Unterschieden in den DNA-Sequenzen von Hunden und Wölfen eine grobe Schätzung der Entstehungszeit von Hunden vorzunehmen. Bei diesen Studien geht man davon aus, dass gemeinsame DNA-Sequenzen von einem gemeinsamen Vorfahren vererbt wurden und dass sich im Laufe der Zeit regelmäßig Veränderungen in der Sequenz (Mutationen) ansammeln (Vilà & Leonard, 2007). Dazu ist es jedoch notwendig, die durchschnittliche Rate, mit der genetische Mutationen bei Hunden pro Generation auftreten, genau zu schätzen. Doch leider haben aktuelle Schätzungen eine ziemlich große Spannbreite. So errechnete der Genetiker Adam Freedman mit seinem Team in einer Übersicht über aktuelle Studien, dass die Entstehungszeit von Hunden in einem Zeitraum von 9000 bis 34000 Jahren liegen könnte, je nachdem, welche Schätzung der Mutationsrate in den Berechnungen der unterschiedlichen Studien verwendet worden war (Freedman et al., 2014). Trotz all dieser Unsicherheiten über die genaue Zeit der „Hundeentstehung“ deuten Genomanalysen moderner Hunde und Wölfe darauf hin, dass die Hundepopulation um den Zeitpunkt ihrer Abspaltung von den Wölfen aus mehreren Tausend fruchtbaren Individuen bestand (Wang et al., 2015; Fan et al., 2015). Diese Ergebnisse lassen vermuten, dass die Domestikation des Hundes ein langer Prozess war, der in einem recht großen geografischen Bereich stattfand. Diese geografische Breite und die Schätzung der Dauer wiederum unterstützen die Hypothese der „Selbstdomestizierung“.

GENETISCHE STUDIEN AN STREUNERN

Andere genetische Studien haben sich auf die Untersuchung der DNA der Mehrheit der modernen Hunde konzentriert, um Licht ins Dunkel der Hundedomestikation zu bringen: auf frei laufende Hunde. Denn 75 – 83 Prozent der Welthundepopulation leben auf der Straße (Lord et al., 2013), dürfen sich bewegen wie sie möchten, außerhalb der menschlichen Kontrolle vermehren und leben hauptsächlich innerhalb oder im Umkreis menschlicher Dörfer und Städte. Diese Studien haben ergeben, dass frei lebende Hunde eine höhere genetische Vielfalt aufweisen als reinrassige. Außerdem scheinen einige frei

Rassehundezucht ist eine moderne Erscheinung, Streuner sind wahrscheinlich der Ursprungstyp des Hundes.

lebende Populationen, zumindest diejenigen aus Mittel- und Ostasien, die Vorfahren reinrassiger Hunde zu sein. Diese Erkenntnisse unterstützen die Hypothese, dass eine strenge menschliche Kontrolle der Hundezucht eine jüngere Erscheinung ist und nicht der erste Schritt in der Domestikation war (Boyko & Boyko, 2014; Wang et al., 2015; Shannon et al., 2015; Pilot et al., 2015).

Entwicklung äußerer Merkmale

Bei Untersuchungen zu genetischen Unterschieden zwischen frei lebenden Hunden und Wölfen wurde deutlich, dass die Veränderungen Gene betreffen, die an der Regulation der embryonalen Entwicklung der Neuralleistenzellen beteiligt sind (Pendleton et al., 2018). Diese Neuralleistenzellen sind eine Gruppe von Zellen, die die Vorläufer vieler Gewebe des erwachsenen Tieres sind, darunter Kopfknochen, Ohrknorpel, Zellen der Zahnsubstanz (Odontoblasten), Pigmentzellen (Melanozyten, im Zusammenhang mit der Fellfärbung) sowie Ganglien des Sympathikus (erregender Teil des vegetativen Nervensystems) und Nebennieren, wobei die beiden Letzteren an der emotionalen Reaktion auf Stress beteiligt sind (Wilkins et al., 2014). Es wird angenommen, dass leichte Defizite in Neuralleistenzellen durch veränderte Gene verusacht werden, die sich während der Domestikation des Hundes durchsetzen konnten. Diese hätten dann zur Entwicklung aller phänotypischen Merkmale geführt, die mit der Domestikation von Hunden verbunden sind, wie z. B. eine verkürzte Schnauze, kleinere Zähne, eine reduzierte Pigmentierung und auch weniger emotionale Reaktivität gegenüber dem Menschen (Wilkins et al., 2014). Diese reduzierte Stressempfindlichkeit könnte die im Vergleich zum Wolf gestiegene Offenheit gegenüber neuen Situationen erklären, die den Hund bereit macht für ein wechselhafteres Leben an unserer Seite (Anmerkung der Herausgeberin). Malgorzata Pilot hat mit einer Gruppe der Universität Lincoln genetische Unterschiede zwischen frei lebenden und reinrassigen Hunden finden können, welche die Entwicklung der Neuralleistenzellen beeinflussen (Pilot et al., 2016).

Unterschiede im Genom

Genetische Studien an frei lebenden Hunden lassen uns deshalb die Domestikation des Hundes als einen sehr langen und kontinuierlichen Prozess verstehen, in dem „primitive" (frei lebende) Hunde Domestikationsmerkmale in geringerem Maße entwickelt haben als jüngere Hunderassen, die unter strenger menschlicher Fortpflanzungskontrolle entstanden sind (Boyko & Boyko, 2014; Shannon et al., 2015; Pilot et al., 2016). Dieses Modell wird auch durch eine weitere genetische Studie unterstützt, die zeigt, dass frei lebende Hunde genau wie ältere Hunderassen eine geringere Anzahl von Abschnitten in einer Genomregion der Kaniden besitzen, die mit einer höheren Geselligkeit gegenüber dem Menschen verbunden ist. Das könnte zur Folge haben, dass sich primitive Hunde auch genetisch bedingt möglicherweise weniger am Menschen orientieren als Hunde, die erst in jüngerer Zeit durch künstliche Selektion gezüchtet wurden (vonHoldt et al., 2017).

ÖKOLOGISCHE ÜBERLEGUNGEN

Unterstützung für die Ansicht, dass Hunde sich durch eine Spezialisierung auf Nahrungsreste von Menschen selbst domestiziert haben könnten („kommensaler Weg"), kommt aus ökologischen Studien: Diese zeigen, dass sich die meisten frei lebenden Hunde heute tatsächlich hauptsächlich, wenn auch nicht ausschließlich, von Abfall, Futterstellen von Tierschützern, Kot, Getreide, Kadavern anderer Haustiere usw. ernähren (überprüft in Vanak & Gompper, 2009a).

Hunde haben sich auf die Ernährungsnische „Mensch" spezialisiert und sind in der Lage, Stärke zu verdauen.

NAHRUNGSQUELLE BEI MENSCHEN

Darüber hinaus besteht im Vergleich zu wilden Kaniden bei Hunden der Hauptanteil ihrer Nahrung aus menschlicher Quelle. Auch beim Wettbewerb um Zugang zu diesen Ressourcen haben Hunde die Nase vorne gegenüber ihrer wilden Verwandtschaft und sonstigen Fleischfressern (Sillero-Zubiri & Macdonald, 1997; Butler & du Toit, 2002; Aiyadurai & Jhala, 2006; Vanak & Gommper, 2009b; Atickem et al., 2010). Dieser erleichterte Zugang zu Abfällen von Menschen kann vielleicht erklären, warum andere Kaniden, die keine Wölfe sind (z. B. Füchse, Schakale), sich nicht selbst domestiziert haben, indem sie eine kommensale Beziehung (= durch Ernährung von Abfallresten) zum Menschen entwickelt haben. Darüber hinaus wird die Anpassung frei laufender Hunde an eine neue „Ernährungsnische" („trophische Nische", Coppinger & Coppinger, 2001, 2016) durch genetische Studien unterstützt, die zeigen, dass die Selektion während der Domestikation die Fähigkeit der meisten Hunde verbesserte, Stärke (Nahrungsmittel, die in und um menschliche neolithische Dörfer gefunden werden) im Vergleich zu Wölfen zu verdauen (Axelsson et al., 2013), obwohl dies für in Australien und in der Arktis lebende Hunde nicht gilt (Freedman et al., 2014; Arendt et al., 2016).

KOOPERATION MIT DEM MENSCHEN

Doch in modernen Dörfern entwickeln viele der dort frei lebenden Hunde durchaus auch partnerschaftliche Beziehungen zum Menschen (Bhattacharjee et al., 2017) und arbeiten mit diesen Bezugspersonen bei der Verteidigung von Nutztieren (Lord et al., 2014) und bei der Jagd auf Wildtiere (Koster, 2009; Lupo, 2017; Smith & Litchfield, 2009) zusammen. Folglich könnte es zu einfach sein, die Beziehung frei lebender Hunde zum Menschen nur als „abfallmotiviert" zu betrachten. Es könnte auch möglich sein, dass bereits prähistorische menschliche Jäger und Sammler den Nutzen der Hunde als Wächter und Jagdgehilfen erkannten. Diese Erkenntnis führte dann dazu, die Hunde entweder zu tolerieren oder aber sogar aktiv zu fangen, um sie in ihre sozialen Gemeinschaften zu integrieren. Dieser Prozess könnte eine wichtige Rolle bei der

Domestikation von Hunden gespielt haben. Einen aktuellen Überblick über die verfügbare Literatur zu diesem Thema (Lupo, 2017) hat den Nutzen für moderne Jäger und Sammler bewertet. Hier wurde untersucht, ob Menschen, die mit Hunden jagen, eine erhöhte Wahrscheinlichkeit haben, in kürzerer Zeit Beute zu finden und erfolgreich zu fangen. Insgesamt konnte diese Überprüfung sieben Studien finden, in denen Jäger und Sammler von der Jagd mit Hunden profitierten, und vier Studien, in denen dies nicht der Fall war. Dies deutet darauf hin, dass das Ausmaß, in dem Hunde für menschliche Populationen von Vorteil sein können, unterschiedlich ist und von den lokalen Umständen abhängt. Darüber hinaus betonte der Autor, dass die in Zentralafrika lebenden Jäger und Sammler bei der Jagd auf große Beutetiere wie Elefanten und Büffel nicht auf ihre primitiven Hunde angewiesen sind (Lupo, 2017), was nicht mit der Hypothese übereinstimmt, dass frühe Menschen des Jungpaläolithikums mit primitiven Hunden zusammenarbeiteten, um Mammuts erfolgreich zu töten (Shipman, 2009, 2015).

Bietet die gemeinsame Jagd Vorteile?

Scheinbar zeigen sich primitive Hunde weniger kooperativ gegenüber dem Menschen als moderne Rassen, was die Effizienz bei der Jagd auf große Beute verringern kann (Smith & Litchfield, 2009). Darüber hinaus möchte ich betonen, dass es bisher keine Versuche gegeben hat, die uns helfen zu beurteilen, ob auch Hunde durch die Jagd mit Jägern und Sammlern Vorteile haben. Dies wiederum wäre entscheidend, um die „aktive soziale Hypothese" der Hundedomestikation zu unterstützen, die von verschiedenen Forschern aufgestellt wurde (siehe S. 37 und Fogg & Pierotti, 2017; Jung & Portl, 2018).

In Bezug auf diesen Punkt stelle ich fest, dass die wenigen verfügbaren Beweise darauf hindeuten, dass Hunde während der Jagd normalerweise menschlichen Jägern und Sammlern untergeordnet sind, was bedeutet, dass, selbst wenn die Beute von Hunden gefangen wird, der Mensch meist die große Mehrheit der Nahrung für sich behält (Lupo, 2011). Darüber hinaus wurde beobachtet, dass australische Dingos, die

Erfolgreich Betteln sichert den Zugang zu besonders leckerer Nahrung. Hier benötigen Hunde ein einfühlsames Verhalten.

sich menschlichen Jägern und Sammlern angeschlossen haben, eine schlechtere körperliche Verfassung aufweisen als ihre Artgenossen, die in freier Wildbahn leben (Smith & Litchfiled, 2009). So könnte man sich fragen, warum prähistorische Hunde aktiv eine partnerschaftliche Zusammenarbeit mit Menschen bei der Jagd gesucht haben sollten?

DOMESTIKATION IM DUNKELN

Um diesen Teil zusammenzufassen, denke ich, dass es derzeit zu viele Unsicherheiten gibt, um konkrete Schlussfolgerungen über die Domestikation von Hunden ziehen zu können. Alle vorgeschlagenen Hypothesen zur „Hundwerdung“ stimmen mit den vorliegenden genetischen Studien überein, obwohl es keine archäologischen Beweise für eine Population von Haushunden vor der Jungsteinzeit gibt. **Mein aktuelles Gefühl ist also, dass die Domestikation wahrscheinlich während des Übergangs vom Jungpaläolithikum zum Neolithikum (vor etwa 10000–15000 Jahren) begonnen hat und dass sie wahrscheinlich zunächst dem kommensalen Weg (Anschluss des Hundes an den Menschen als Restefresser) gefolgt ist.** Dieser erste Schritt förderte möglicherweise die Entwicklung einer reduzierten emotionalen Reaktivität der Hunde gegenüber Menschen. In der Folge konnte sich die auf Zusammenarbeit und Zusammenleben beruhende Beziehung zwischen Hund und Mensch entwickeln. Ich denke, dass frei lebende Hunde von Anfang an eine wichtige Rolle bei der Domestikation gespielt haben.

Streuner wissen oft genau, wann es sich lohnt, in Mülltonnen nach neuen Abfällen zu suchen.

KLASSIFIZIERUNG FREI LAUFENDER HUNDE

Mir gefällt die Vorstellung vom Hund als ein hoch flexibles Tier, das in der Lage ist, unter ganz unterschiedlichen ökologischen und sozialen Bedingungen zu leben. Tatsächlich sind frei laufende Hunde eine sehr heterogene (vielseitige) Population. Immer wieder sind Versuche unternommen worden, diese unterschiedlichen Lebensweisen in bestimmte Typen einzuteilen (Daniels & Bekoff, 1989a, b; Boitani et al., 2007; Bonanni & Cafazzo, 2014; Boyko & Boyko, 2014; siehe auch E. Font, S. 19).
Ich beschreibe hier eine vorläufige Klassifizierung von frei lebenden Hunden, die Hunde aufgrund von

1. ihrem Grad der Abhängigkeit vom Menschen,
2. ihrem Lebensumfeld und
3. ihrer Ernährung unterscheidet.

Diese drei Variablen haben wahrscheinlich einen starken Einfluss auf mehrere Aspekte des Hundeverhaltens – die Gründe werde ich gleich erläutern.
Zunächst aber möchte ich bei der Klassifizierung frei lebender Hunde bleiben: **Sie ist für mich wie ein Kontinuum der verschiedenen Lebensweisen der Hunde, innerhalb dessen man sie abstufen kann von der am meisten bis zu der am wenigsten häuslichen Lebensform.**
Die Variation unter den Hundetypen lässt sich zum Teil zurückführen auf genetische Unterschiede, Unterschiede in der Entwicklungsumgebung, auf epigenetische Unterschiede als Reaktion auf Umweltreize (das heißt auf Veränderungen in der Regulation der Genexpression, reversibel oder nicht, siehe Saetre et al., 2004).
(Anmerkung der Herausgeberin: Roberto Bonanni bezieht sich hier auf Vorgänge der Epigenetik. Demnach kann das Ablesen des genetischen Codes durch Erlebnisse im Leben eines Hundes oder seiner Vorfahren verändert werden. Das wiederum kann Einfluss auf z. B. das Verhalten des Tieres haben.)

FREI LEBENDE BESITZERHUNDE

Der erste Typus Hund, den ich hier beschreibe, ist der „frei lebende Besitzerhund". Dazu gehören Hunde, die eine stabile partnerschaftliche Beziehung zu bestimmten Menschen haben. Diese Menschen bieten ihren Hunden Nahrung und Unterkunft, lassen sie aber ansonsten ohne Aufsicht für unterschiedlich lange Zeiträume frei herumlaufen. Diese Kategorie ist in sich wiederum sehr abwechslungsreich (heterogen): Darin können Hunde in einem Extrem Haustiere umfassen, die für einige Stunden am Tag aus den Häusern ihrer Besitzer gehen dürfen, und im anderen Extrem reine Arbeitshunde beinhalten, die ständig frei herumlaufen dürfen. Darüber können sich in dieser Kategorie sowohl reinrassige Hunde als auch Streuner – also Mischlinge – tummeln, die sich ohne Kontrolle vermehren dürfen. Eine besondere Unterkategorie von

AUS ALLER WELT – DAS PERFEKTE HUNDELEBEN

Wenn man mal ehrlich ist, ist das doch der Traum eines jeden Hundes. Ein festes Zuhause, aber trotzdem nirgends eingesperrt. Diese „Teilzeit-Straßenhunde" verhalten sich ähnlich wie die herrenlosen, auch sie kennen den süßen Geschmack der Freiheit und benehmen sich entsprechend gelassen und selbstsicher. Allerdings ist ihre Bindungsbereitschaft zum Menschen um einiges höher als bei manchem „echten" Streuner, da sie das Zusammenleben mit dem Menschen nicht nur kennen, sondern auch bevorzugen. Da sie allerdings selten im Haus leben und selbst entscheiden können, wann sie das Gelände verlassen, fühlen sich auch diese Hunde im Haus eher eingesperrt als beschützt. Interessant ist, dass diese Besitzerhunde sich nach irgendwelchen wilden Rudelstellungstheorien (S. 191) jederzeit vom Menschen lösen könnten, um sich einer Gruppe Hunde anzuschließen. Sie tun es aber nicht, im Gegenteil: viele tauchten einfach vor dem Haus auf, wurden geduldet und blieben. Sie suchten sich selbst ein Zuhause. Neben diesen Begleitern des Alltags gibt es noch eine Form von „frei laufenden Besitzerhunden": Herdenschutzhunde.

Herdenschutzhunde in Süd- und Osteuropa

In fast jedem Land Süd- und Osteuropas gibt es Herdenschutzhunde (HSH). Sie sollen Schaf- oder Ziegenherden sehr selbstständig beschützen. Es gibt ganze Bücher über Herdenschutzhunde. Da ihre Fortpflanzung häufig nicht kontrolliert wird, sind viele Hunde aus dem Auslandstierschutz Herdenschutzhundmischlinge. Leider habe ich schon oft erlebt, dass diese Hunde vonseiten unseriöser Tierschützer als Hütehunde vermittelt werden. Hütehunde sind auch nicht sehr einfach, kooperieren allerdings wesentlich besser mit dem Menschen (wenn man ein bisschen etwas richtig macht). Das macht sie für die Vermittlung natürlich interessanter. Das Highlight der mir bekannten, unseriösen Vermittlungstaktiken war allerdings schon mehrfach, dass der griechische HSH (Hellenikos Poimenikos) schlichtweg als Landseer-Mix vermittelt wurde. Die Wahrscheinlichkeit, einen Landseer-Mix aus Griechenland zu bekommen, ist eigentlich gleich null. Wer einen Herdenschutzhundmischling bei sich aufnehmen möchte, sollte sich also vorher über die besonderen Haltungsansprüche informieren.

„frei lebenden Besitzerhunden" ist die der „Herdenschutzhunde".

Diese Hunde sind oft frei laufend und vermehren sich auch ohne Kontrolle des Menschen. Außerdem sind sie gut sozialisiert auf die Tiere, die sie beschützen sollen – aber nicht unbedingt gut sozialisiert auf den Menschen (Black & Green, 1984; Lord et al., 2014, 2016). Aufgrund ihrer relativ lockeren Beziehungen zum Menschen ähneln die Herdenschutzhunde demnach eher den Hunden der nächsten Art, den „streunenden Hunden".

STREUNENDE HUNDE

Dieser zweite Typ umfasst Hunde, die keine stabilen partnerschaftlichen Beziehungen zu bestimmten Menschen haben, obwohl sie in oder um menschliche Dörfer/Städte herum leben und sich hauptsächlich von menschlichen Abfallresten ernähren. Streunende Hunde können verschiedener Herkunft sein: Sie können sowohl von Hunden abstammen, die frei auf der Straße geboren und nicht intensiv mit Menschen sozialisiert wurden. Aber ebenso von Hunden, die aus-

In Italien habe ich im Gegensatz zu anderen Ländern recht viele kleine Hunde auf der Straße gesehen. Die meisten sind sicher der Kategorie „frei lebender Besitzerhund" zuzuordnen.

gesetzt wurden oder die aktiv ihren Besitzern weggelaufen sind. Streuner finden ihre Nahrung meist durch Durchstöbern von Mülltonnen und Müllhalden, obwohl sich viele streunende Hunde auch aktiv an Menschen wenden, um Futter zu erbetteln (Sen Majumder et al., 2016).

Viele Autoren (Macdonald & Carr, 1995; Coppinger & Coppinger, 2001, 2016; Boitani et al., 2007; Boyko & Boyko, 2014; Lord et al., 2014) wie auch Enrique Font (siehe S. 20) bezeichnen „Dorfhunde" als frei lebende Hunde, die sich unkontrolliert verpaaren dürfen, um menschliche Siedlungen herum leben und sich von Lebensmittelresten ernähren. Dorfhunde umfassen sowohl „frei lebende Besitzerhunde" als auch „Streuner". Obwohl ich betonen möchte, dass nicht alle „frei lebenden Besitzerhunde" zur Definition der „Dorfhunde" passen. Eigentlich bezieht sich diese Kategorie normalerweise auf Hunde, die sich frei untereinander verpaaren dürfen. Doch manche „frei lebende Besitzerhunde" sind reinrassig. Auch hier sind die Grenzen der Kategorien also nicht ganz klar zu ziehen.

VERWILDERTE HUNDE

Im Gegensatz zu Dorfhunden leben „verwilderte Hunde“ außerhalb von Dörfern oder Städten in natürlicheren Umgebungen (Boitani et al., 2007). Diese Hunde zeigen Meideverhalten gegenüber dem Menschen, obwohl sie auch auf Nahrungsquellen des Menschen angewiesen sind, die sie oft z. B. auf Müllhalden finden (Scott & Causey, 1973; Nesbitt, 1975; Gipson, 1983; Daniels & Bekoff, 1989a, b) und/oder indem sie sich besonders nachts Dörfern oder Städten nähern, um Mülltonnen zu plündern (Macdonald & Carr, 1995; Boitani et al., 1995). Durch das Leben in einer natürlicheren Umgebung haben sie jedoch im Vergleich zu den Dorfhunden viel höhere Chancen, auch natürliche Beutetiere wie kleine Säugetiere, Hasen, Hirsche, Gazellen, Vögel usw. zu fangen und zu fressen (Scott & Causey, 1973; Nesbitt, 1975; Gipson, 1983; Manor & Saltz, 2004; Doykin et al., 2016). Wichtig bei dieser Kategorie ist zu bedenken, dass „Verwilderung“ einen evolutionären Prozess bezeichnet, der die Auswirkungen der Domestikation umkehrt, indem er die Anpassung einer Haustierpopulation an die natürliche Umwelt fördert (Preis, 1984). So stellen „verwilderte Haustiere“ ein „evolutionäres Stadium“ dar, das zwischen dem Zustand einer Haus- und einer Wildpopulation angesiedelt werden könnte. Im Falle von Hunden beginnt dieser Prozess wahrscheinlich in dem Moment, in dem einige Dorfhunde eine Angstreaktion auf den Menschen entwickeln, ein Leben in unserer Nähe verlassen und diese Scheu an ihre Nachkommen weitergeben (siehe auch Enrique Font, S. 18, sowie Boitani & Ciucci, 1995).

Ich definiere hier „verwilderte Hunde“ als diejenigen Hunde, die sich in einer relativ natürlichen Umgebung aufhalten, dort Jagd auf Beutetiere machen und sich damit völlig oder nahezu unabhängig von Lebensmitteln aus menschlicher Quelle ernähren. Solche „verwilderten Hunde“ können entweder von wilden Hunden abstammen, die seit vielen Generationen in freier Wildbahn leben, oder von Wildhunden, die nie vollständig domestiziert wurden (Koler-Matznick, 2016).

HALBWILDE HUNDE

Eine andere mögliche Interpretation der verwilderten Hunde könnte jedoch auch sein, dass sie im Vergleich zu Dorfhunden ein früheres Entwicklungsstadium von Hunden darstellen. Ein alternativer Name wäre also „halbwilde Hunde“. Wie auch immer, ich betone, dass die Unterscheidung zwischen streunenden und halbwilden Hunden sowie zwischen verwilderten und halbwilden Hunden oft eine Frage des Grades ist.

WILDHUNDE

Ein bekanntes Beispiel für einen Wildhund ist der australische Dingo. Obwohl es in jüngster Zeit Behauptungen gibt, dass Dingos eine eigene Art im Vergleich zu Hunden und Wölfen sind (z. B. *Canis dingo*, Crowther et al., 2014), deuten genetische Hinweise stark darauf, dass diese Tiere tatsächlich von südostasiatischen Dorfhunden abstammen, die vor 3 500 – 10 000 Jahren nach Australien ausgewandert sind (Savolainen et al., 2004; Sacks et al., 2013; Cairns et al., 2017, 2018). Darüber hinaus gibt es Wildhunde in Neuguinea, die sowohl mit australischen Dingos als auch mit ostasiatischen Dorfhunden genetisch verwandt sind (Koler-Matznick et al., 2003, 2007; Ardalan et al., 2012; Dwyer & Minnegal, 2016). Eine Genomanalyse von Zhang et al. (2018) hat einen gemeinsamen Ursprung für australische und neuguineische Dingos von südostasiatischen Dorfhunden vor etwa 5 000 Jahren ergeben, was der Hypothese von Koler-Matznick (2016) stark widerspricht, dass Dingos die wilden Vorfahren von Haushunden sind.

SUBPOPULATIONEN AUF GALAPAGOS

Ein weiteres eindrucksvolles Beispiel für das hohe Anpassungspotenzial des Hundes an die natürliche Umwelt sind Studien an Wildhunden, die auf Isabela Island, einer Galapagosinsel, leben (Barnett, 1986; Reponen, et al. 2013). Diese Population scheint von einigen wenigen Individuen abzustammen, die 1835 von Menschenjägern auf der Insel ausgesetzt wurden. Aus diesen Stammtieren entstand eine Population von 300 bis 500 Hunden. Diese Tiere sind in den 1980er-Jahren vom Menschen mit Giftködern ausgerottet worden. 92 dieser Hundekadaver wurden nach der Tötung genetisch und morphologisch untersucht. Die Vergleichsstudien zeigten, dass sich auf der Insel drei Subpopulationen von Hunden entwickelt hatten, die sich an die jeweils unterschiedlichen Lebensräume und klimatischen Bedingungen optimal angepasst hatten (Reponen et al., 2013): So bewohnte eine Subpopulation ein Gebiet in der Nähe von zwei menschlichen Dörfern. Diese Hunde ernährten sich hauptsächlich von den Überresten der von Menschen erjagten und getöteten Tiere. Eine zweite Subpopulation bewohnte ein abgelegeneres Gebiet rund um den Vulkan Cerro Azul und erjagte anscheinend gemeinschaftlich Beutetiere wie Wildschweine und Ziegen. Die dritte Subpopulation hielt sich an der Nordküste der Insel auf und ernährte sich von Wildtieren wie Meeresleguanen (*Amblyrhynchus cristatus*), Pinguinen und jungen Seelöwen. Diese dritten, an der Nordküste lebenden Hunde zeigten auch Anpassungen im Körperbau an die hier vorherrschenden, höheren Temperaturen: Sie hatten längere Ohren, eine hellere Fellfarbe und verdickte Pfotenballen (Reponen et al., 2013).
Diese Beispiele führen uns vor Augen, dass zumindest einige Hundepopulationen die Flexibilität bewahrt haben, sich an die natürliche Umgebung anzupassen, und dass diese Anpassung in relativ kurzer Zeit erreicht werden kann. Von Vorteil für eine so schnelle Anpassung sind natürlich die äußeren Bedingungen: Die Beutetiere konnten sich in der Kürze der Zeit (etwa 150 Jahre für die Hunde auf den Isabela-Inseln) nicht anpassen und durch die Insellage auch nicht vor den neu eingeführten Fleischfressern fliehen.

UNTERSCHIEDE IN DER SOZIALEN ORGANISATION

Die enorme Flexibilität der Hunde zeigt sich nicht nur in ihrer Fähigkeit, ihr Ernährungsverhalten auf die Bedingungen vor Ort anzupassen, sondern auch das Sozialverhalten verändert sich abhängig von den lokalen Umweltbedingungen und dem Grad der Abhängigkeit zum Menschen.
Wie wir ja schon sehen konnten, führt die Häufigkeit der sozialen Interaktion mit Menschen und die Anpassung in der Ernährung zur Veränderung von Tierarten im Aussehen und Verhalten, also langfristig zur Domestikation. Es ist also zu erwarten, dass Hundepopulationen, deren Ernährung einen höheren Anteil an menschlicher Nahrung ausmacht und die engere soziale Beziehungen zu Menschen haben, stärker vom Verhalten des wilden Stammvaters Wolf abweichen.
Wilde Wölfe leben in der Regel in Familienrudeln, die aus einem monogamen Zuchtpaar und seinen Nachkommen bestehen und deren Mitglieder bei der Welpenaufzucht, der Jagd und der territorialen Verteidigung mitwirken (Mech, 1999; Mech et al., 1999; McNulty et al., 2012, 2014; Cassidy et al., 2015). Tatsächlich glauben viele Wissenschaftler, dass die Domestikation die Fähigkeit frei lebender Hunde, Rudel zu bilden und kooperative Beziehungen mit Artgenossen aufzubauen, drastisch reduziert hat (Coppinger & Coppinger, 2001; Boitani

AUS ALLER WELT – STREUNER AUF TENERIFFA

Verwilderte Hunde, die seit Generationen abseits vom Menschen leben, kommen zwar vor, sind aber recht selten. Die Wahrscheinlichkeit, dass man als Interessent an einem Auslandstierschutzhund einen verwilderten Hund zu sich nach Hause bekommt, ist extrem gering, und das ist auch gut so. Sie leben meist weit ab von Städten oder Dörfern und verhalten sich wie Wildtiere: Sie vermeiden den Kontakt mit Menschen, treten früh den Rückzug an und benehmen sich sehr unauffällig. Weder Tierschützer noch staatliche Hundefänger bekommen diese Tiere oft zu Gesicht. Es sollte aber auch jedem klar sein, dass diese Hunde sich im häuslichen Umfeld nie wohlfühlen werden. Leider kommt es durch fragwürdige Beschlüsse lokaler Politiker immer wieder zum Versuch, ansässige Hunde wegzufangen. Diese Hunde kommen dann in Tierauffangstationen (siehe Bericht von Michele Minnuno, S. 96 ff.), wo sie ein meist trauriges Dasein fristen. Eine Chance auf Adoption besteht bei ihrer Vorgeschichte natürlich sehr selten.

Hunde aus Verschlägen

Wie Roberto Bonanni schon beschrieben hat, kann die Definition verwildert/halb verwildert sehr schwammig sein. Auf Teneriffa z. B. werden rund um den Vulkan Teide regelmäßig Tiere ausgesetzt. Sehr viele von ihnen sind ehemalige Verschlagshunde, oftmals Podencos. Wenn man diese Hunde beobachten kann, hat man sehr schnell den Eindruck, dass es verwilderte Hunde sind, die dort seit Generationen leben. Tatsächlich sind die meisten von ihnen in einem Verschlag groß geworden. Unter diesen „Kaspar-Hauser-Bedingungen" haben sie keinerlei Sozialisierung oder Habituation erfahren. Wenn diese Rasse, die genetisch bedingt vom Wesen her tendenziell schon sehr zurückhaltend auftrittt, diese schlechte Vergangenheit hinter sich hat und dann in einem Wald ausgesetzt wird, verhält sie sich von Anfang an extrem scheu und unauffällig, mit einer hohen Fluchtdistanz. Da die Hunde sich nicht unbedingt alleine versorgen können, stellt sich immer die Frage, ob man sie einfängt oder vor Ort lassen sollte.

Podencos, Galgos und Co. sind in den Tierheimen Spaniens leider sehr stark vertreten.

Bei ihren Rundgängen sind Streuner häufig allein unterwegs, …

AUS ALLER WELT – ALLEIN UNTERWEGS

Wenn Straßenhunde aktiv sind und ihr Gebiet ablaufen, sind sie fast ausschließlich allein unterwegs (außerhalb der Läufigkeit). Wenn man mal einen Streuner verfolgt, dauert es aber nicht lange, bis er wieder zu seiner Gruppe (lose Lebensgemeinschaft) stößt. Insofern er in einer Gruppe lebt, was aber nicht zwangsläufig der Fall sein muss. Es gibt auch richtige Hunderudel, also eine Familie (siehe Anindita Bhadra, S. 105 ff.), mit der Erkundungsausflüge oftmals gemeinsam gemacht werden. Da wir mit unseren Hunden aber nicht verwandt sind, bilden wir auch keine Rudel mit ihnen. Verzweifeln Sie also nicht, wenn Sie mit Ihrem ehemaligen Straßenhund spazieren gehen, Sie sich nach einem misslungenen Rückruf hinter einem Baum verstecken und das dem Hund völlig egal ist. Ein „normaler" Haushund gerät dabei vielleicht in Stress und gibt sich anschließend u. U. etwas mehr Mühe, den Anschluss zu halten. Ein erfahrener Streuner dagegen wittert einmal kurz gegen den Wind, weiß dann schon, dass Sie sich mal wieder hinter dem dritten Baum auf der rechten Seite verstecken, und geht einfach seines Weges – er findet sein Zuhause auch alleine wieder. Bei seinen Streunerspaziergängen musste er nie mit irgendjemand kooperieren, warum sollte er es jetzt tun? Die Fleischwurst, mit der Menschen dann verzweifelt winken, holt er sich später bei irgendeiner Übung ab, wenn er mit seinem Ausflug fertig ist.

... auch wenn sie meist einer Gruppe angehören.

et al., 2007; Viranyi & Range, 2014; Marshall-Pescini et al., 2017). Besonders weit verbreitet war die Ansicht, dass frei laufende Hunde nicht mehr kooperativ jagen, da sie weitgehend von menschlicher Nahrung abhängig sind. Diese Veränderung in der Ernährung hätte zu den massiven Veränderungen im Sozialverhalten und dem Auflösen der ursprünglichen Rudelbildung geführt (Coppinger & Coppinger, 2001; Marshall-Pescini et al., 2017). Aber ist das tatsächlich der Fall? Und wenn ja, gilt das wirklich für alle Arten von frei lebenden Hunden?

SOZIALER ALS VIELFACH BEHAUPTET?

Mehrere bahnbrechende Studien, die die soziale Organisation von frei lebenden Hunden untersuchten (hauptsächlich, wenn auch nicht ausschließlich, im städtischen Umfeld), kamen zu dem Schluss, dass es sich bei Streunern um semisolitäre Kaniden handelt (Beck, 1973; Berman & Dunbar, 1983; Daniels, 1983; Daniels & Bekoff, 1989a; Ortolani et al., 2009). Wie Enrique Font schon dargestellt hat, ermittelten diese Studien den Grad des Sozialverhaltens mit Artgenossen, indem sie die Häufigkeit der Gruppengrößen bei Populationserhebungen aufzeichneten. Dabei fanden die Forscher heraus, dass 50 bis 80 Prozent der Hunde allein gesichtet wurden, während der Rest der lokalen Population hauptsächlich aus Paaren und Trios bestand. Die sehr wenigen Gruppen mit mehr als drei Hunden bestanden in der Regel aus zeitweiligen Zusammenschlüssen von Rüden um eine Hündin herum, die sich im Östrus befand, also läufig war. Font (1987, siehe S. 28) kritisiert diese Erhebungen, weil Bevölkerungsbefragungen nicht auf Langzeitbeobachtungen der Individuen basieren und der Anteil der Einzeltiere in der Population dadurch zu viel Gewicht bekäme. Dieses Ergebnis sei irreführend, da viele Hunde, die ansonsten Mitglieder einer sozialen Gruppe sind, dazu neigten, sich allein auf Futtersuche zu begeben. Enrique Font führte deshalb kontinuierliche Beobachtungen an zwei sozialen Gruppen von streunenden Hunden (zwei bis vier Individuen) durch, die in einer städtischen Umgebung in Valencia (Spanien) lebten. Dabei konnte er feststellen, dass diese Gruppen durchaus eine stabile Zusammensetzung hatten und dass ihre Mitglieder bei der Territorialverteidigung sogar zusammenarbeiteten, obwohl sie ansonsten oft alleine nach Nahrung suchten. Font (1987) kommt deshalb zu dem Schluss, dass Streunerhunde in der Stadt wahrscheinlich viel sozialer leben als bislang angenommen. Da Hunde wahrscheinlich hauptsächlich während der Nahrungssuche gesichtet werden, kann dies zu der fehlerhaften Vorstellung führen, dass Streuner vorzugsweise solitär leben.

Auf Nahrungssuche

Indische Wissenschaftler konnten diese Hypothese von Font (1987) kürzlich durch eine Studie an mehr als tausend städtischen Streunerhunden in Indien bestätigen (Sen Majumder et al., 2014). Diese Forscher führten Bevölkerungsbefragungen zu den Tageszeiten der Nahrungssuche von Streunern durch und fanden heraus, dass laut Aussagen der lokalen Bevölkerung Hunde in der Regel allein (40 bis 48 Prozent der Population) oder zu zweit auf Nahrungssuche gesichtet wurden. Kontinuierliche Beobachtungen der gleichen Forschergruppe zeigten jedoch wie in Spanien bei Enrique Font die Existenz stabiler sozialer Gruppen, deren Mitglieder zusammenlebten und ihr Gebiet auch kooperativ verteidigten, wenn sie nicht auf Nahrungssuche waren (mehr dazu ab S. 65). Es ist also wahrscheinlich, dass streunende Hunde zwar Gruppen bilden, aber dazu neigen, allein oder zu zweit auf der Suche nach Futter umherzustreifen. Dieses Verhalten könnte durch eine verringerte Futterkonkurrenz bei der Suche erklärt werden: Wenn Nahrung nur in kleinen Mengen, z. B. in Mülltonnen oder hinter Restaurants gefunden werden kann, dann werden diese Portionen nicht mehr als ein oder zwei Individuen satt machen. Um die Futterkonkurrenz zu verringern, macht es für die Streuner also mehr Sinn, allein auf Nahrungssuche zu gehen (Macdonald & Carr, 1995; Sen Majumder et al., 2014). Darüber hinaus deuten die letzten Beispiele darauf hin, dass Kooperation von Gruppenmitgliedern nicht nur auftritt, wenn man gemeinschaftlich jagt, sondern auch wenn man ein gemeinsames Territorium verteidigen möchte. **Grundsätzlich ist es für die Streuner-Forschung also wichtig, statt auf Zählungen bei Sichtungen besser auf Langzeitbeobachtungen zu setzen, wenn man das Sozialverhalten der frei lebenden Hunde wirklich verstehen möchte.**

Nahrungsquellen beeinflussen soziales Gruppenleben

In der Verhaltensforschung gibt es theoretische Studien, in denen berechnet wurde, dass es sich für Individuen nur dann lohnt, als territoriale Fleischfresser eine soziale Gruppe zu bilden, wenn zwei Bedingungen erfüllt werden („Ressourcenverteilungshypothese“, Macdonald, 1983):

1. Die Nahrungsressourcen sind so reichlich vorhanden und an einem Ort zu finden, dass sie ohne Konflikte mit Begleitern geteilt werden können.
2. Die gemeinsame Verteidigung dieser Ressourcen lohnt sich, das bedeutet, jedes Gruppenmitglied erhält mehr Energie aus dem exklusiven Zugang zu Nahrung, als es für die Vertreibung von Eindringlingen aufwenden muss.

Die obigen Beispiele deuten jedoch darauf hin, dass streunende Hunde auch dann in sozialen Gruppen leben, wenn ihre Nahrung nicht an einem Ort konzentriert zu finden ist. Von daher passt ihr Verhalten nicht

Der Jungrüde hatte eine erfolgreiche Futtersuche.

wirklich zu den Vorhersagen der Ressourcenverteilungshypothese. Dennoch ist es wahrscheinlich, dass ein Überfluss an Nahrung den Grad des Zusammenhaltes beeinflusst. Eine weitere Studie aus Mittelitalien (Macdonald & Carr, 1995) konnte das bestätigten. Hier untersuchten die Forscher zwei Subpopulationen von Hunden: Die erste Population bestand aus Streunern, die in zwei Dörfern lebten und von Anwohnern gefüttert wurden oder sich von Abfällen ernährten. Die zweite Gruppe waren verwilderte Hunde, die außerhalb von Dörfern lebten. Diese Individuen hielten sich hauptsächlich auf einer großen Müllhalde auf und suchten dort nach Futter. Die Dorfhunde lebten in kleinen Gruppen (zwei bis fünf Individuen) und gingen meist allein auf Futtersuche, da das Futter in kleinen Mengen verteilt zu finden war. Zur Verteidigung ihres gemeinsamen Territoriums schlossen sich die Hunde aber zusammen. Die verwilderten Hunde dagegen lebten in Gruppen von zwei bis zehn Individuen, verteidigten geschlossen ihre Müllkippe und blieben auch bei der Futtersuche zusammen. Der Grund: In ihrem Lebensgebiet war Nahrung in größeren Portionen vorhanden, die ohne Probleme untereinander geteilt werden konnten.

Auch bei Wildhunden, die nicht auf Lebensmittel aus menschlicher Quelle angewiesen sind, scheint die Futtermenge den sozialen Zusammenhalt zu beeinflussen. In Zentralaustralien z. B. erbeuten Dingos hauptsächlich kleine bis mittelgroße Säugetiere, und die meisten von ihnen (etwa 70 Prozent) werden allein gesichtet (Corbett & Newsome, 1975, 1987). Umgekehrt haben sich die Dingos in Westaustralien auf das Erbeuten großer Kängurus spezialisiert. Die Jagd auf ein so großes Landsäugetier erfordert eine kooperative Anstrengung und einen gut funktionierenden sozialen Zusammenhalt der Rudelmitglieder. Bei dieser Dingopopulation wird nur eine Minderheit (25 Prozent) allein gesichtet (Thomson, 1992a). Darüber hinaus leben diese westaustralischen Dingos vorzugsweise in Familiengruppen zusammen, die eine ganz ähnliche soziale Organisation wie Wölfe aufweisen (Thomson, 1992b).

Die Beute wird an einen sicheren, ruhigen Platz getragen.

BEZIEHUNGSINTENSITÄT ZUM MENSCHEN

Eine weitere wichtige Voraussetzung für Gruppenbildung bei frei lebenden Hunden ist die Intensität der sozialen Beziehung zum Menschen. Tatsächlich fand unser Team nach Durchsicht der aktuellen wissenschaftlichen Literatur zur sozialen Organisation frei lebender Hunde heraus, dass „Besitzerhunde" weniger wahrscheinlich eine stabile soziale Gruppe bilden als streunende und verwilderte Hunde (Bonanni & Cafazzo, 2014). Ein Grund könnte sein, dass viele frei lebende Besitzerhunde die Begleitung ihrer Menschen der von Artgenossen schlicht vorziehen, besonders wenn sie in der sensiblen Phase ihrer Entwicklung viel Zeit mit „ihren" Menschen verbracht haben (siehe Scott & Fuller, 1965). Eine weitere Spekulation wäre, dass die Bewegungsfreiheit von frei laufenden Besitzerhunden eingeschränkter ist. So können diese Hunde nur zu bestimmten Zeiten mit anderen Hunden „um die Häuser ziehen", ihre Handlungen abstimmen und dabei Erfahrungen sammeln, die ihre Sozialkompetenz in der Interaktion mit Artgenossen verbessert. Dieses Leben als „Teilzeit-Streuner" könnte so verhindern, dass es zu einer stabilen Gruppenbildung kommen kann.

REGULIERUNGSMASSNAHMEN DURCH DEN MENSCHEN

Das Gruppenleben frei lebender Hunde wird schließlich auch durch gezielte Eingriffe des Menschen beeinflusst: So werden z. B. vielerorts die Würfe von frei lebenden Hunden fast vollständig vom Menschen vernichtet oder von Tierschützern entfernt. Besonders stark vom menschlichen Eingriff betroffen sind weibliche Welpen, was das Geschlechterverhältnis der streunenden Hundepopulationen häufig stark zugunsten der männlichen Tiere verzerrt (Wandeler et al., 1993; Macdonald & Carr, 1995; Boitani et al., 2007).

Diese von Menschen durchgeführten Aktionen in Hundegruppen sind eine wichtige Todesursache für Welpen (Beck, 1973; Gipson, 1983; Wandeler et al., 1993; Macdonald & Carr, 1995) und erwachsene Hunde (Beck, 1973; Nesbitt 1975; Boitani et al., 1995; S. Pal, persönliche Kommunikation). So ergab z. B. eine kürzlich durchgeführte Studie an indischen Streunerhunden (Paul et al., 2016), dass 81 Prozent der 364 Welpen vor Erreichen des Fortpflanzungsalters starben. Für 63 Prozent der gesamten Todesfälle war der Mensch verantwortlich. Darüber hinaus werden sehr viele Welpen aus der Streunerpopulation entfernt (Wandeler et al., 1993; Macdonald & Carr, 1995; Paul et al., 2016). Für einige Autoren (Boitani & Ciucci, 1995; Boitani et al., 2007) ist diese hohe Welpensterblichkeit ein Grund, warum wilde Hunde keine den Wölfen ähnliche Familiengruppen bilden. So könnten sie „notgedrungen" darauf angewiesen sein, auch mit nicht verwandten Individuen eine bestimmte Gruppengröße aufrechtzuerhalten (obwohl nach Meinung dieser Forscher die hohe Welpensterblichkeit hauptsächlich auf mangelnde väterliche Fürsorge zurückzuführen ist). Auch ich habe beobachten können, dass Gruppen von Streunern oder halbwilden Hunden aus mehreren, auch nicht verwandten Individuen bestanden. Doch von anderen Autoren wurden wiederum Gruppen von streunenden oder halbwilden Hunden erfasst, deren Mitglieder mehrheitlich verwandt waren (Nesbitt, 1975; Gipson, 1983; Daniels & Bekoff, 1989a, b; Pal et al., 1998; Bonanni et al., 2017; Paul & Bhadra, 2017, 2018). Es ist also alles möglich! Zusammenfassend lässt sich deshalb feststellen, dass die Domestikation die Fähigkeit des Hundes, Gruppen bilden zu können, stark reduziert hat. Doch das Vermögen, in einer rudelartigen Struktur zu leben, ist nicht verschwunden: Die Intensität der Beziehungen untereinander und die Stabilität des Zusammenhaltes sind nur sehr variabel

Viele Streuner bauen zu einem netten Menschen freundschaftliche und vertraute Beziehungen auf.

und werden meiner Meinung nach von drei Umweltfaktoren beeinflusst:
Der Art der sozialen Beziehung zum Menschen: Je enger diese Beziehung ist, desto mehr sinkt die Wahrscheinlichkeit, dass Hunde in stabilen Gruppen leben.
So gehen Hunde, die sich tagsüber frei bewegen dürfen, aber einen festen Besitzer haben (frei laufende Besitzerhunde), mit Artgenossen meistens relativ unverbindliche Beziehungen ein. Eine Ausnahme bilden hier Arbeitshunde wie Herdenschutzhunde, die zwar einen Besitzer haben, sich aber völlig uneingeschränkt frei bewegen dürfen. Doch hier hat der Mensch einen besonderen Grund, die Bindung unter ihnen zu fördern, denn nur durch einen starken sozialen Zusammenhalt sind sie in der Lage, die Herde effektiv zu schützen. Alle anderen Arten von Streuner-Typen leben wahrscheinlich in Gruppen mit stabiler Zusammensetzung. Die Art der Zusammensetzung und Stabilität in diesen Streunergruppen wird aber wiederum beeinflusst von **der Futterverfügbarkeit** und **vom Grad der menschlichen Beeinflussung auf ihre Ausbreitung**.
Je stärker der Grad der Verwilderung der Hunde ist, desto größer ist dann auch ihre Tendenz, wie andere wilde Kaniden in Familiengruppen zu leben.

IN GRUPPEN LEBENDE STREUNER

HIERARCHIEN UND ZUSAMMENHALT

Auswirkung der Gruppenstruktur auf Konfliktlösungsstrategien, Kooperation und Welpenaufzucht

Streuner leben also oft in Gruppen, deshalb stellt sich als Nächstes die Frage, ob diese Gruppen eine den Wolfsrudeln vergleichbare soziale Struktur haben können. Wie ich bereits beschrieben habe, bestehen die meisten Wolfsrudel aus Familien und zeigen eine nach Alter ausgerichtete, hierarchische Struktur, in der sich der einjährige Nachwuchs der Führung der Eltern anvertraut und sich Welpen wiederum neben ihren Eltern an den älteren Geschwistern aus dem Vorjahr orientieren (van Hoof & Wensing, 1987; Mech, 1999; Bloch, 2002; Bloch & Marriott, 2016). Häufig wurde beobachtet, dass innerhalb einer Altersklasse die Rüden gegenüber den Fähen dominant sind (Mech, 1999; Sands & Creel, 2004), obwohl es Fälle gibt, in denen für Rüden und Fähen eine egalitäre Beziehung beschrieben wurde (Bloch, 2002). Diese soziale Struktur wirkt sich auf die Gruppenaktivitäten aus, z. B., dass die Eltern in der Regel gemeinsame Aktionen anleiten und Bewegungen durchs Gelände initiieren, wobei ihnen ihr Nachwuchs dann spontan folgt (Mech, 2000; Peterson et al., 2002). Bei Wölfen reguliert diese Dominanz der Eltern auch die Fortpflanzungsaktivitäten des Nachwuchses: In vielen Fällen führt dieses exklusive Paarungsvorrecht der Wolfseltern dazu, dass erwachsene Nachkommen des gleichen Geschlechts aus dem Rudel abwandern (Mech & Cluff, 2010). Bei größeren Rudeln mit mehr als zwei geschlechtsreifen Individuen darf in der Regel nur das dominante Elternpaar Nachwuchs zeugen. In einigen Fällen wurde jedoch beobachtet, dass auch eine untergeordnete Tochter der Alpha-Fähe Welpen aufziehen durfte (vonHoldt et al., 2008).

DOMINANZSTRUKTUREN

Gleichzeitig gab es in der jüngeren Vergangenheit wie schon beschrieben die Behauptung, dass frei lebenden Hundegruppen eine hierarchische Sozialstruktur fehlen würde (Boitani & Ciucci, 1995; van Kerkhove, 2004; Boitani et al., 2007; Bradshaw et al., 2009; Bradshaw & Rooney, 2016) und es deshalb auch keine entsprechend von den Alpha-Tieren angeleitete Gruppe gäbe. Mir ist es jedoch wichtig zu betonen, dass diese Aussagen niemals durch detaillierte Verhaltensanalysen der sozialen Interaktionen zwischen den Gruppenmitgliedern untermauert wurden. Diese Abwesenheit von Dominanzhierarchien bei Hunden wurde meistens mit der Beobachtung begründet, dass innerhalb von Hundegruppen oftmals mehrere Hündinnen Welpen aufziehen. Außerdem besteht wahrscheinlich berechtigterweise die Befürchtung, dass die Anerkennung von hierarchischen Dominanzstrukturen in Hundegruppen negative

Folgen für das Wohlergehen vieler Hunde haben könnte. Denn leider wird der Dominanzbegriff von manchen Menschen fälschlicherweise genutzt, um die Anwendung von Trainingsmethoden zu rechtfertigen, die auf Bestrafung und Zwang in der Beziehung zwischen Hund und Mensch basieren (siehe Bradshaw et al., 2009, 2016).
Diese Sichtweise beruht jedoch weitgehend auf einem Missverständnis des Begriffs der Dominanz.

Dominanz als sozialer Zusammenhalt

Der Sinn von „Dominanz" ist nicht wie häufig angenommen, dass ein dominantes Individuum seinen unterlegenen Partner permanent unterwirft und sich Vorteile verschafft. Stattdessen dient Dominanz in sozialen Gruppen dem Zusammenhalt und der Anleitung unerfahrener Gruppenmitglieder in sozialen Situationen. Bei sozial lebenden Arten wie Hunden wird der übergeordnete Status eines Tieres deshalb auch nicht brachial mit Gewalt durchgesetzt, sondern von „unten nach oben" bestätigt, indem die oft jüngeren Gruppenmitglieder den älteren Tieren durch unterwürfige Gesten deren übergeordneten Status deutlich machen. Auf diese Weise entwickelt sich leichter

1. eine soziale Bindung zwischen dominanten und untergeordneten Individuen und
2. kommt es seltener zum Auftreten sozialer Konflikte (de Waal, 1986; van Hoof & Wensing, 1987).

So kann die Dominanz bei diesen Arten als eine asymmetrische, kooperative Beziehung beschrieben werden, in der ein Individuum (der Untergebene) stärker von der sozialen Unterstützung und Führung des anderen (des Dominanten) abhängig ist (Trisko & Smuts, 2015).

DOMINANZ

In der Verhaltensbiologie ist Dominanz keine Eigenschaft, sondern die Bezeichnung für eine soziale Beziehung zwischen zwei Individuen. Zwischen diesen beiden Individuen setzt sich mit großer Vorhersagbarkeit in Situationen des Wettbewerbs um Ressourcen wie Futter oder Sexualpartner, aber auch während gemeinschaftlicher Aktionen der eine dem anderen gegenüber durch (der „Dominante"), wobei sich der Unterlegene ohne aggressive Eskalation unterwirft (Drews, 1993) und dadurch Verletzungen vermeiden kann (Hands, 1986).

Submissive Signale

Wie stark die soziale Beziehung unter Hunden durch diesen kooperativen Charakter definiert wird, haben mehrere aktuelle Studien untersucht (Bauer & Smuts, 2007; Cafazzo et al., 2010; Trisko & Smuts, 2015; van der Borg et al., 2015; Bonanni et al., 2017). Besonders die „submissiven Signale", also die formalen Gesten der Unterwerfung, wurden dabei in den Blick genommen.
Ein solches „klassiches" Signal ist z. B. das „Mundwinkellecken": Es erscheint alle Kriterien für ein „Unterwerfungssignal" zu erfüllen, denn es wird innerhalb einer Zweierbeziehung fast immer vom untergeordneten gegenüber dem „dominanten" Individuum gezeigt, es hat also eine sogenannte „permanente Richtungskonsistenz". Das Mundwinkellecken wird hauptsächlich in partnerschaftlichen Situationen beobachtet, z. B., wenn sich die beiden Gruppenmitglieder nach einer vorübergehenden Trennung wiedertreffen. Die Häufigkeit dieses Signals kann im Gleichklang mit anderen unterwürfigen Gesten beobachtet werden, die in Wettbewerbskontexten gezeigt werden. So neigen Individuen, die übergeordneten Tieren die Mundwinkel lecken, auch in Situationen der Konkurrenz um Ressourcen wie ein interessantes Futter dazu, die Gruppenmitglieder auf diese Weise zu beschwichtigen und sich so Zugang zu verschaffen.

Dominanzbeziehungen

Aufgrund all dieser beschwichtigenden Verhaltensweisen, die von rangtieferen Hunden zur Stabilisierung der Rangordnung gezeigt werden, bin ich der Meinung, dass das Dominanzkonzept für Hunde gilt. Allerdings ist es denkbar ungeeignet, um damit die Anwendung von Strafmaßnahmen zu rechtfertigen. Aus der Dominanzbeziehung zwischen zwei Individuen einer Gruppe ergäbe sich dann die soziale Struktur der gesamten Gruppe, die als lineares Hierarchiemodell beschrieben wird (Martin & Bateson, 1993). Im Gegensatz zu früheren Aussagen (siehe Referenzen oben) haben aktuelle Studien gezeigt, dass diese linearen Dominanzhierarchien in Rudeln von italienischen und indischen Streunerhunden tatsächlich häufig anzutreffen sind (Cafazzo et al., 2010; Pal et al., 1998, Daten neu analysiert in Bonanni & Cafazzo, 2014; Bonanni et al., 2017). Insbesondere zeigten diese Studien, dass die Verteilung von beschwichtigendem Verhalten unter den Gruppenmitgliedern sowie in Augenblicken des vertrauten Interagierens („Grooming“) als auch in Wettbewerbssituationen überhaupt nicht zufällig war, sondern immer vom rangtieferen in Richtung des ranghöheren Hundes gezeigt wurde. Aggressive Verhaltensweisen wurden unter den Gruppenmitgliedern der italienischen Streuner und halbwilden Hunde nur stark ritualisiert gezeigt, potenziell schädliche Aggressionen (also „Beißen“) waren sehr selten zu beobachten und traten nur bei etwa ein Prozent der von uns erfassten agonistischen Interaktionen auf (Bonanni et al., 2017). **Diese Zahlen passen zu der Theorie des Dominanzkonzeptes, nach dem sich Dominanz**

01

03

05

02

04

entwickelt hat, um soziale Konflikte durch Vermeidung einer Beschädigung zu lösen. Darüber hinaus schien die Wahrscheinlichkeit einer aggressiven Auseinandersetzung zwischen zwei Hunden zu sinken, wenn die Dominanzbeziehung fest etabliert war. Solch eine fest etablierte und damit stabile Beziehung zwischen zwei Hunden kann man u. a. daran erkennen, dass die Individuen nicht nur einen vertrauten Umgang miteinander pflegen, sondern eben diese ritualisierten Unterwürfigkeitssignale in bestimmten Situationen zu beobachten sind (Bonanni et al., 2017).

Beschädigende Interaktionen

Wichtig ist mir, in diesem Zusammenhang erneut darauf hinzuweisen, dass alle für diese Studien erfassten Hunde, bis auf wenige Ausnahmen, auf der Straße geboren und nie von einem Menschen aufgezogen oder erzogen wurden. Im Vergleich dazu konnte bei den bei uns lebenden Rassehunden, die nach früher Trennung von der Mutter und den Geschwistern in menschlichen Wohnungen aufwachsen, viel häufiger ein Mangel an ritualisierten, agonistischen Verhaltensweisen beobachtet werden und es gibt parallel dazu eine Zunahme an beschädigenden aggressiven Interaktionen (siehe Feddersen-Petersen, 2007). Zusammenfassung der Herausgeberin: Durch diesen Vergleich zeigt sich deutlich, dass der Mangel an sozialer Kompetenz in Konfliktsituationen, den unsere Hunde häufig zeigen, nicht auf einen Effekt der Domestikation zurückzuführen ist, sondern schlicht durch das Fehlen sozialer Erlebnisse mit Artgenossen. Diese können die sozialen Kompetenzen von Hunden fördern.

01 *Hier zeigt der schwarze Jungrüde gegenüber dem Altrüden eine spielerisch-aktive Unterwerfung mit Maulwinkellecken.*

02 *In dieser Interaktion steht weniger ein Begrüßungsritual im Vordergrund, sondern eher eine spielerische Absicht.*

03 *Dies erklärt auch die leicht frechen Elemente wie angedeuteter Schnauzgriff …*

04 *… und das Hochsteigen.*

05 *Der Altrüde nimmt dies souverän und gelassen entgegen und würde jetzt wahrscheinlich nicht auf die Idee kommen, dass der Jungrüde ihn dominieren möchte, nur weil der ihn etwas frech angesprungen hat.*

ERLANGEN EINES HÖHEREN STATUS

Doch wie kann ein Gruppenmitglied einen hohen sozialen Status innerhalb einer frei lebenden Hundegruppe erreichen?
Wir haben beobachten können, dass hochrangige Hunde in der Regel sowohl älter als auch größer als untergebene waren, das Alter war jedoch ein besserer Indikator für den Dominanzrang als die Körpergröße (Bonanni et al., 2017). Dies deutet darauf hin, dass Junghunde und junge erwachsene Hunde in Hunde- und insbesondere in Familienrudeln dazu neigen, sich den älteren Gruppenmitgliedern zu unterwerfen, und oft auch dann untergeordnet bleiben, wenn sie größer als ältere erwachsene Individuen werden (ebd., 2017). So erreichen Rudelmitglieder meist nicht durch Dominanzstreitigkeiten, sondern mit dem Alter einen höheren Rang.

Die Rolle der Körpergröße

In Rudeln von streunenden oder halbwilden Hunden sind Rüden ähnlich wie bei den Wölfen in der Regel größer und dominant gegenüber Hündinnen ähnlichen Alters (Cafazzo et al., 2010; Bonanni et al., 2017). Dies deutet darauf hin, dass auch die Demonstration körperlicher Präsenz von frei lebenden Hunden genutzt werden kann, um Konflikte zu lösen und einen Dominanzstatus zu erlangen, wenn es keine ausgeprägten Altersunterschiede zwischen den interagierenden Individuen gibt. Interessanterweise fanden Studien an Gruppen von reinrassigen Hunden unter menschlicher Kontrolle auch lineare Dominanzhierarchien (Trisko & Smuts, 2015; van der Borg et al., 2015), aber keine Hinweise auf Dominanz von Rüden gegenüber Hündinnen. Dieses Ergebnis könnte darauf hindeuten, dass es unter frei lebenden Hunden einen größeren Unterschied in der Erscheinungsweise zwischen männlichen und weiblichen Tieren (sexueller Dimorphismus) gibt als bei reinrassigen Hunden, die bei Menschen leben.

Viel Ähnlichkeit mit dem Wolf

Unterm Strich lässt sich jedoch festhalten, dass die Gesellschaften von Wölfen und frei lebenden Hunden möglicherweise viel ähnlicher sind, als bisher angenommen wurde. **Altersorientierte Dominanzhierarchien, wie sie bei Wölfen und frei lebenden Hunden zu finden sind, scheinen also typisch für Arten zu sein, bei denen ältere und erfahrene Gruppenmitglieder die Verantwortung für die Leitung gemeinsamer Bewegungen und Aktionen übernehmen** (Šárová et al., 2013). Dabei lernen rangtiefere Tiere durch Beobachtung des Verhaltens der Ältesten und können von deren Erfahrung profitieren. Ältere Tiere wissen genau, wo man mit hoher Wahrscheinlichkeit zu bestimmten Jahres- und Tageszeiten Futter findet, sie kennen die besten Fluchtwege und Strategien, wie man potenziell gefährliche Auseinandersetzungen mit Feinden vermeiden kann. Wie Wölfe koordinieren sich frei laufende Hunde oft bei gemeinsamen Aktivitäten, indem die Rudelmitglieder gemeinsam in die gleiche Richtung wandern oder gemeinsam eine Aktion starten. So wurde von verschiedenen Forschern berichtet, dass besonders häufig gemeinsame Veränderungen der koordinierten Gruppenaktivität vorgenommen werden, die Tiere kommen z. B. aus der Ruhe in Bewegung oder brechen zur gemeinsamen Futtersuche auf (Beck, 1973; Nesbitt, 1975; Fox et al., 1975; Boitani et al., 1995). Doch wie diese koordinierten Gruppendynamiken von sozialen Beziehungen beeinflusst werden, lag bislang aus Mangel an Studien im Dunkeln.

GRUPPENBEWEGUNGEN

Wie stark sich das Verhalten von „Führungspersönlichkeiten“ auf Gruppenbewegungen auswirken kann, haben wir im Jahr 2010 untersucht (Bonanni et al., 2010a). In dieser Studie wurde ein „Anführer“ definiert als der Hund, der sich in eine bestimmte Richtung aus der Gruppe entfernt und dem innerhalb von zehn Minuten mindestens zwei Begleiter folgen (die sogenannten „Follower"). Unsere Ergebnisse zeigten, dass zwar jedes erwachsene Rudelmitglied eine gemeinsame Bewegung mit mindestens drei Hunden erfolgreich einleiten konnte, doch dass höherrangige und ältere Hunde eher dazu neigten, diese Initiativen und damit die Führung zu übernehmen. Interessanterweise waren Hunde mit höherem Rang, denen ausschließlich in agonistischen Kontexten Beschwichtigungssignale gesendet wurden, weniger interessant in ihren Bewegungen für „Follower" als Führungspersönlichkeiten, denen gegenüber auch in anderen, z. B. entspannten und vertrauten sozialen Situationen Unterwürfigkeitssignale demonstriert wurden. **Diese Beobachtungen deuten darauf hin, dass die formale Anerkennung der Dominanz zwischen zwei Individuen die Voraussetzung für die Entwicklung einer sozialen Bindung zwischen einer „Anführer-Follower-Beziehung" bei Hunden sein kann.** Diese Interpretation wird dadurch gestützt, dass die Rudelmitglieder in den Ruhezeiten mehr Zeit in der Nähe von Persönlichkeiten verbrachten, die sich häufiger als Anführer verhielten als andere Rudelmitglieder. Diese körperliche Attraktivität deutet darauf hin, dass die anerkannten Anführer als spannender Sozialpartner wahrgenommen werden (Bonanni et al., 2010a). Streuner koordinieren ihre Bewegungen also wahrscheinlich aus dem Bedürfnis der Rangtieferen heraus, die Nähe zu den dominanten Tieren zu halten, um dadurch evtl. Vorteile in Form von sozialer Unterstützung zu erhalten. **Die Ergebnisse zeigen deutlich, dass Rudel von frei lebenden Hunden eine soziale Struktur aufweisen, die etwa als altersgerechte Dominanzhierarchie beschrieben werden kann, und dass diese soziale Struktur die Gruppenaktivitäten beeinflusst und damit den bisherigen Vorstellungen zu diesem Thema widerspricht.** Für Hunde ist es wichtig, sich an einer verlässlichen Führungsperson zu orientieren.

Auch in frei lebenden Hundegruppen wird Dominanz „von unten nach oben" etabliert.

Diese Kleingruppe bestehend aus zwei Rüden attakiert einen Besitzerhund beim Gassigehen. An dieser Stelle möchte ich anmerken, dass es in jedem Land, hier Rumänien, Menschen gibt, die die Hunde so halten, wie wir uns das vorstellen. Bemerkenswert ist das Verhalten des Besitzers.

KOOPERATION

Eine der wichtigsten Funktionen des Rudellebens und der sozialen Bindung bei frei lebenden Hunden ist die Möglichkeit der Zusammenarbeit bei der Territorialverteidigung (siehe auch S. 220 ff.). Die meisten frei lebenden Hunde zeigen ein territoriales Verhalten, das sich jedoch leicht von dem der Wölfe unterscheidet. Reviere von Wölfen sind meist sehr groß (30 – 6000 km²) und exklusiv der Nutzung des Rudels vorbehalten. Das Betreten durch konkurrierende Rudel wird aktiv ausgeschlossen (Mech & Boitani, 2003), indem die Territorien durch Geruchsmarkierung und Heulen verteidigt werden. Diese akustischen und olfaktorischen Signale sollen dazu dienen, mit Eindringlingen auf Distanz zu kommunizieren und dadurch die Wahrscheinlichkeit einer Konfrontation zu reduzieren (Peters & Mech, 1975; Harrington & Mech, 1979; Mech & Boitani, 2003). Duftmarkierungen werden dabei in der Regel nur vom dominanten Paar durchgeführt. Dabei markieren Rüden durch das Heben des Beines und Fähen durch „Hinhocken“. Hervorgehoben wird diese Geruchsmarkierung zusätzlich oft durch das Scharren am Boden, eine Form der optischen Markierung (Peterson et al., 2002; Harrington & Asa, 2003).

VERTEIDIGUNG DES TERRITORIUMS BEI WÖLFEN

Bei der territorialen Verteidigung sind kopfstarke Rudel kleineren Gruppen überlegen und können diese erfolgreicher verdrängen (Cassidy et al., 2015, 2017). So konnte bei einer Studie zur Territorialverteidigung im Yellowstone Nationalpark festgestellt werden, dass die meisten Konflikte zwischen Rudeln (76 Prozent) nicht mit aggressiven physischen Kontakten einhergingen, sondern durch diese Kommunikation auf Distanz entschieden wurden. Dabei zog sich das kleinere Rudel zurück, nur selten kam es zum Tod einzelner Teilnehmer bei einer Minderheit der Konflikte (etwa vier Prozent; Cassidy et al., 2015). Die Kooperation bei der Verteidigung des Territoriums ist wichtig, um wichtige Ressourcen wie Nahrungsquellen, den eigenen Sexualpartner, aber auch bedeutende Orte wie die Rendezvousplätze zu verteidigen, in deren Nähe häufig die Welpen

Völlig gelassen, ohne in irgendwelche Trainingsabläufe zu verfallen, gehen er und seine Dogge einfach ihren Weg. Souveräner kann man diese Situation nicht meistern. Das Erziehungsprogramm für die Dogge lautet: „Einfach mal cool bleiben" und wird vom Besitzer vorgelebt.

geboren werden. Eindringlinge versuchen nicht selten, Welpen zu töten, möglicherweise, um die Größe des konkurrierenden Rudels zu verringern (Smith et al., 2015).

VERTEIDIGUNG DES TERRITORIUMS BEI STREUNERN

Im Vergleich dazu besetzen und verteidigen Streuner meistens viel kleinere Gebiete als Wölfe. Forscher haben hier Reviere vermessen, die in ihrer Größenordnung von 0,1 Hektar für einige Streuner (Daniels, 1983) über etwa 12 km^2 für verwilderte Hunde (Boitani et al., 1995) bis hin zu 50 – 100 km^2 für australische Dingos (Thomson, 1992c) reichen. Diese Varianz ist möglicherweise darauf zurückzuführen, dass die meisten frei lebenden Hunde mit Ausnahme von Dingos von Nahrungsressourcen leben, die in großer Menge und an gleichen Orten zu finden sind – anders als die bewegungsaktive Beute der Wölfe (Bonanni & Cafazzo, 2014). Darüber hinaus sind einige frei lebende Hunde nicht streng territorial. So kann es immer wieder vorkommen, dass mehrere Rudel überlappende Bereiche besetzen und um Ressourcen konkurrieren, ohne dass dabei starke Aggressionen zu beobachten sind (Bonanni et al., 2011; Bonanni & Cafazzo, 2014).
Steigt die Hundepopulation durch große Mengen von Menschen bereitgestellter Nahrung an, kann es durch den starken Zuzug von Eindringlingen dazu kommen, dass ein Gebiet nicht mehr effizient verteidigt werden kann (Bonanni & Cafazzo, 2014). Generell scheinen Konflikte zwischen Gruppen streunender Hunde bei hoher Populationsdichte viel häufiger zu sein als bei Wölfen. Gleichzeitig ist der Verlauf weniger dramatisch, es gibt eine geringere aggressive Eskalation. So konnten bei Konflikten zwischen Rudeln, die in einer Vorstadtumgebung in Italien lebten, nur in vier bis fünf Prozent der Interaktionen aggressive Körperkontakte festgestellt werden (Bonanni et al., 2011). **Hunde scheinen also eine höhere Toleranz gegenüber gruppenfremden Individuen entwickelt zu haben.** Wahrscheinlich sehen sie sich häufiger mit Konflikten zwischen konkurrierenden Rudeln konfrontiert und ständige aggressive Eskalationen in solchen Situationen stellen nicht nur einen enormen Energieaufwand, sondern auch eine Verletzungsgefahr dar (Bonanni & Cafazzo, 2014).

AUS ALLER WELT – TERRITORIALVERHALTEN

Eine der wenigen kooperativen Verhaltensweisen, die Wolfsrudel, Hunderudel und Hundegruppen gemeinsam haben, ist das Territorialverhalten: Sie alle reagieren auf gruppenfremde Artgenossen. Allerdings ist dieses Verhalten bei Haushunden abgeschwächt. Während bei Hunderudeln alle Mitglieder gegen den gruppenfremden Hund durch Alarmbellen und Scheinattacken geschlossen auftreten (siehe zu „Kriegen" und „Konfliktverhalten" auch S. 226 ff.), sind bei den Hundegruppen nicht selten nur vereinzelte Tiere in Alarmbereitschaft. Das ist auch gut so, denn gerade im städtischen Gebiet, wo eher Hundegruppen statt -rudel vorkommen, sollten die Tiere nicht zu negativ auffallen. Wenn eine Meute bellender Hunde in Richtung eines Besitzerhundes mit Besitzer gallopiert, kommt das nicht wirklich gut an (Fotos S. 64/65). Auch wenn es dabei selten zu Beschädigungsbeißen oder einer physischen Attacke kommt.

Begegnung unter Streunern

Auf den Fotos verjagen eine Hündin und ein Rüde einen gruppenfremden Rüden (1). Dieser zeigt sich erst noch beeindruckt (angelegte Ohren, eingeklemmter Schwanz, Hinterhand eingeknickt, Blick vermeidend). Die Hündin hat jetzt bereits das Interesse verloren und wendet sich ab (2). Der Gruppenrüde versucht zu imponieren (Gliedmaße durchgestreckt, Rute hoch), überzeugt aber durch das Aufstellen der Bürste nicht wirklich (3). Wer es nötig hat, sich künstlich größer zu machen, als man ist, ist nicht wirklich ein cooler Typ. Sofort reagiert der gruppenfremde Rüde in Abwesenheit der Hündin durch eine Änderung seiner Strategie. Es kommt zum gegenseitigen Imponierstehen (4) mit anschließendem Markieren (5). Das Ganze löste sich danach auf und der gruppenfremde Rüde durfte erst mal bleiben. Bei einem Hunderudel hätten sich alle Mitglieder an dieser Aktion beteiligt und der gruppenfremde Artgenosse hätte nicht so leichtes Spiel gehabt. Eine wunderbare Beobachtung mit spannendem Ausgang und das ganz ohne hektische Hundehalter, die kurz vorm Herzinfarkt stehen und die Polizei rufen. Hier können die Hunde noch in aller Ruhe kommunizieren, agieren, reagieren und selbst entscheiden, welches Risiko sie eingehen oder nicht.

01 Ein gruppenfremder Rüde wird verjagt.

02 Er verhält sich zunächst unterwürfig.

03 Der andere Rüde versucht ihn weiter zu beeindrucken.

04 Doch der Fremde wird zunehmend selbstbewusster.

05 Am Ende wird gemeinsam markiert.

06 Ein schönes Beispiel für die Vielzahl an Strategien, die Hunde in sozialen Situationen nutzen.

GRUPPENKONFLIKTE

Doch es gibt auch Ausnahmen, in denen Streuner sich weniger tolerant verhalten: In streng territorialen wilden Hundepopulationen konnten Gruppenkonflikte beobachtet werden, die zum Tod von Eindringlingen führten. Diese Unterschiede im Verhalten deuten darauf hin, dass es eine Flexibilität im aggressiven Auftreten bei der Revierverteidigung geben könnte, die durch unterschiedliche Lebensräume der Hunde bedingt wird (Gipson, 1983; Macdonald & Carr, 1995). Bei Konflikten können sich Streuner und wilde Hunde sehr kooperativ verhalten; so bündeln die Individuen zur Vertreibung von Revierrivalen ihre Kräfte und koordinieren ihre Aktionen (Fox et al., 1975; Font, 1987; Daniels & Bekoff, 1989b; Macdonald & Carr, 1995; Bonanni et al., 2010b, 2011; Pal, 2015). Diese Art der Zusammenarbeit ist effektiv. Sie kann wie bei Wölfen dazu führen, kleinere Hunderudel zum Rückzug zu bewegen (Daniels & Bekoff, 1989b; Macdonald & Carr, 1995; Bonanni et al., 2011, siehe auch S. 226 ff.).

Sind wichtige Ressourcen im Spiel…

BINDUNG UND ERFOLGREICHE ZUSAMMENARBEIT

Doch noch ein weiterer Faktor entscheidet darüber, wie erfolgreich eine Gruppe ihre Ressourcen verteidigen kann: die Qualität des sozialen Zusammenhalts unter den Rudelmitgliedern. Besonders engagiert und geschlossen treten Mitglieder einer Gruppe bei Abschreckungsmaßnahmen auf, bei denen in Phasen der Ruhe und des Zusammenseins viele bindungsintensivierende Handlungen zwischen den erwachsenen Individuen beobachtet werden können. Anzeichen, die für eine feste Bindung der Tiere untereinander sprechen (affiliative Gesten), sind z. B. das Bedürfnis, eine Distanz zueinander zu reduzieren und im körperlichen Nahbereich positiv und vertraut miteinander zu interagieren (Bonanni et al., 2010b). Interessanterweise stehen bei Konflikten zwischen verschiedenen Gruppen ranghohe Individuen nicht unbedingt ganz vorne mit im Feld; hier sind genauso häufig rangniedrigere Hunde anzutreffen (Bonanni et al., 2010b), obwohl sie sich stärker in der Geruchsmarkierung des Gebietes engagieren (Cafazzo et al., 2012). So ist nicht nur bei Wölfen, sondern auch bei Hunden die Geruchsmarkierung sozial motiviert und könnte möglicherweise dazu dienen, Informationen über den sozialen Status und das Alter des markierenden Hundes zu übermitteln (Cafazzo et al., 2012).

KOOPERATION BEI DER JAGD

Obwohl bekannt ist, dass australische Dingos effektiv beim Fangen und Töten großer Beutetiere zusammenarbeiten können (Thomson, 1992a), gibt es nur sehr wenige Studien über die kooperative Jagd in Popu-

... wie z. B. Nahrung oder Paarungspartner, kann es auch unter Streunerhunden zu Konflikten kommen.

lationen von anderen frei lebenden Hunden. So gibt es Berichte über Gruppen von zwei bis vier hauptsächlich frei lebenden Hunden, die Rehe und andere Huftiere töteten (Kreeger, 1977; Lowry & MacArthur, 1978; Butler et al., 2004). Darüber hinaus berichtet eine aktuelle Studie (Home et al., 2017) über 260 Risse durch Gruppen von streunenden oder verwilderten Hunden auf wilde Beutetiere (einschließlich Huftiere, Fleischfresser, Primaten, Vögel, Reptilien), in 118 Fällen (45 Prozent) führten diese Angriffe zum Tod der Beute. Diese Zahlen konnten durch eine Online-Informantenumfrage in Indien gewonnen werden und deuten darauf hin, dass indische Streunerhunde in der Lage sind, effektiv bei der Jagd auf wilde Beute zusammenzuarbeiten, und somit möglicherweise auch ohne Nahrung aus menschlicher Quelle überleben können.

AUFZUCHT UND ELTERNSCHAFT

Häufig wird behauptet, dass Hunde die Fähigkeit zur Regulierung ihrer Fortpflanzungsaktivitäten verloren hätten (Boitani & Ciucci, 1995; Boitani et al., 2016; Bradshaw & Rooney, 2016). Diesen Ergebnissen stehen andere Studien gegenüber, die zeigen, dass z. B. weibliche Hunde sehr wohl sexuelle Präferenzen haben. So weisen sie bei der Suche nach einem Paarungspartner manche Verehrer ab, während sie andere wiederum sofort akzeptieren. Die sozialen Interaktionen zwischen Hunden können also einen Einfluss auf ihren Fortpflanzungserfolg haben. Verhält sich ein Rüde im Alltag einer Hündin gegenüber attraktiv, dann könnten also durchaus seine Chancen steigen, während ihrer Läufigkeit auch

„erhört“ und als Paarungspartner erwählt zu werden (Anmerkung der Herausgeberin). Solch eine aktive Partnerwahl durch die läufige Hündin konnte sowohl bei Beagles (Beach & Le Bouf, 1967) als auch bei indischen und italienischen Streunern beschrieben werden (Gosh et al., 1984; Pal et al., 1999; Pal, 2003; Cafazzo et al., 2014a). Es ist ziemlich wahrscheinlich, dass nicht nur Beagle-Damen, sondern auch Hündinnen anderer Rassen Vorlieben bei der Partnerwahl haben (dies wird auch von Züchtern immer wieder beschrieben, Anmerkung der Herausgeberin). Dieses Partnerwahlverhalten der Streuner und Rassehunde ist sehr interessant, da es sich um ein altes Erbe handeln muss, das trotz der intensiven künstlichen Selektion durch den Menschen erhalten geblieben ist.

GENETISCHE UNTERSCHIEDE

Genetische Studien deuten andererseits jedoch darauf hin, dass es genetische Unterschiede zwischen sich frei vermehrenden und reinrassigen Hunden gibt. Diese Unterschiede im Erbmaterial betreffen Gene, die u. a. an der Regulation der Reproduktionsphysiologie und des Verhaltens beteiligt sind. Diese Veränderungen sind wahrscheinlich darauf zurückzuführen, dass der Mensch reinrassige Hunde über Jahrhunderte daran gehindert hat, ihr natürliches Fortpflanzungsverhalten zum Ausdruck bringen zu dürfen (Boyko & Boyko, 2014; Pilot et al., 2016).

PARTNERWAHL

Welchen Einfluss die soziale Struktur und Dynamik eines Streunerrudels auf die Paarungswahl, den Sexualakt (Kopulation) sowie den Fortpflanzungserfolg haben kann, hat die Biologin Simona Cafazzo 2014 erstmals in einer detaillierten Studie untersucht (Cafazzo et al., 2014a). Diese Studie konzentrierte sich auf ein sehr großes Rudel von 27 Hunden mit insgesamt zehn intakten Hündinnen, die in Italien in einer Vorstadtumgebung leben (siehe Kasten). Die Hunde wurden täglich von Menschen gefüttert, obwohl sie immer eine räumliche Distanz wahrten und nie einen freundschaftlichen, sozialen Kontakt zu den fütternden Menschen suchten. Diese Gruppe kann deshalb als eine Mischform zwischen streunenden und verwilderten Hunden bezeichnet werden.

SOZIALE REGULIERUNG DER FORTPFLANZUNG

Doch wer sich letztendlich mit wem verpaaren darf, wird in Hundegruppen und Wolfsrudeln durch unterschiedliche Mechanismen geregelt. Eine gängige Hypothese für die soziale Regulierung der Fortpflanzung lautet, dass frei lebende Hunde tolerantere (oder weniger steile) Fortpflanzungshierarchien haben als Wölfe. Deshalb neigen ranghohe Hunde im Gegensatz zu Wölfen zwar dazu, die Fortpflanzungsaktivitäten von Untergebenen zu reduzieren, aber nicht vollständig zu unterdrücken (Bonanni & Cafazzo, 2014; Cafazzo et al., 2014a; Bonanni et al., 2017). Kürzlich zitierten John Bradshaw und Nicola Rooney (2016) die Studie von Simona Cafazzo (Cafazzo et al., 2014a) als Ausnahme von der allgemeinen Regel: Nach diesen Forschern fehle frei lebenden Hunden eine soziale Regulierung der Fortpflanzung. Für mich ist diese Aussage nicht korrekt. Mehrere Studien über das Fortpflanzungsverhalten streunender Hunde aus Indien (Gosh et al., 1984; Pal et al., 1999; Pal, 2003) haben zeigen können, dass Hündinnen sich für viele „Freier“ und deren Werbeversuche nicht interessieren und dass nur wenige Rüden es schaffen, in ihrer Nähe geduldet zu werden, um sich schließlich mit ihnen zu verpaaren. Zusätzlich versuchen Rüden, sich häufig gegenseitig zu behindern, um den Kopulationserfolg der Konkurrenten zu verringern. So fand die Gruppe um den indischen Forscher Sunil

RANGHOHE BEVORZUGT

Die Ergebnisse der Studie zeigten, dass Rüden, deren Annäherungsversuche seltener von der Hündin abgelehnt wurden, auch diejenigen waren, die erfolgreich mit Hündinnen mit einer höheren Rate kopulierten. Dies unterstreicht erneut die Bedeutung der Wahl der Partnerin bei der Bestimmung des Paarungsergebnisses. Noch ein spannendes Ergebnis war, dass weibliche Tiere im Östrus (Läufigkeit) sich häufiger alten, hochrangigen Rüden näherten und mit ihnen kopulierten und diese vorher mit bindungsanzeigenden (affiliativen) Gesten umwarben. Dies deutet darauf hin, dass es sich um ihre bevorzugten Partner handelte. Umgekehrt versuchten Rüden, deren Paarungsversuche von Östrusweibchen sehr häufig abgelehnt wurden, diese durch aggressives Auftreten zur Kopulation zu zwingen, obwohl diese „Strategie" bei der Paarung nicht erfolgreich war.

Präferenzen von Rüden

Doch nicht nur Hündinnen, auch Rüden haben sexuelle Präferenzen, wie Cafazzo beobachten konnte: So gab es männliche Individuen, die besonders intensiv alte, hochrangige Weibchen umwarben. Gleichzeitig versuchten Rüden häufiger, das Liebesspiel zwischen alten, hochrangigen Weibchen und anderen Männchen zu unterbrechen als die Annäherungsversuche zwischen jungen, niedrigrangigen Hündinnen und anderen Rüden. Gemessen an dem Fortpflanzungserfolg erreichten in diesem großen Rudel mehr Welpen von alten, hochrangigen Weibchen die Geschlechtsreife als die Nachkommen von jungen, niedrigrangigen Weibchen. Diese Ergebnisse könnten aus evolutionärer Sicht erklären, warum Rüden sich viel mehr für einen Paarungsakt mit älteren, ranghöheren Hündinnen interessieren. Ebenso könnten demnach die Vorlieben von Hündinnen für ältere, ranghohe Männchen lohnend sein, weil das Alter der Rüden darauf hindeutet, dass sie gute Gene tragen, die dann an die Nachkommen vererbt werden und damit deren Überlebens- und Fortpflanzungswahrscheinlichkeit erhöhen.

Hierarchie beeinflusst das Fortpflanzungsverhalten

Insgesamt zeigen diese Ergebnisse deutlich, dass die Hierarchie dieses Hunderudels die Paarungswahl und das Fortpflanzungsverhalten beeinflusste, obwohl diese Gruppe, wie viele andere Hundegruppen, eine höhere Anzahl von Fortpflanzungsmitgliedern beiderlei Geschlechts enthielt als ein typisches Wolfsrudel (Cafazzo et al., 2014a). Forscher konnten auch bei Wölfen eine sexuelle Präferenz für ranghohe Partner beobachten (Zimen, 1976; Packard & Mech, 1980; Jenks, 2011). Deshalb ist es wahrscheinlich, dass sich das von meiner Kollegin Simona Cafazzo beobachtete Muster der Paarungspräferenzen schon bei Wölfen entwickelte und an frei lebende Hunde vererbt wurde (Cafazzo et al., 2014a).

Kumar Pal schon 1999 heraus, dass nur 63 von 277 umwerbenden Rüden (23 Prozent) von läufigen Hündinnen auch erhört wurden (Pal et al., 1999). Auch eine Studie aus dem Jahr 1983 hat bereits zeigen können, dass es in Alaska in einem Rudel mit elf verwilderten Hunden nur eine reproduzierende Hündin gab, was darauf hindeutet, dass die soziale Organisation von Hunderudeln unter extremen Umweltbedingungen der von Wölfen wieder ähnlicher werden kann (Gipson, 1983, siehe auch Beobachtungen von Günther Bloch, S. 204 ff.). Obwohl in all diesen letztgenannten Studien die sozialen Beziehungen zwischen den Rudelmitgliedern nicht im Detail analysiert wurden, deuten diese Beispiele zusammen mit der Studie von Simona Cafazzo (Cafazzo et al., 2014a) darauf hin, dass die soziale Regulierung der Fortpflanzung bei frei lebenden Hunden weit verbreitet ist.

KOOPERATION BEI DER AUFZUCHT

Es wird allgemein angenommen, dass die Domestikation die Fähigkeit zur gemeinschaftlichen Aufzucht von Welpen bei Hunden im Vergleich zu Wölfen stark reduziert hat (Boitani & Ciucci, 1995; Miklósi, 2007; Lord et al., 2013; Bonanni & Cafazzo, 2014; Range & Viranyi, 2015; Coppinger & Coppinger, 2016; Marshall-Pescini et al., 2017).

Aufzucht in Wolfsrudeln

Die Familienrudel der Wölfe zeichnen sich durch eine monogame Paarbindung und ein Rollensystem aus, in dem die Fähe Welpen in der Wurfhöhle betreut und der Rüde an Orten jagt, die teilweise mehrere Kilometer von der Höhle entfernt liegen (Mech, 1999, 2000). Anschließend kehrt der Wolfsrüde in die Höhle zurück und versorgt seine Fähe und die Welpen mit Nahrung, indem er Beutetiere trägt oder vorverdautes Futter wieder hervorwürgt (Mech, 1999; Mech et al., 1999). Darüber hinaus können im Vorjahr geborene Nachkommen die Eltern bei der Aufzucht der neuen Geschwister unterstützen: Auch sie beteiligen sich an der Jagd und würgen den Welpen vorverdautes Fleisch vor (Mech et al., 1999). Wölfe ziehen nur zu einer bestimmten Zeit Welpen auf – diese saisonale Phase geht einher mit einer Drosselung der Testosteronproduktion und gleichzeitig einer Erhöhung des Hormons „Prolaktin" bei allen Rudelmitgliedern. Dadurch wird wahrscheinlich sowohl eine erhöhte Pflege- als auch Verteidigungsbereitschaft des Nachwuchses während der Aufzuchtzeit erreicht (Anmerkung der Herausgeberin, Kreeger et al., 1991; Asa, 1997; Asa & Valdespino, 1998; Harrington & Asa, 2003).

Aufzucht in Hundegruppen

Frei laufende Haushunde zeigen dagegen ein sehr viel flexibleres Paarungssystem: Hier gibt es Rüden und Hündinnen, die monogam, also mit einer stabilen Paarbindung, zusammenleben (Gipson, 1983; Pal, 2005, 2011), oft sind diese Systeme aber auch promiskuitiv, also sowohl die Rüden als auch die Hündinnen paaren sich mit mehr als einem Partner (Daniels, 1983; Boitani et al., 1995; Pal et al., 1999; Pal, 2011; Lord et al., 2013; Cafazzo et al., 2014a). Leben Hunde in solch einem promisken Paarungssystem zusammen, dann geht dies in der Regel mit einer Verringerung der väterlichen Fürsorge einher. Tatsächlich halten sich Rüden bei der Fütterung der Welpen eher zurück und es kommt selten dazu, dass sie die Welpen mit vorgewürgter Nahrung versorgen (Boitani & Ciucci, 1995; Lord et al., 2013; Range & Viranyi, 2015; Coppinger & Coppinger, 2016; Marshall-Pescini et al., 2017). Eine

Diese Hündin mit Welpen war sehr scheu und wollte vom Menschen nichts wissen.

Hypothese, dieses Verhalten evolutionär zu erklären lautet, dass durch die Versorgung mit menschlichen Nahrungsabfällen, die anders als fliehende Beute vorhersehbar in regelmäßigen Abständen und an bestimmten Orten zu finden sind, die Abhängigkeit der Mutterhündin von der Unterstützung durch den Rüden abgenommen hat. Dadurch sei väterliches Engagement für das Überleben der Welpen weniger wichtig geworden (Coppinger & Coppinger, 2001, 2016; Lord et al., 2013; Bonanni & Cafazzo, 2014).

Tatsächlich legen Hündinnen ihre Wurfhöhlen häufig in der Nähe von z. B. Müllhalden oder den Wohnorten von Menschen an, die sie füttern (Bonanni & Cafazzo, 2014; Sen Majumder et al., 2016). Diese Strategie macht es ihnen möglich, sich selbst oder ihre Welpen mit Nahrung zu versorgen und gleichzeitig die Zeit zu verkürzen, in der ihre Welpen unbeaufsichtigt bleiben müssen (Bonanni & Cafazzo, 2014).

Aufgabe der saisonalen Jungenaufzucht

Die großen Mengen und ganzjährige Versorgung mit Nahrung durch das Leben in der menschlichen Umgebung hat wahrscheinlich dazu geführt, dass die Anzahl der Hunde vor Ort ansteigt und im Vergleich mit den Wölfen die saisonale Jungenaufzucht oft aufgegeben werden konnte (Lord et al., 2013; Bonanni & Cafazzo, 2014). Diese Bedingungen bieten wiederum den männlichen, frei laufenden Hunden die Möglichkeit, das ganze Jahr über mehrere läufige Hündinnen zu umwerben. Dieses Werbungsverhalten regt wiederum die Testosteronsekretion an und könnte ihre Motivation senken, sich in der Aufzucht von Welpen engagieren zu wollen (Bonanni & Cafazzo, 2014). Physiologische Daten deuten darauf hin, dass der Gehalt an zirkulierendem Testosteron bei männlichen Streunern mit dem Prozentsatz der Weibchen, die sich im Östrus befinden, zunimmt (Ortega-Pacheco, 2006).

Trotzdem hat sie sich einen Platz zur Aufzucht ausgesucht, in dessen Nähe sie Futter vom Menschen abstauben konnte.

Rüden verfolgen unterschiedliche Fortpflanzungsstrategien: sie können fürsorglich und monogam …

Neuere Studien aus Indien

In einer neueren indischen Studie an Streunerhunden wurden jedoch erstmals quantitative Messungen des Zeitaufwands mehrerer Rudelmitglieder für die Betreuung von Welpen durchgeführt (Paul & Bhadra, 2017, 2018, siehe S. 114 ff.). Das Ergebnis zeigt, dass Kooperation bei der Aufzucht von Welpen viel häufiger bei Streunern vorkommt, als bislang in den oben genannten Studien angenommen. Besonders die väterliche Fürsorge wurde dabei in den Blick genommen und für Welpen in 15 von 23 Würfen (65 Prozent) von 15 Rudeln (Größe von drei bis 20 Hunden) erfasst. In weiteren 15 Würfen wurde auch das Engagement durch andere Hündinnen als die Mutter der Welpen (das bedeutet sogenannte „Allomütter", also „alloparentale Fürsorge") festgehalten. Alle diese engagierten Hündinnen waren fast immer mit den Welpen verwandt. Die Ergebnisse zeigen, dass es zwischen Müttern und mutmaßlichen Vätern (Rüden, die sich mit Müttern verpaart hatten) eine klare Rollenverteilung gab. So zeigten die mutmaßlichen Vaterrüden im Bereich des Wurfortes Schutzverhalten, indem sie die Höhlen vor potenziellen Feinden (z. B. Menschen, anderen Hunden, anderen Tieren) bewachten. Die Hündinnen konnten dadurch in den ersten acht bis neun Wochen des Welpenlebens viel Zeit in die Welpenpflege investieren. Darüber hinaus würgten nicht nur die Mutterhündin, sondern auch die mutmaßlichen Väter den Welpen Futter vor. Alle anderen mit den Welpen verwandten Hündinnen pflegten ebenfalls die Welpen, brachten ihnen Nahrung und bewachten Höhlen, obwohl sie insgesamt weniger Zeit in die Pflege investierten als die „echten" Mütter und vermeintlichen Vaterrüden. Obwohl die Studien von Paul & Bhadra (2017, 2018) zeigen, dass sowohl die väterliche als auch die Versorgung durch weibliche

… oder polygam und weniger fürsorglich agieren.

Verwandte (alloparentale Betreuung) bei indischen Streunerhunden relativ häufig ist, zeigen sie auch, dass diese Verhaltensweisen nicht allgegenwärtig sind. Dies wirft wiederum Fragen nach den Variablen auf, die die gefundenen Unterschiede im Pflegeengagement gegenüber den Welpen bei frei lebenden Hunden erklären könnten.

Fortpflanzungsstrategien

Eine mögliche Erklärung für diese Unterschiede im Aufzuchtverhalten könnten wir in einer anderen indischen Streuner-Studie finden, die von Sunil Kumar Pal im Jahr 2005 durchgeführt wurde. Dieser Forscher beobachtete, dass männliche Hunde, die nur mit einem Weibchen verbunden waren, mit diesem zusammenblieben, bis die Welpen etwa zwei Monate alt waren, und „ihre Familie" aktiv vor potenziellen Feinden beschützten (ein Männchen versorgte die Welpen auch mit Nahrung).

Andere Rüden wählten eine andere Strategie: Sie lebten mit mehreren Hündinnen zusammen, aber engagierten sich im Gegensatz zu ihrem monogamen Kollegen nicht in der Jungenaufzucht (Pal, 2005). Obwohl diese Studie nur auf einer sehr kleinen Stichprobe von Rüden (n = 8) basiert, erlaubt sie mir zu spekulieren, dass es zwei männliche Fortpflanzungsstrategien unter streunenden Hunden geben könnte:

1. Einige Rüden ziehen demnach das monogame Zusammenleben mit einer Hündin vor. Dadurch könnten sie versuchen, ihren Fortpflanzungserfolg zu steigern, indem sie ihre ganze Energie in die väterliche Pflege eines Wurfes investieren.
2. Die polygamen Rüden dagegen könnten versuchen, ihren Fortpflanzungserfolg zu steigern, indem sie sich mit so vielen Hündinnen wie möglich paaren, ohne Energie in die väterliche Pflege zu investieren.

Rüden, die die monogame Strategie anwenden, werden möglicherweise die Überlebenschancen einer begrenzten Anzahl von Welpen erhöhen, während polygame Rüden eine viel höhere Anzahl von Nachkommen zeugen können, wenn auch mit möglicherweise geringeren Überlebenschancen. Untersuchungen, die unter kontrollierten Bedingungen durchgeführt wurden, unterstützen diese Annahme, dass individuelle Neigungen männlicher Hunde darüber bestimmen, ob sie Nahrung für Welpen beschaffen: Einige Rüden kamen nach dieser Studie niemals auf diese Idee, während andere es regelmäßig taten (Korda, 1974). Abgesehen von diesen Überlegungen betone ich, dass die Beobachtung der Verteidigung und Kooperation bei der Aufzucht von Welpen auch in westlichen Populationen von streunenden oder verwilderten Hunden gemacht werden konnte (Nesbitt, 1975; Gipson, 1983; Daniels & Bekoff,

1989b; Bonanni & Cafazzo, 2014) und somit dieses Verhalten nicht auf indische Streuner beschränkt ist. In der Bewachung der Wurforte und der Verteidigung der Welpen gegenüber Eindringlingen beteiligten sich dabei mehrere Rudelmitglieder, sowohl die potenziellen Vaterrüden als auch die mit den Welpen verwandten Hündinnen.

KOOPERATION BEI WILDHUNDEN

Was Wildhunde betrifft, so weisen australische Dingos ein kooperatives Aufzuchtsystem auf, das im Allgemeinen dem der Wölfe ähnelt: Rudel werden von einem dominanten Zuchtpaar und seinen Nachkommen gebildet, und die Mütter werden von Vätern und älteren Nachkommen mit Nahrung versorgt (Thomson, 1992b). Obwohl mehrere Weibchen desselben Rudels gebären können, scheint es selten, dass ein Rudel erfolgreich mehr als einen Wurf im Jahr aufziehen kann (Thomson et al., 1992). Informationen über das Fortpflanzungsverhalten von Wildhunden aus Neuguinea stammen nur aus Studien, die an Tieren in Gefangenschaft durchgeführt wurden. Diese deuten darauf hin, dass diese Tiere ebenfalls monogam sind und dass die Rüden die Mutterhündinnen bei der Aufzucht unterstützen, indem sie den Welpen Futter vorwürgen (Koler-Matznick et al., 2003; Koler-Matznick & Stinner, 2010). Die Fortpflanzungsaktivitäten bei Wölfen oder Dingos erfordern einen sehr hohen Energieeinsatz aller Beteiligten (Creel & Creel, 1991). **Diese aufwändige Jungenaufzucht hat zur Entwicklung eines monogamen Paarungssystems geführt, in dem beide Elternteile viel Energie in die elterliche Pflege investieren, um damit die Überlebenswahrscheinlichkeit der Welpen zu erhöhen.** In diesem Familiensystem sind die Elterntiere gezwungen, entweder erwachsene Rangtiefere im Rudel zu dulden, jedoch deren Fortpflanzung zu unterdrücken, um so die Futtermenge für die nächste Generation Welpen zu erhöhen, oder sie müssen die Rangtieferen aus dem Rudel vertreiben.

GRÜNDE FÜR DIE VERÄNDERTE AUFZUCHT BEI STREUNERN

Bei frei lebenden Haushunden kann dagegen der ständige Zugang zu Nahrungsmitteln aus menschlichen Rohstoffen aus mindestens zwei Gründen die energetischen Kosten der Fortpflanzung tragen:

1. Diese Art von Nahrung kann mit einem viel geringeren Energieaufwand erworben werden als die Jagd auf fliehende Beute.
2. Das Nahrungsangebot kann die Dauer der elterlichen Investitionen verkürzen, da Welpen nicht aufwändig lernen müssen, wie man kooperativ jagt. Stattdessen müssen sie einfach lernen, die Futterquellen zu finden und zu konsumieren.

Dieser verringerte Aufzuchteinsatz der Hunde hat eine Reihe von Konsequenzen für das Verhalten von Streunern:

1. Hochrangige Hunde können es Untergebenen häufiger ermöglichen, sich zu verpaaren, als es hochrangige Wölfe tun können.
2. Weibliche Hunde können zusammenarbeiten und sich bei der Aufzucht der Welpen gemeinschaftlich gegenseitig unterstützen.
3. Insgesamt sind in diesem System weibliche Hunde weniger abhängig von der Unterstützung der Rüden bei der Welpenerziehung.
4. Die männlichen Fortpflanzungsstrategien werden variabler. So investieren einige Rüden viel Energie in die Begattung mehrerer Hündinnen, während andere monogam mit einer Hündin zusammenleben und dadurch mehr Energie für die väterliche Fürsorge übrig bleibt.

MANAGEMENT VON FREI LEBENDEN HUNDEN

SIND STREUNER EIN PROBLEM?

Frei laufende Hunde werden sehr oft als problematische Tiere eingestuft, weil sie einerseits als Gefahr für die menschliche Gesundheit und Sicherheit gesehen werden und andererseits in der Landwirtschaft und der Tierwelt erhebliche Schäden verursachen sollen (Wandeler et al., 1993; Bergamn et al., 2009; Hughes et al., 2016). Diese negative Wahrnehmung ist besonders in westlichen Gesellschaften verbreitet, in denen frei lebende Hunde von Menschen nicht toleriert werden (Hiby & Hiby, 2016). Diese Sicht auf Streuner beruht meiner Auffasung nach zum Teil auf der kulturell geprägten Ansicht, dass Hunde nicht frei leben sollten, weil „diese Existenzform keine natürliche der Tiere sei“. Außerdem gibt es viele Missverständnisse und fehlendes Detailwissen über die Evolutionsbiologie der Hunde (siehe S. 35 ff.).

ÜBERBEVÖLKERUNG DER HUNDE

Aber natürlich verursachen Hunde tatsächlich objektive Probleme, die diese Sichtweise bestärken. Aus ökologischer Sicht entstehen die negativen Auswirkungen von Hunden auf die Tierwelt hauptsächlich durch eine Überbevölkerung der Hunde, die zu ökologischen Ungleichgewichten führen kann (Vanak & Gompper, 2009b).

Heute sind Haushunde die am weitesten verbreiteten Fleischfresser der Welt, ihre Populationen werden auf 500 – 700 Millionen Individuen weltweit geschätzt, von denen die meisten (etwa 75 – 83 Prozent) frei leben (Lord et al., 2013; Hughes & Macdonald, 2013). Im Vergleich dazu gibt es schätzungsweise nicht mehr als 180 000 – 400 000 Wölfe auf der Welt (Mech & Boitani, 2003). Der offensichtliche Grund, warum Hundepopulationen eine viel höhere Dichte erreichen als Wildkanidenpopulationen, liegt darin, dass die meisten Hunde nicht auf die aufwändige Suche nach flüchtigen Beutetieren angewiesen sind, sondern direkt vom Menschen gefüttert werden (Vanak & Gompper, 2009b).

GEFAHR FÜR DEN ARTENSCHUTZ?

Doch auch wenn Nahrung in der Nähe von Menschen in großen Mengen vorhanden ist, können Streuner durch ihr zahlreiches Vorkommen immer noch einen starken räuberischen Einfluss auf vom Aussterben bedrohte Wildtierarten haben (z. B. Butler et al., 2004; Campos et al., 2007; Young et al., 2011; Hughes & Macdonald, 2013). Eine aktuelle Erhebung hat innerhalb von zwei Jahren 460 Risse indischer frei laufender Hunde auf 80 Wildtierarten verzeichnet, von denen 31 nach der IUCN (International Union for Conservation of Nature) als gefährdet und vier als stark gefährdet eingestuft wurden (Home et al., 2017). Trotzdem wurde in der Studie betont, dass bisher relativ wenige Studien tatsächlich nachweisen konnten, dass Hunde einen nachweisbaren negativen Einfluss auf die Demografie und Populationsdynamik ihrer Beute haben (Young et al., 2011; Hughes & Macdonald, 2013). Mit anderen Worten: Es ist möglich, dass die Risse durch Hunde nicht unbedingt zu einem erheblichen Rückgang der Populationsgröße der Beute führen. Eine Studie von Regev Manor und David Saltz, die Berggazellen (*Gazella gazella*) in Israel studierten, konnte dagegen einen Nachweis für den Einfluss des Hundes auf die Demografie der Beute liefern (Manor & Saltz, 2004). Diese Forscher dokumentierten, wie wilde Hunde jugendliche Gazellen töten und dadurch einen erheblichen Einfluss auf die Anzahl von Gazellenkühen und Kälbern in einer Region haben können im Vergleich zu

Überbevölkerung entsteht häufig durch ein Überangebot an gutem Futter.

einem Gebiet, in dem verwilderte Hunde weniger stark vertreten sind. Auf Inselpopulationen wird der Druck auf Beutetiere stärker ausfallen, weil sie keine Fluchtmöglichkeiten haben – hier werden in einigen Fällen Hunde dazu beigetragen haben, das Aussterben einiger Arten zu verursachen (Hughes et al., 2016).

Konkurrenz zu anderen Fleischfressern

Manche Ökologen befürchten, dass frei lebende Hunde nicht nur bedrohte Arten durch Risse ausrotten können, sondern zusätzlich eine Gefahr für andere wilde Fleischfresser darstellen, mit denen sie um Nahrung und Lebensraum konkurrieren. Da sich die meisten frei laufenden Hunde jedoch hauptsächlich von Abfällen des menschlichen Lebensmittelkonsums ernähren, erscheint es unwahrscheinlich, dass diese Art im Wettbewerb mit anderen Arten (interspezifischer Wettbewerb) starke Auswirkungen auf die Populationen wilder Fleischfresser haben wird (Vanak & Gommper, 2009b).

Dennoch können frei lebende Hunde die Bewegungen und das Raumnutzungsmuster von Fleischfressern und Huftieren beeinflussen, was dazu führt, dass diese Arten Gebiete meiden, in denen Hunde reichlich vorhanden sind (Lenth et al., 2006; Silva-Rodriguez & Sieving, 2012). Andererseits können wilde Fleischfresser von frei laufenden Hunden auch erheblich profitieren: wenn Streuner nämlich zu ihrem Beutespektrum gehören (z. B. indische Leoparden, *Panthera pardus*; Braczkowski et al., 2018).

Übertragung von Krankheiten

Ein ernsthaftes Problem stellen Hunde als Überträger von Krankheitserregern dar: Insbesondere wenn sie sich von den gleichen Ressourcen ernähren, können sie durch ihre hohe Populationsdichte die Ausbreitung von Krankheiten auf wilde Fleischfresser verursachen. Krankheitserreger können sich stark negativ auf die Populationen von Wildraubtieren auswirken, zumal sie sich besonders schnell durch Interaktionen innerhalb einer Population (intraspezifische Interaktionen) ausbreiten können (Vanak & Gompper, 2009b). Es wird angenommen, dass frei lebende Hunde an der Übertragung von Tollwut auf Schakale (*Canis mesomelas*, *Canis adustus*), Äthiopische Wölfe (*Canis simensis*) und Afrikanische Wildhunde (*Lycaon pictus*) sowie an der Übertragung des Hundestaupevirus auf Afrikanische Wildhunde, Äthiopische Wölfe und Grauwölfe beteiligt waren (Alexander & Appel, 1994; Rhodes et al., 1997; Laurenson et al., 1998; Lenth et al., 2006). Beim stark gefährdeten Äthiopischen Wolf wurde berichtet, dass Staupe in 43 bis 68 Prozent der Fälle tödliche Auswirkungen hatte, und die kombinierten Wirkungen von Staupe und Tollwut führten zum Aussterben mehrerer Rudel (Gordon et al., 2015). Bis vor Kurzem wurde angenommen, dass frei lebende Hunde an der Staupe-Epidemie beteiligt waren, die zu einer hohen Sterblichkeitsrate bei Löwen (*Panthera leo*) und Fleckhyänen (*Crocuta crocuta*) im Serengeti-Ökosystem in Tansania 1993/94 führte (Roelke-Parker et al., 1996; Cleaveland et al., 2000; Munson et al., 2008). Um hier Klarheit zu bekommen, wurde die Sequenzierung kompletter Genome mehrerer Staupe-Stämme durchgeführt. Das Ergebnis deutet darauf hin, dass die Epidemie bei diesen beiden Fleischfressern durch Staupe-Varianten verursacht wurde, die nicht nur Kaniden, sondern auch andere Arten infizieren. Deshalb ist es unwahrscheinlich, dass die Epidemie der Wölfe, Hyänen und Wildhunde durch frei lebende Hunde verursacht wurde (Nikolin et al., 2017). Dieses letztgenannte Beispiel zeigt, dass Vorsicht geboten ist, Hunde als alleinige Verursacher eines Populationssterbens bei wilden Fleischfressern zu sehen.

HYBRIDISIERUNG

Ein weiteres Schutzproblem ist die Vermischung (Hybridisierung) zwischen frei lebenden Haushunden und mehreren Arten der Gattung *Canis*, insbesondere Wölfen, die die nächsten lebenden Verwandten der Hunde sind (Hughes et al., 2016). Es gibt viele Studien, die zeigen, dass die Hybridisierung von Hund und Wolf seit vielen Tausend Jahren stattfindet, trotzdem haben die beiden Populationen ihre genetische Unterscheidungskraft beibehalten (z. B. Freedman et al., 2014; Wang et al., 2015; Fan et al., 2015; Botigue et al., 2017; Pilot et al., 2018). Da die Zahl der frei lebenden Hunde in vielen Teilen der Welt jedoch heute weitaus höher ist als die der Wölfe, ist es theoretisch möglich, dass die Häufigkeit der Hybridisierung so stark ansteigen kann, dass die natürliche Selektion nicht in der Lage wäre, einheimische genetische Varianten aus der Population der Wildwölfe zu entfernen und damit ihre Anpassung an die natürliche Umwelt zu verringern.

Häufigkeit von Hybriden

Neuere Studien zeigen, dass die Häufigkeit von Hybriden in Wolfspopulationen zwischen vier und 62 Prozent liegt. Diese große Spannbreite in den Daten entsteht durch die unterschiedlichen verwendeten genetischen Marker, das Untersuchungsgebiet und die Definition eines Hybrids (z. B. Godinho et al., 2011; Lorenzini et al., 2014; Braschi & Boitani, 2013; Kopaliani et al., 2014; Pilot et al., 2018). Ich betone jedoch, dass es bisher keine empirischen Beweise dafür gibt, dass die Hybridisierung mit Hunden zu einem Rückgang des Fortpflanzungserfolgs von Wölfen geführt hat. Umgekehrt gibt es Studien, die zeigen, dass die Hybridisierung sowohl für Wölfe als auch für Hunde von Vorteil sein kann, wie im nächsten Abschnitt deutlich wird.

Anpassung an Lebensräume

Anderson et al. (2009) fanden z. B. heraus, dass Melanismus (eine erhöhte Pigmentierung von Haut und Fell) bei nordamerikanischen und italienischen Wölfen durch eine Mutation in einem Gen verursacht wird, das auch für die Regulation der Immunfunktion zuständig ist. Dieses Gen stammt aus einer früheren Hybridisierung mit Hunden und bringt den Wölfen in bewaldeten Lebensräumen Vorteile. Darüber hinaus zeigte eine genetische Forschergruppe um Bridgett vonHoldt, dass Hunde, die in großen Höhen (über 3 330 Meter über dem Meeresspiegel) in Zentralasien leben, ein Gen erworben haben, das der Anpassung an sauerstoffarme Umgebungen dient und durch eine frühere Hybridisierung mit Wölfen erworben wurde (vonHoldt et al., 2017). Beide Studien kamen zu dem Schluss, dass die Hybridisierung die dauerhafte Etablierung und Anpassung von Hunden und Wölfen an eine Umgebung begünstigen kann, die unter ständigem Einfluss von menschlich verursachten Veränderungen steht. Schließlich gibt es auch wenig Belege dafür, dass sich das Verhalten von Hybriden in freier Wildbahn deutlich von dem von reinen Wölfen unterscheidet: Erste Untersuchungen einer italienischen Forschergruppe um Elena Bassi an Populationen in den Apenninen (einem 1 500 Kilometer langen Gebirgszug Italiens) zeigten, dass sich die Ernährung dort ansässiger Hybriden stark mit der von lokalen „reinen" Wölfen überschneidet. Anmerkung der Herausgeberin: Gerade in Anbetracht des wachsenden Wolfsvorkommens in manchen Gebieten Deutschlands, ist deshalb damit zu rechnen, dass es zu Hybridisierungen kommen wird. Ob die Folgen so dramatisch sind, bleibt angesichts der langen Geschichte der Hybridisierung zwischen Wolf und Hund zweifelhaft.

GEFAHR FÜR MENSCHEN?

Frei laufende Hunde können die menschliche Gesundheit vor allem durch die Übertragung von Infektionskrankheiten (Zoonosen) und durch Bisse gefährden. Obwohl Hunde Menschen mit vielen Zoonosen infizieren können, bereitet Tollwut in der Regel der lokalen Bevölkerung die größte Sorge (Wandeler et al., 1993; Hampson et al., 2009, 2015; Hiby & Hiby, 2016). Tollwut ist eine tödliche Viruserkrankung, die durch Bisse von betroffenen Tieren auf Menschen übertragen werden kann. Durch Tollwut sterben jedes Jahr schätzungsweise 25 000 bis 159 000 Menschen und es wird angenommen, dass Hunde für etwa 99 Prozent dieser Fälle von Tollwutübertragung verantwortlich sind (Hampson et al., 2015). Die meisten Menschen sterben in Asien (60 Prozent) und Afrika (36 Prozent), einige in Südamerika und sehr wenige in Westeuropa und Nordamerika. Daten von einer Gruppe um Katie Hampson zeigen, dass die Zahl der menschlichen Todesfälle durch Tollwut umgekehrt mit der Höhe der Mittel zusammenhängt, die die Länder in die Impfung von Hunden gegen diese Krankheit investieren (Hampson et al., 2015).

Beißvorfälle

Während das Problem der Infektionskrankheiten, die von Hunden auf den Menschen übertragen werden, vor allem in Ländern mit niedrigen „Human Development Indexes“ (HDI) und einer großen Population von ungeimpften, frei lebenden Hunden besteht, wurden die höchsten Häufigkeiten von Hundeangriffen/-bissen am Menschen in Ländern mit hohem Lebensstandard verzeichnet, in denen es nur wenige frei lebende Hunde gibt (Dalla Villa et al., 2010). In westlichen Ländern wird die überwiegende Mehrheit der Bisse beim Menschen durch eigene Hunde verursacht, während nicht eigene Hunde (Streuner-, Wild- oder einfach nur Hunde, für die ein Besitzer nicht gefunden werden kann) in der Regel nicht mehr als 10 bis 20 Prozent der insgesamt erfassten Bisse ausmachen (Berzon, 1972; Beck et al., 1975; Wright, 1989; Sacks et al., 1989; Lockwood, 1995; Maragliano et al., 2007; Fedele et al., 2008). Dies kann jedoch einfach darauf zurückzuführen sein, dass nicht im Besitz befindliche Hunde in den westlichen Ländern eine Minderheit darstellen. Beachten sollten Sie auch, dass ich hier viele alte Studien zitiere, weil die Zahl der besitzerlosen Hunde in einigen westlichen Ländern in letzter Zeit zurückgegangen ist (Hiby & Hiby, 2016). Eine kürzlich in Belgrad (Serbien) durchgeführte Studie ergab, dass streunende Hunde eine höhere Anzahl von Bissen verursachen als eigene Hunde (Vucinic et al., 2008).

Eine weitere in Mittelitalien durchgeführte Studie ergab, dass die Häufigkeit von Bissen gegen Menschen von Besitzerhunden signifikant höher war als die von Streunerhunden. Diese Daten konnten gewonnen werden, indem man die Gesamtzahl der Hunde, die zu beiden Kategorien gehörten, für die Region verglich mit der Anzahl an Hunden, die in ein Tierheim aufgrund dieser Vorfälle gebracht worden waren (Barnard et al., 2015). Darüber hinaus gibt es einige Hinweise darauf, dass Bisse, die von eigenen Hunden dem Menschen zugefügt werden, gefährlicher sind als solche, die von streunenden Hunden zugefügt werden. Die Angriffe der Hunde, die mit Menschen zusammenleben, richten sich häufig gegen empfindliche Körperteile wie Gesicht und Hals und müssen häufiger in Notaufnahmen im Krankenhaus

In allen Ländern findet man mittlerweile sehr viele Straßenhunde, die kastriert worden sind. Damit man die Kastraten leicht erkennen kann, bekommen sie farbige Ohrmarken gesetzt. Nicht selten wird bei der OP auch gegen Tollwut geimpft. Die Angst der Bevölkerung vor Tollwut ist allgegenwärtig. Diese Ohrmarken tragen auch zur Akzeptanz der Hunde in der Bevölkerung bei.

behandelt werden (Wright, 1989). Schließlich machen in den westlichen Ländern Hunde, die an tödlichen Angriffen auf den Menschen beteiligt sind, einen kleinen Prozentsatz der Gesamtpopulationen aus, und die meisten von ihnen sind eigene Hunde (Sacks et al., 1989). Das könnte möglicherweise mit einer engeren Beziehung zu ihnen zusammenhängen. Ich denke, dass die erhöhte Anzahl der Beißvorfälle durch Besitzerhunde darauf zurückzuführen ist, dass streunende oder verwilderte Hunde mehr Angst haben und dadurch weniger Kontaktmöglichkeit gegeben ist.

GEFAHR FÜR DIE LANDWIRTSCHAFT?

Frei laufende Hunde können auch menschliche Aktivitäten wie die Landwirtschaft beeinflussen, z. B. durch Tötung von Vieh (Schafe, Ziegen, Rinder, Pferde; Bergman et al., 2009). Mehrere in den USA und Italien durchgeführte Studien berichteten zwar, dass frei lebende Hunde weniger häufig Nutztiere töten als wilde Beutegreifer, allerdings wurden in diesen Fällen die „Beutegreifer“ als Täter anhand von Spuren an den Schlachtkörpern identifiziert (Bergam et al., 2009; Dalmasso & Orlando, 2010; Gentile et al., 2010; Menzano, 2017). Eine genetische Studie aus Spanien hat Kot von Hunden und Wölfen untersucht und konnte mit Hilfe der DNA-Analyse feststellen, dass im Hundekot Schafreste häufiger zu finden waren als im Wolfskot (Echegaray & Vilà, 2010). Jedenfalls ist die Viehzucht durch frei lebende Hunde für lokale Bauern oft mit hohen Kosten verbunden. So waren z. B. 1999 frei lebende Hunde für etwa 15 Prozent aller Schafverluste in den USA verantwortlich, und der wirtschaftliche Schaden betrug drei Millionen US-Dollar (Bergam et al., 2009). Wichtig ist hier zu beachten, dass Besitzerhunde, die sich frei bewegen dürfen, und nicht nur Streuner oder verwilderte Hunde oft für Risse an Nutztieren verantwortlich sind (Taylor et al., 2005; Montecino-Latorre & San Martin, 2018).

Zusammenfassend denke ich, dass das größte Problem, das durch frei lebende Hunde verursacht wird, die Übertragung von tödlichen Krankheiten auf Mensch und Tier ist. Die Bedrohung einer Beutepopulation (Prädation) durch Hunde kann gefährdete Wildtiere, insbesondere auf Inseln, und auch Haustiere wie Schafe schädigen. Die Menschen sollten jedoch nicht davon ausgehen, dass frei lebende Hunde notwendigerweise schädlich sind. Generell bedarf es weiterer wissenschaftlicher Daten, um die Umstände und das Ausmaß zu klären, in dem Beutegreifer sowie die Hybridisierung mit wilden Kaniden tatsächlich schädlich für diese Tiere sein können. Wie auch immer, ich denke, dass all diese Fragen durch die Kontrolle der Größe und des Gesundheitszustandes von frei lebenden Hundepopulationen gelöst werden könnten. Ich denke aber auch, dass die Reduzierung der Anzahl der frei lebenden Hunde wahrscheinlich nicht zu einer Verringerung der Anzahl der Hundeangriffe auf den Menschen führen wird, da viele davon durch von Menschen gehaltene Hunde verursacht werden.

Frei geborene Hunde halten meist Distanz zum Menschen.

In westlichen Ländern werden frei laufende Hunde selten toleriert – sie landen in Tierheimen.

KONTROLLE FREI LEBENDER HUNDEPOPULATIONEN

LÄNDER MIT HOHEM LEBENSSTANDARD

In vielen westlichen Ländern mit hohem Lebensstandard werden frei laufende Hunde von Menschen wenig toleriert (Dalla Villa et al., 2010; Hiby & Hiby, 2016). Folglich werden in diesen Ländern die auf der Straße herumstreunenden Hunde in der Regel von Beamten, die an der Kontrolle der Hundepopulation beteiligt sind, abgeholt und in öffentliche oder private Tierheime gebracht. Von hier aus werden sie an ihre Besitzer zurückgegeben oder zur Adoption angeboten. Mit Hilfe eines in vielen Ländern verpflichtenden Registrierchips, der unter die Haut implantiert wird und vom Tierheim mit Hilfe eines Gerätes gelesen werden kann, können die Halter meistens schnell ausfindig gemacht werden (Dalla Villa et al., 2010; Hiby & Hiby, 2016). Fehlt der Chip, es meldet sich kein Besitzer und die Hunde sind für eine Vermittlung ungeeignet, verbleiben die Tiere in manchen Ländern für den Rest ihres Lebens im Tierheim (siehe Kasten S. 98).

In anderen Ländern werden diese Hunde mit Hilfe einer tödlichen Injektion unter Narkose euthanisiert (Hiby & Hiby, 2016). Euthanasie wird in einigen Ländern eingesetzt, um die wirtschaftlichen Kosten im Zusammenhang mit dem Unterhalt einer hohen Anzahl von Hunden in Tierheimen zu senken (Dalla Villa et al., 2010).

AUFKLÄRUNG

In westlichen Nationen mit hohem Lebensstandard findet man häufig ein großes Ausbildungsprogramm für Hundebesitzer, Hundetrainer und Veterinäre, das dazu dient, das Wohlbefinden der Hunde zu verbessern, um damit langfrisitig die Anzahl ungewollter Hunde zu reduzieren (Hiby & Hiby, 2016). In einigen Ländern werden Hundehalter gezielt informiert, um sie zur Sterilisation oder Kastration ihrer Tiere zu animieren und dadurch eine Zunahme der Hundepopulation zu verhinden. Besonders in einigen nordeuropäischen Ländern wird die Fortpflanzung von Hunden von den Besitzern gut verwaltet, sodass eine Operation überflüssig wird (Hiby & Hiby, 2016) oder sogar – wie in Deutschland – ohne Vorliegen medizinischer Gründe rechtlich problematisch ist (Anmerkung der Herausgeberin). In den USA haben solche Aufklärungsprogramme mit Hundehaltern dazu geführt, dass weniger Hunde in Tierheimen eingeschläfert werden mussten (Hiby & Hyby, 2016). Dieser Fokus auf eine Ausbildung der Hundehalter halte ich für den richtigen Weg: Denn wenn der Mensch die biologischen und ethologischen Bedürfnisse seines Hundes kennt, kann er ihn besser verstehen und erziehen und dadurch kann das Auftreten problematischen Verhaltens (z. B. unkontrolliertes Aggressionsverhalten, Trennungsangst, fehlende Impulskontrolle) verhindert werden. Sowohl falsche Erwartungen an das Leben mit Hund als auch problematisches Verhalten der Hunde sind häufige Ursachen für das Abgeben oder Aussetzen von Hunden (Salman et al., 2000; New et al., 2000; Mondelli et al., 2004). Durch eine viel zu frühe Trennung von Welpen und Müttern sowie den Einsatz von Trainingsmethoden, die auf Zwang und Bestrafung basieren, kann problematisches Verhalten verursacht und weiter verstärkt werden (Hiby et al., 2004; Blackwell et al., 2008, Pierantoni et al., 2011). **Der Fokus der Ausbildung von Hundetrainern und Hundehaltern sollte also die Vermittlung von Verhaltenskunde, die Grundlagen einer guten Sozialisierung und das Wissen um die guten Effekte positiver Verstärkung als Trainingsmethode beinhalten.**

Trap-Neuter-Release-(TNR)-Programme haben sich als am besten geeignet erwiesen, …

LÄNDER MIT GERINGEM LEBENSSTANDARD

In Ländern mit eher niedrigem Lebensstandard, in denen die Menschen frei lebende Hunde als Störfaktor wahrnehmen, werden häufig Massentötungen durch Erschießungen und Vergiftungsaktionen durchgeführt (Dalla Villa et al., 2010). Doch der erwünschte Effekt dieser grausamen Methoden – eine Reduktion der Streunerpopulation – bleibt hier in der Regel aus. Durch die plötzliche, starke Verringerung der Hundepopulation kommt es oft zu einer deutlichen Erhöhung des Fortpflanzungserfolgs der verbliebenen Hunde, sodass sich die Population wieder erholt und die vorherige Dichte schnell wieder erreicht ist (Dalla Villa et al., 2010). Dagegen wird in Ländern, in denen frei lebende Hunde relativ gut vom Menschen akzeptiert werden, die Populationsdichte der Hunde häufig durch die Anwendung der sogenannten „Trap-Neuter-Release-Programme" (TNR) kontrolliert (Hiby & Hiby, 2016). Diese Methode besteht darin, frei lebende Hunde zu fangen, sie zu kastrieren, meist durch chirurgische Entfernung der Keimdrüsen (Gonaden) bei Rüde und Hündin, und sie dann wieder in ihrem alten Revier freizulassen. Die Massenkastration gilt als eine viel humanere und auch effektivere Kontrollmethode einer Streunerpopulation als die Massentötung. Da die Tiere nach der Kastration wieder in dem Gebiet, in dem sie vorher gelebt haben, freigelassen werden, können sie die Besetzung durch einwandernde Hunde verhindern und die Rate an neuen Welpen sinkt stetig.

... die Streunerpopulationsdichte zu kontrollieren.

ERHALTUNG DER HUNDEPOPULATION

Durch die Erfassung von Informationen über die demografischen Parameter frei lebender Hundepopulationen (z. B. Geburten- und Sterblichkeitsrate, Populationsgröße, Durchschnittsalter bei der ersten Fortpflanzung, durchschnittliche Wurfgröße usw.) ist es möglich, den Anteil der zu sterilisierenden Populationsmitglieder zu berechnen, um eine bestimmte Populationsgröße in einem bestimmten Gebiet innerhalb eines bestimmten Zeitraums zu erreichen und zu erhalten (Reece et al., 2008; Totton et al., 2010; Hiby & Hiby, 2016). **Dabei konnte gezeigt werden, dass es in indischen Stadtgebieten in der Regel notwendig ist, mindestens 70 Prozent der weiblichen Hunde zu sterilisieren, um eine signifikante Verringerung der Populationsgröße zu erreichen** (Reece & Chwala, 2006; Totton et al., 2010; Hiby & Hiby, 2016). In Ländern, in denen die Tollwut ein wichtiges Thema ist, können TNR-Programme mit einer Massenimpfung von frei lebenden Hunden kombiniert werden, um diese Krankheit auszurotten und/oder ihren Ausbruch zu verhindern (Reece & Chwala, 2006; Totton et al., 2010; Hiby & Hiby, 2016). In diesen Fällen scheint der

Prozentsatz der Hunde an der Gesamtpopulation, die geimpft werden können, der entscheidende Faktor für die Wahrscheinlichkeit der Ausrottung von Tollwut zu sein. **Dabei ist es notwendig, mindestens 70 Prozent der Hunde der Population zu impfen, um eine erfolgreiche Tilgung zu erreichen** (Townsend et al., 2013). Eine auf Bali durchgeführte Studie zeigte, dass die Massenimpfung von Hunden viel effektiver ist als die Massentötung, um sowohl die Zahl der tollwütigen Hunde als auch die Zahl der Todesfälle bei Menschen zu reduzieren (Agung et al., 2013).

SITUATION IN ITALIEN

Italien ist eines der wenigen Beispiele für ein westliches Land, in dem die Euthanasie von Hunden gesetzlich verboten ist, es sei denn, die Tiere haben eine unheilbare Krankheit oder erweisen sich als gefährlich (Cafazzo et al., 2014b). Dieses Gesetz (nationales italienisches Gesetz 281 von 1991) hat zu einer Überbevölkerung der Hunde in vielen italienischen Unterkünften und zu sehr hohen Verwaltungskosten geführt (Cafazzo et al., 2014b). In einigen zentralen und südlichen Gebieten des Landes dürfen Hunde nach bestimmten regionalen Gesetzen frei herumstreunen, hauptsächlich weil es Gemeinden gibt, denen es an Mitteln fehlt, um sie in Auffangheimen zu halten (Adriani et al., 2011). So wird das Management der Hundepopulation hauptsächlich durch eine Kombination aus Hunderegistrierung, TNR, Unterbringung und Annahme von herrenlosen Hunden umgesetzt. Allerdings übersteigt die Zahl der Hunde, die pro Jahr in Tierheime kommen, bei Weitem die der Adoptionen, und viele gesunde Hunde verbringen ihr ganzes Leben in diesen Heimen (Cafazzo et al., 2014b). In diesen Fällen kann die mangelnde Adoption zum Teil darauf zurückzuführen sein, dass es nicht genügend Interessenten für die Hunde gibt, aber zum Teil auch darauf, dass viele gesunde Streuner aufgrund ihrer Vorgeschichte nicht für die Adoption geeignet sind. Der letztgenannte Punkt wirft ein weiteres Problem auf.

Nicht jeder Hund ist für ein Leben bei Menschen geeignet!

Aus kulturellen Gründen (siehe S. 96) glauben viele Menschen, dass es sich bei Streunern um ausgesetzte Tiere handelt oder sie von diesen abstammen. Sie haben deshalb die Vorstellung, dass sich diese Hunde leicht wieder an ein Leben im menschlichen Zuhause gewöhnen könnten. Dies ist jedoch nicht der Fall, wie mehrere Studien belegt haben: Hier zeigten ehemals streunende Hunde eher problematische Verhaltensweisen beim Zusammenleben mit Menschenfamilien als Hunde aus anderer Herkunft (Wells & Hepper, 2000; Demirbas et al., 2014, 2016; Turcsan et al., 2017). Darüber hinaus zeigte eine aktuelle Studie, dass die Adoption von Bali-Hunden durch den Menschen und die Einsperrung auf einem Grundstück negative Auswirkungen auf verschiedene Eigenschaften haben. Diese Hunde zeigten sich im Vergleich zu den frei lebenden Hunden als schneller erregbar und auch aggressiver gegenüber anderen Tieren und fremden Menschen, gleichzeitig neigten sie eher dazu, Menschen und Tiere jagen zu wollen (Corrieri et al., 2018). Ein effektives Hundekontrollprogramm sollte folglich die Existenz verschiedener Lebensformen von Hunden in der Population erkennen und entsprechend unterschiedliche und an die jeweilige Situation angepasste Managementstrategien anwenden. Ich plädiere dafür, dass insbesondere streunende und wilde Hunde nicht mit Haustieren gleichgesetzt werden sollten und stattdessen frei leben dürfen. Insbesondere dann, wenn sie sich als ungeeignet für eine Adoption erweisen (siehe hierzu Kasten rechts).

AUS ALLER WELT – STREUNERHUNDE IM HAUS

Alle Hunde – egal, welcher Herkunft – haben bestimmte Bedürfnisse. Dazu gehören Bewegung, Sozialkontakte, territoriales Verhalten wie das Wachen und seine Umwelt im Blick haben zu können, Jagen, Erkunden, Suchen, Fressen. Straßenhunde haben das große Glück, ihre Bedürfnisse jederzeit ausleben zu können. Sie können völlig eigenständig entscheiden, was sie wann machen wollen. Dadurch wirken sie stets ausgeglichen.

Bedürfnisbefriedigung

Wenn wir ihnen diese Freiheit nehmen und sie nur sporadisch diese Bedürfnisse im Sinne unserer Art der Hundehaltung ausleben lassen, wachsen diese Bedürfnisse natürlich. Das Resultat ist übersteigertes Verhalten. Vielleicht sind Sie ein Bewegungsmensch, Sie bewegen sich bei der Arbeit viel, nach der Arbeit betreiben Sie vielleicht noch etwas Sport. Sie tun das, weil Sie die Veranlagung dazu haben, es macht Ihnen einfach Spaß und wenn Sie sich über längere Zeit nicht bewegen konnten, vermissen Sie es. Jetzt stellen Sie sich vor, Sie haben auf einmal einen Bürojob, bei dem Sie fast nur sitzen. Ihr Bedürfnis wird steigen, Sie werden es kaum abwarten können, nach Feierabend Sport zu betreiben. Und jetzt stellen Sie sich weiter vor, Sie dürften sich nach Feierabend nicht mehr bewegen. Das kann nicht lange gut gehen. Sie werden sich verändern, werden unausgeglichen, zickig, mürrisch, unzufrieden, launisch, gereizt.

Kulturschock

Jetzt befinden wir uns auf der Gefühlsebene der ehemaligen Streuner, für die Spaziergänge nicht einmal ein Aufwärmtraining darstellen. Vergessen dürfen wir nicht, dass bei Straßenhunden noch ganz andere Multifaktoren dazukommen. Der Stress im Tierheim, der Transport, Tierarztbesuche, das Eingegrenztsein im Haus und an der Leine, Hundetraining usw. Viel Neues, viel Ungewohntes, viel Stress. Man muss sich noch wundern, wie anpassungsfähig diese Hunde trotzdem sind. Wenn sich jedoch im Alltag Gelegenheiten ergeben, die Bedürfnisse ausleben zu können, explodieren diese Hunde sprichwörtlich. So kommt es häufig dazu, dass sie bei jedem Besucher ausrasten, allem, was sich schnell bewegt, hinterherjagen, sich bei Hundebegegnungen an der Leine aggressiv zeigen, obwohl sie eigentlich verträglich sind, wie die Weltmeister schnüffeln, um etwas Fressbares zu finden – und sie werden etwas finden. Natürlich muss es nicht zwangsläufig so ablaufen, vor allem dann nicht, wenn der Auslandshund kein frei laufender Straßenhund war. Aber „echte" Streuner sind eine große Herausforderung für uns – und unser Leben für sie ...

Er sollte dort leben dürfen, wo er geboren wurde.

ERHALTUNG VON STREUNER-POPULATIONEN

Trotz erheblicher Konflikte zwischen frei lebenden Hunden und Menschen sowie Wildtieren und der Notwendigkeit, ihre Populationen zu kontrollieren, gibt es auch viele Gründe, warum frei lebende Hunde Schutz verdienen und für den Menschen von Vorteil sein können.

WERTVOLL AUS HISTORISCHEN GRÜNDEN

Erstens sind frei lebende Hunde aus historischen, kulturellen und wissenschaftlichen Gründen sehr wertvolle Tiere. Neuere Studien haben gezeigt, dass frei lebende Hunde eine sehr flexible und komplexe soziale Organisation aufweisen, die vielleicht noch flexibler ist als die von wilden Kaniden. In Anbetracht dessen, dass die meisten frei lebenden Hunde in der Regel besser sichtbar und zugänglich sind als wilde Kaniden, können wir leicht erkennen, dass sie als **gutes Modell zur Untersuchung des Sozialverhaltens von Säugetieren und zur Erforschung der Faktoren, die die Variation in der sozialen Organisation beeinflussen,** verwendet werden können.

Darüber hinaus deuten mehrere Studien darauf hin, dass frei lebende Hunde eine **entscheidende Rolle bei der Domestikation** gespielt haben, und daher ist es wahrscheinlich unmöglich, die Evolutionsgeschichte von Hunden und ihre Beziehungen zum Menschen vollständig zu verstehen, ohne sich dabei auf frei lebende Hunde zu konzentrieren.

Zudem stellen frei lebende Hunde auch eine **genetische Ressource** dar, da sie eine viel höhere genetische Vielfalt besitzen als reinrassige Hunde. Es wird heute angenommen, dass viele Rassen tatsächlich von frei lebenden Hunden abstammen (Gray et al., 2009; Brown et al., 2011; Sacks et al., 2013; Boyko & Boyko, 2014; Shannon et al., 2015; Pilot et al., 2015; Wang et al., 2015).

Vorteile der genetischen Vielfalt

Eine höhere genetische Vielfalt bedeutet, dass frei lebende Hundepopulationen wahrscheinlich eine höhere Anpassungsfähigkeit an variable Umweltbedingungen und eine höhere Resistenz gegen Parasiten und Krankheiten aufweisen als reinrassige Hunde (Boyko & Boyko, 2014). Außerdem scheinen Dorfhunde eine geringere Anzahl von schädlichen genetischen Mutationen zu besitzen, die die Aminosäuresequenz von Proteinen im Vergleich zu reinrassigen Hunden verändern (Mardsen et al., 2016). Die gesundheitlichen Vorteile der genetischen Vielfalt für die Hundepopulationen zeigen sich deutlich im Vergleich der Gesundheitsparameter von reinrassigen Hunden mit denen von Mischlingen, die als Haustiere leben: Neuere Studien konnten feststellen, dass Mischlinge, die eine höhere Heterozygotie haben als reinrassige Hunde, weniger wahrscheinlich von genetischen Krankheiten betroffen sind (Donner et al., 2018) sowie von anderen komplexeren Krankheiten (O'Neill et al., 2014) und insgesamt eine höhere Langlebigkeit als reinrassige Hunde genießen (Hayashidani et al., 1988; Patronek et al., 1997; Proschowsky et al., 2003; O'Neill et al., 2013).

HELFER DES MENSCHEN

Während reinrassige Hunde als Arbeitshunde bei Aufgaben, die eine enge Zusammenarbeit mit dem Menschen erfordern, sehr geschätzt werden (z. B. Naderi et al., 2001; MacLean & Hare, 2018), gibt es Studien, die darauf hindeuten, dass auch frei lebende Hunde für einige menschliche Populationen von Jägern und Sammlern sowie Hirten wirksame Arbeitskollegen sind. So spielen z. B. frei lebende Hunde in Kulturen, die mit Herden ziehen, eine entscheidende Rolle beim Schutz der Tiere vor

wilden Raubtieren. Diese Herdenschutzhunde können sowohl das Auftauchen als auch Risse von Raubtieren und entsprechend die Konflikte zwischen Mensch und Tier deutlich reduzieren (Balck & Green, 1984; Coppinger et al., 1988; Woodrooffe et al., 2006; Lord et al., 2014).
Darüber hinaus können frei laufende Hunde den Jägern und Sammlern während der Jagd helfen, indem sie verschiedene Aufgaben erfüllen, darunter die Jagd auf Beute oder die Verhinderung der Flucht von Beute (Koster, 2009; Smith & Litchfield, 2009; Lupo, 2011), obwohl das Ausmaß, in dem Hunde in Bezug auf das Jagdergebnis tatsächlich von Vorteil sind, je nach Situation unterschiedlich ist. In noch existierenden menschlichen Populationen der Jäger und Sammler, in denen sich Hunde als wirksame Jagdhelfer erweisen, werden frei lebende Hunde hoch geschätzt und oft als „quasi menschliche" Mitglieder der Gemeinschaft angesehen (Smith & Litchfield, 2009; Serpell, 2016a). Ihr sozialer Status liegt etwas zwischen dem des Menschen und dem anderer Tiere. Obwohl es in den Kulturen der Jäger und Sammler viele Unterschiede gibt, werden Hunde oft benannt, manchmal dürfen sie in menschlichen Behausungen bleiben, sie erhalten Nahrung und Pflege und werden nach dem Tod teilweise auch begraben.

Begleittiere des Menschen

Aber es gibt auch andere Funktionen als nur die als Jagdbegleiter: In manchen Gesellschaften werden Hunde ähnlich wie bei uns als Begleittiere gehalten, werden als lebende Decke verwendet, um in kalten Nächten Wärme zu liefern, dienen der Unterhaltung (Anmerkung der Herausgeberin) und gelten als wertvoller Schutz vor Eindringlingen (Smith & Litchfield, 2009; Serpell, 2016a). Eine aktuelle Studie ergab, dass in einer Gemeinschaft von Indianern, die von Jägern und Sammlern abstammen und in einem Reservat in den nördlichen Ebenen leben, frei lebende Hunde als Familienmitglieder geliebt und sogar als Beschützer für Kinder hoch geschätzt werden (Jervis et al., 2018). In dieser Gemeinschaft bleiben große Hunde jedoch in der Regel nicht in menschlichen Häusern, weil die Enge von den Menschen als grausam empfunden wird. Und nach traditionellem Glauben werden Menschen, die Hunde misshandeln, irgendwann dafür bestraft werden (Jervis et al., 2018). Diese Sichtweise steht im Gegensatz zu der unserer westlichen Kulturen, in denen die Enge als eine Möglichkeit wahrgenommen wird, Hunde zu schützen und zu lieben.

LEBEN STREUNER SCHLECHTER ALS FAMILIENHUNDE?

In den westlichen Kulturen wird häufig angenommen, dass frei lebende Hunde, insbesondere Streuner- und Wildhunde, einen niedrigeren Lebensstandard haben als Familienhunde (Hiby & Hiby, 2016; Serpell, 2016a, b), was oft dazu beiträgt, dass Menschen versuchen, diese Tiere durch Einfangen von der Straße zu „retten" (z. B. Demirbas et al., 2014, 2016). Meiner Meinung nach ist dieses Vorgehen fragwürdig, weil es sehr stark davon abhängt, wie „Wohlergehen" bewertet wird.
Einerseits bietet das „Einsperren" durch den Menschen Schutz vor Raubtieren, Unfällen und Krankheiten und führt dazu, dass Haustiere eine höhere durchschnittliche Lebensdauer erreichen als frei lebende Tiere (Butler & Bingham, 2000; Lupo, 2011; O'Neill et al., 2013). Andererseits verringert die „Kontrolle durch den Menschen" zwangsläufig die Chancen der Hunde, ihr natürliches Verhalten ausleben zu können. Da die Möglichkeit, das natürliche Verhalten zeigen zu können, in der Regel als eines der Kriterien für die Beurteilung des Wohlergehens bei Tieren angesehen wird (Hubrecht et al., 2016), bezweifle ich, dass Haushunde ein höheres Maß an Wohlbefinden erfahren.

Ein Streunerleben muss nicht unbedingt schlecht sein …

Dass das Leben von Haustieren nicht so natürlich ist, wie wir häufig annehmen, belegen auch Vergleichsstudien mit Mischlingen und reinrassigen Hunden: Hier konnte gezeigt werden, dass reinrassige Hunde weniger problematische Verhaltensweisen zeigen als Kreuzungen aus verschiedenen Rassen (New et al., 2000; überprüft in Turcsan et al., 2017). Mit anderen Worten: **Diese Ergebnisse deuten darauf hin, dass eine strenge menschliche Kontrolle sowohl des Fortpflanzungsverhaltens als auch der frühen Entwicklung von Welpen erforderlich ist, um eine Population von Hunden zu „erzeugen", die gut zu einem sehr engen Leben mit Menschen passt.** Abgesehen von diesen Überlegungen betone ich, dass die Mehrheit der frei lebenden Hunde tatsächlich gesunde Tiere sind. So lag z. B. in einer Stichprobe von 7 475 frei lebenden Hunden (von denen 91 Prozent ohne Besitzer waren), die während eines Zeitraums von 14 Jahren gefangen genommen und in ein italienisches Tierheim gebracht wurden, der Gesamtanteil der Tiere, die entweder verletzt, krank oder misshandelt wurden, nicht über 13 Prozent (Barnard et al., 2015).

WIE SIND TNR-PROGRAMME ZU BEURTEILEN?

Ein weiterer weitverbreiteter Glaube ist, dass TNR-Programme das Wohlergehen und die Gesundheit von frei lebenden Hundepopulationen verbessern (Hiby & Hiby, 2016). Dies ist auch deshalb sehr fragwürdig, weil es immer mehr Hinweise darauf gibt, dass Kastration die Gesundheit und Langlebigkeit von Hunden reduziert (Waters et al., 2011; Beauvais et al., 2012; Smith, 2014; Sundburg et al., 2016), und sie entzieht Hunden die Möglichkeit, ihr natürliches und hochkomplexes Fortpflanzungsverhalten zu zeigen (siehe S. 74 und Anindita Bhadra, S. 106 ff.). Ein weiteres wichtiges Thema ist die Notwendigkeit, die genetische Vielfalt der frei lebenden Hundepopulationen zu erhalten, die durch Massenkastrations- oder sterilisationsprogramme deutlich reduziert werden könnte (Boyko & Boyko, 2014). Daher sollten TNR-Programme konzipiert und umgesetzt werden, die einen Kompromiss zwischen der Notwendigkeit, die Dichte der Hundepopulationen zu verringern, und der Erhaltung ihrer genetischen Vielfalt herstellen. Dies kann z. B. dadurch erreicht werden, dass die Durchführung einer Massenkastration bzw. -sterilisation in den Populationen von Hunden mit einer höheren genetischen Vielfalt verhindert wird.

ENTZUG VON NAHRUNGSQUELLEN

Um die Notwendigkeit der Kastration oder Sterilisation einer sehr hohen Anzahl von frei lebenden Hunden zu reduzieren, könnte man außerdem versuchen, die Dichte ihrer Populationen auf natürliche Weise zu reduzieren, indem man die Menge an aus menschlichen Rohstoffen gewonnener Nahrung, die diesen Tieren zur Verfügung steht, reduziert. Dies kann durch die Reduzierung der Abfallmenge und auch durch die Umsetzung von Bildungsprogrammen erreicht werden, die darauf abzielen, die Menschen davon zu überzeugen, diejenigen Hunde, die in der Lage sind, sich selbst zu versorgen, nicht zu füttern und sie zu respektieren.

Strategien beim Nahrungserwerb

Frei lebende Hunde wenden verschiedene Strategien an, um Nahrung zu erhalten: Einige von ihnen betteln direkt beim Menschen, während andere soziale Interaktionen mit Menschen vermeiden und es vorziehen, Mülltonnen oder Müllhalden zu durchsuchen, oder sich auf die Jagd nach Beutetieren begeben (siehe S. 54; A. Poyarkov, S. 246 ff.). Ich schlage vor, dass frei lebende Hunde, die den sozialen Kontakt mit Menschen beharrlich vermeiden, weder gefüttert noch kastriert oder sterilisiert werden sollten. Es wird oft behauptet, dass Populationen von streunenden oder verwilderten Hunden, die nicht direkt vom Menschen versorgt werden, einen sehr niedrigen Reproduktionserfolg haben (Boitani et al., 2016; Hiby & Hiby, 2016; Serpell, 2016b).

Überlebensrate

Wie ich jedoch bereits sagte, leiden alle frei lebenden Hundepopulationen unter einer sehr hohen, von Menschen verursachten Sterblichkeit, und aus diesem Grund spiegelt ihre geringe Überlebensrate in manchen Gebieten nicht unbedingt eine mangelnde Fähigkeit wider, mit Umweltbelastungen umgehen zu können. Einige Studien haben sogar herausfinden können, dass wilde Hunde trotz starker Umweltbelastungen eine gute körperliche Verfassung hatten und ihre Überlebensrate bis zum Erreichen des Erwachsenenalters trotz starker menschlicher Einflussnahme etwa 40 Prozent betrug (z. B. Nesbitt, 1975; Gipson, 1983). Das ist eine Quote, die auch für einige Wolfspopulationen gefunden wurde (Mech, 1970). Insgesamt lag die Überlebensrate von neugeborenen Welpen bis zum Erwachsenenstadium bei wilden Hundepopulationen zwischen fünf und

40 Prozent (Scott & Causey, 1973; Nesbitt, 1975; Gipson, 1983; Boitani et al., 1995), was relativ ähnlich ist wie bei Populationen von Streunern, die vom Menschen versorgt werden (15–50 Prozent; Oppenheimer & Oppenheimer, 1975; Pal et al., 1998; Butler & Bingham, 2000; Pal, 2001; Reece et al., 2008; Bonanni & Cafazzo, 2014; Paul et al., 2016). Generell denke ich, dass die Erhaltung der Populationen von streunenden oder verwildert lebenden Hunden nicht weniger wichtig ist als die von Hunden, die mit uns im Haus leben dürfen. Sie stellen durch ihr Leben in Rudeln besonders für die Wissenschaft ein wichtiges Modell dar, um die Entwicklung des sozialen Verhaltens von Hunden während der Domestikation besser verstehen zu können.

Regulation des Populationsanstiegs

Um das Populationswachstum frei lebender Hunde zu regulieren, würde ich vorschlagen, dass eine Überfütterung vermieden werden sollte. Dies ist ein Verfahren, wie es auch bei den Ureinwohnern Amerikas üblich ist: In diesen Kulturen wird allgemein angenommen, dass frei lebende Hunde auf sich selbst aufpassen können. Die Fütterung mit Resten wird eher als Zumutung denn als mildtätige Geste wahrgenommen (Jervis et al., 2018). Auch aus ökologischer Sicht ist es wahrscheinlich besser, frei lebende Hunde mit Resten zu füttern als mit kommerziellen Lebensmitteln. Tatsächlich erfordert die Produktion von kommerziellen Lebensmitteln, die normalerweise zur Fütterung von Haustieren verwendet werden, in der Regel eine Vergrößerung der landwirtschaftlichen Nutzfläche, was wiederum auf Kosten der natürlichen Umgebung geht (Lord et al., 2014). Hundefutter, das aus primär für Menschen gedachter Fleischproduktion hergestellt wird, hat deshalb nicht nur wenig mit den Ernährungsbedürfnissen unserer Hunde gemein, es ist auch in Anbetracht des Klimawandels ökologisch höchst bedenklich.

UNBEDINGT SCHÜTZENSWÜRDIG!

Abschließend hoffe ich, dass ich mit diesem Kapitel den Lesern näherbringen konnte, dass frei lebende Hunde wunderbare Tiere sind, die es verdienen, erhalten zu werden. Diese Bemühungen sind jetzt besonders wichtig, denn die frei lebende Hundepopulation in den westlichen Ländern nimmt kontinuierlich ab. Die jüngsten Studien zur Domestikation bestätigen die Hypothese, dass frei lebende Hunde eine aktive Rolle im Prozess der Haustierwerdung des Hundes gespielt haben. Streunende und wilde Hunde zeigen ein komplexeres Rudelverhalten als bisher angenommen und können dieses nicht ausleben, wenn sie als Haustiere in einen Haushalt mit Menschen als Bezugspartner integriert werden. Natürlich können frei laufende Hunde negative Auswirkungen auf die menschliche Gesundheit und die Tierwelt haben, aber auch privat gehaltene Katzen und Hunde (siehe Lord et al., 2014) können das Artensterben mitverursachen. Auf der anderen Seite können frei lebende Hunde auch aus praktischen und kulturellen Gründen für den Menschen von Vorteil sein. Deshalb bin ich davon überzeugt, dass wir zwar ihre Population mit natürlichen Methoden kontrollieren sollten – aber sie haben das Recht, weiterhin mit uns so in einer Koexistenz zu leben wie schon seit vielen Tausenden von Jahren.

DANKE

Ich möchte mich bei einer Reihe von Kolleg*innen bedanken, mit denen ich viel über das Verhalten der Hunde gesprochen habe und die den Inhalt dieses Kapitels in irgendeiner Weise beeinflusst haben: Andrey Poyarkov, Günther Bloch, Barbara Gallicchio, Daniele Testaguzza, Michele Minunno, Ezio Maria Romano.

STREUNER IN SÜDITALIEN
— von Michele Minunno

HARMONISCHE KOEXISTENZ?

Wir Menschen neigen in der Gegenwart dazu, frei lebende Hunde als Störfaktor einer zivilen Gesellschaft wahrzunehmen. Für mich stellt sich jedoch angesichts des Umgangs mit Streunern in vielen Ländern die Frage: Wie zivilisiert ist der Prozess, um so eine „straßenhundefreie" Situation zu erreichen? Meiner Meinung nach sind zivilisierte Gesellschaften daran zu erkennen, dass sie in der Lage sind, in einem Gleichgewicht mit Streunern und der menschlichen Bevölkerung zu leben. Wie ich zu dieser Ansicht komme und welche Maßnahmen für eine harmonische Koexistenz nötig wären, werde ich im Folgenden erklären.

UNTERSCHIEDLICHE SICHTWEISEN

Das Phänomen frei lebender Hunde in Süditalien kann in verschiedene Sichtweisen eingeteilt werden, die meist wiederum verschiedene Reaktionen hervorrufen. Die Situation zu beurteilen, ist sehr schwer, weil es viele unterschiedliche Variablen gibt, die miteinander zusammenhängen. Wer sich mit frei lebenden Hunden beschäftigt, sieht Straßenhunde oft als Problem. Denn in unserer Gesellschaft neigt man dazu, den „Familienhund" als normalen Zustand für einen Hund zu betrachten und den „Straßenhund" als ein fehlerhaftes und ungesund dahinvegetierendes Lebewesen: ein unglücklicher Streuner, der ständig nach einer Verbesserung seines Zustandes sucht. Auch politische Institutionen sehen frei lebende Hunde als Problem. Sie sollten aus ihrer Perspektive nicht existieren, denn sie könnten ein wirtschaftliches, hygienisches oder öffentliches Sicherheits- und Verkehrsrisiko darstellen. Der ehrenamtliche Tierschutz sieht Straßenhunde dagegen meist als „leidende Lebewesen" und versucht, diesen Zustand der Tiere deshalb mit allen Kräften zu bekämpfen. Und der umweltbewusste Mensch sieht Straßenhunde wiederum als Gefahr für die Hybridisierung des Wolfes. Tatsächlich wissen wir aber sehr wenig über frei lebende Hunde, über ihre Kommunikation, ihre internen Familiendynamiken und ihre Beziehungen mit Menschen. Dabei muss man den Umstand berücksichtigen, dass der Hund seit ungefähr 15 000 Jahren in Koexistenz mit dem Menschen lebt und stets in Anwesenheit des Wolfes. Bisher leben schätzungsweise zwischen 70 und 80 Prozent der Hunde auf der Welt frei und nicht im Zustand eines „Haustieres".

ZUSAMMENLEBEN MIT STREUNERN

Seit 2000 beschäftige ich mich mit streunenden Hunden und habe mehrere Hundefamiliengruppen auf dem Territorium beobachten können. In den letzten Jahren konnte ich (ähnlich wie die anderen Autoren dieses Buches) feststellen, dass das Leben frei leben-

der Hunde stark davon abhängig ist, wie sich die Umgebungsbedingungen verändern, wie ihre individuellen Eigenschaften sind und von den Menschen, die in ihrer Nähe leben.
Dabei kann man frei lebende Hunde in zwei grobe Kategorien einteilen:

— Einerseits in Hunde, die nicht mit Menschen sozialisiert sind. Sie werden immer scheuer, je mehr Generationen ohne Menschenkontakt leben. In dieser Kategorie finden wir aber auch Hunde, die stark von Menschen traumatisiert wurden und ihre Menschenscheue auf ihre Welpen übertragen (siehe S. 49).
— Andererseits finden wir Hunde, die mit Menschen sozialisiert sind. Zu dieser Gruppe können Hunde gehören, die ausgesetzt wurden und sich an das Straßenleben angepasst haben, oder Welpen, die auf der Straße geboren sind und in der Nähe zu Menschen sozialisiert wurden.

Beide Kategorien sind miteinander verbunden, zusätzlich mit Hunden, die frei herumlaufen (Familien- oder Hofhunde, wie es viele in den Bauernhöfen Süditaliens gibt), was zu unterschiedlichen Kombinationen führt.
Die erste Kategorie verursacht beim Menschen meistens keinen Schaden. Diese Hunde leben in ihrem jeweiligen Bereich und vermeiden Kontakt zum Menschen. Mit der zweiten Kategorie kann es Probleme geben, bei denen der Mensch oft intervenieren muss (wie z. B. bei ausgesetzten Familienhunden).
Die Umstände einer ausgeglichenen Situation zwischen frei lebenden Hunden und menschlicher Bevölkerung können sich verändern, wenn z. B. Ehrenamtliche eine neue Futterstelle im Gebiet einrichten. Dadurch wird mehr Nähe zwischen Menschen und Straßenhunden geschaffen, was zu Problemen im Zusammenleben mit den Hunden führen kann und dadurch wiederum Spannungen in der Bevölkerung aufbauen kann.

Eine Überpopulation kann zu Spannungen mit den Anwohnern führen.

MASSNAHMEN GEGEN STRASSENHUNDE

TIERHEIME

Seit Jahren wird aufgrund dieser Spannungen in Italien angestrebt, Hunde aus ihren Territorien zu entfernen und in Tierheimen unterzubringen. Dieses Einfangen und Wegsperren der ursprünglichen Population hat jedoch nur dazu geführt, dass die Tierheime voll geworden sind (siehe S. 88). Gleichzeitig wurden so freie Gebiete für neue Hundegruppen geschaffen. Mittlerweile sind Tierheime so voll, dass fast ein Kollaps droht (in manchen leben Tausende von Hunden), daraus folgt natürlich eine Erhöhung der staatlichen Ausgaben. Inzwischen interessieren sich auch private Unternehmen für das Phänomen, weil für das Engagement eines Tierheims staatliche Förderung eingenommen werden kann (die Gemeinde zahlt pro Hund eine gewisse Summe). Hunde, die nicht mit Menschen sozialisiert sind, leben dort unter sehr schlechten Bedingungen und haben keine Chance, adoptiert zu werden.

KASTRATIONSPROGRAMME

Das Problem der Kastrationsprogramme ist, dass sie langsam zu einer Beseitigung der frei lebenden Hunde führen. Zusätzlich sollte diskutiert werden, welche Folge eine Kastration oder eine Vasektomie der männlichen Hunde auf die Interaktion zwischen den Hundegruppen und ihr Markierverhalten hat. Es ist seit längerer Zeit bekannt, dass viele frei lebende Hundefamiliengruppen, die nicht mit Menschen sozialisiert sind, für eine lange Zeit eine Gruppengröße beibehalten, auch ohne kastriert worden zu sein. Dies ist eindeutig auf eine erhöhte Welpensterblichkeit zurückzuführen, wie sie bei allen anderen frei lebenden Tieren stattfindet.

Viele Streuner, die im Tierheim untergebracht …

NEUE WEGE IM TIERSCHUTZ

DER „GEMEINDE-HUND"

In manchen Gebieten ist die Idee des „Gemeinde-Hundes" entstanden: Es genügen zehn Unterschriften der Einwohner und die Feststellung eines gesunden Zustandes des Hundes, damit er weiter frei in seinem Territorium leben kann. Das hat zu einer Reduzierung der Hunde im Tierheim geführt und damit zu wirtschaftlichen Einsparungen seitens der Institutionen.

MANAGEMENT DER STREUNER-POPULATION

Für ein verbessertes Management von Streunerpopulationen ist es nach meiner Erfahrung hilfreich, zunächst eine „Hundevolkszählung" in den verschiedenen Gebieten durchzuführen. Wird ein Hund wegen eines problematischen Verhaltens oder anderen

... werden, fristen für den Rest ihres Lebens ein trauriges Dasein.

Problemen angezeigt, sollte die Situation von professionellen Experten, die die Hunde in dem Gebiet schon kennen, eingeschätzt werden. Meine eigene Erfahrung zeigt, dass 90 % der Anzeigen durch bestimmtes und zielgerichtetes Management gelöst werden können. So können z. B. der Wechsel eines Wurfs in ein anderes Territorium, ein Verändern der Fütterungssituation, Verwaltung des ehrenamtlichen Engagements, Einfangen von einzelnen Individuen, die das Ungleichgewicht bedingen, viel Verbesserung bringen. Auch die Aufklärung der Bevölkerung ist wichtig, die den lokalen Menschen die positiven Ergebnisse solcher Managementformen vor Augen führt.
Hier sind vor allem kulturelle und kostenlose Initiativen, die zu einer Erhöhung der Toleranz und Vermehrung des Wissens in der Bevölkerung führen, sehr wichtig im Sinne eines erfolgreichen Managements der Streunerpopulationen.

PROBLEM: EHRENAMTLICHER TIERSCHUTZ

Ein großes Problem stellt meiner Erfahrung nach leider der nicht reglementierte ehrenamtliche Tierschutz dar. Einige ehrenamtliche Tierschützer handeln ohne Kenntnis der vielschichtigen Faktoren des Managements von Streunerpopulationen und bringen dadurch unwissend Ungleichgewicht in Situationen.
Ganz oft ist es nötig, eine Fluchtdistanz gegenüber Menschen zu bewahren, um für Wohlstand in der Population zu sorgen und ein Gleichgewicht der frei lebenden Hunde zu gewinnen. Viele Ehrenamtliche, die im Namen der „Liebe“ zum Tier agieren, neigen dazu, solche Distanzen zu missachten (in der Folge kann es zu Problemen mit anderen Menschen kommen). Oder die Hunde werden eingefangen und fristen dann für den Rest ihres Leben ein trauriges Dasein im Tierheim.

PLÄDOYER FÜR EINE KOEXISTENZ

Abschließend möchte ich verschiedene Aspekte nennen, die das Management der frei lebenden Hunde betreffen. Sie verdienen eine spezifische Vertiefung. In all den Jahren habe ich gelernt, wie wichtig es ist, das Wissen von Dynamiken der Familiengruppen der Hunde und von Dynamiken in der menschlichen Bevölkerung, die beide im gleichen Territorium leben, weiterzugeben, um das Gleichgewicht zu erhalten, das eigentlich schon autonom seit Jahrtausenden auf der Welt stattfindet und welches die westliche Zivilisation erst in den letzten Jahrzehnten vernichtet. Vor wenigen Jahren war es noch normal, in den ländlichen Gebieten frei lebende Hunde zu sehen, die in friedlicher Koexistenz mit dem Menschen leben. Oft gab es „Freundschaften" zwischen Straßenhunden und manchen Menschen, man ist zusammen spazieren gegangen oder man hörte nur das Gebell der Hunde hinten im Wald; heute kann man solche Szenen nur noch selten erleben, denn mehrheitlich werden frei lebende Hunde sofort angezeigt und eingefangen.

VON STREUNERN LERNEN

Meiner Meinung nach ist es aber sehr wichtig zu versuchen, den frei lebenden Hund ohne unsere westlich zivilisierte Perspektive zu betrachten; so könnten wir wieder neu lernen, dass Hunde auch ohne jemandem zu gehören, glücklich leben können. Es sind Hunde, die frei in ihren Entscheidungen sind, ihre eigenen Familien zu gestalten. Hunde, die entspannt gegenüber Reizen sind, welche unsere Familienhunde schon als sehr hohen Stress empfinden würden (wie z. B. die Anwesenheit läufiger Hündinnen oder das Sichten einer Beute). Es sind Hunde, die entspannt auch mal 16 Stunden liegen und schlafen, und wenn sie sich dann bewegen, ganz gelassen agieren, ohne Aufregung. Dies alles sind Aspekte, die wir als menschliche Spezies bei unseren Familienhunden stark kontrollieren, besonders in den letzten Jahren. **Es sind Aspekte, die wir bald nicht mehr anders gezeigt bekommen, weil das Gegenstück fehlen wird: der Streuner, von dem wir lernen könnten, wie die ursprüngliche Mensch-Hund-Beziehung ausgesehen hat und was unsere Hunde wirklich brauchen, um glücklich zu werden.** Diese „natürliche Form" der Hunde-Existenz fehlt wahrscheinlich in Zukunft immer häufiger, weil sie für viele nicht mehr ins Bild einer modernen Gesellschaft passt.

DIE AUTOREN

Michele Minunno ist Hundetrainer und Master-Dozent an der Universität für Veterinärmedizin in Parma. Er arbeitet zusammen mit der Universität für Veterinärmedizin in Bari für Forschungsprojekte und beschäftigt sich seit fast 20 Jahren mit frei lebenden Hunden. Außerdem arbeitet er mit verschiedenen Tierheimen zusammen – zurzeit für das öffentliche Tierheim in Molfetta. Michele beschäftigt sich in seiner Arbeit mit den Familienstrukturen in Hundegruppen, mit Ernährung, Fortpflanzungs- und Aufzucht- sowie Spielverhalten und mit der Kommunikation innerhalb der Gruppen, aber auch mit der Kommunikation mit anderen Hunden, die nicht zur Gruppe gehören. Michele gibt sein Wissen in Seminaren und Fortbildungen in Italien weiter.

Sara Leona Santini arbeitet hauptsächlich als Hundetrainerin und Kynopädagogin. Sie lebt derzeit in Italien und führt dort sowie in Deutschland verschiedene Projekte durch. Unter anderem unterstützt sie seit Jahren die Arbeit Minunnos durch den Berliner Tierschutzverein „Hundefreunde Ampulien" (hundefarmbritz.wordpress.com).

ELTERLICHE FÜRSORGE

— *Von Anindita Bhadra*

EINBLICKE IN DAS FAMILIÄRE LEBEN

Frei laufende Hunde gibt es in und um menschliche Behausungen überall im globalen Süden, und doch wurden sie für lange Zeit in der wissenschaftlichen Forschung zum Verständnis des Verhaltens und der Evolution von Hunden weitgehend ignoriert. In Indien existieren Rudel frei laufender Hunde schon seit Jahrhunderten als sich frei fortpflanzende Population von Aasfressern. Die früheste Erwähnung solcher Hunde geht auf alte Texte wie den „Rigveda" (altertümliche indische Sanskrit-Hymnen) und das „Mahabharata" (altertümlicher indischer Epos, Übersetzung aus dem Sanskrit von Bibek Debroy, 2008) zurück. Diese Texte wurden über Jahrhunderte hinweg vermutlich traditionell mündlich überliefert. Die ersten Verschriftlichungen können auf einen Zeitraum datiert werden, der von 3 137 v. Chr. (Kak, 2012) bis 200 n. Chr. (Thapar, 2009) reicht. Dies lässt erahnen, dass frei lebende Hunde in Indien bereits seit Hunderten von Generationen mit dem Menschen koexistieren.

WICHTIG FÜR DIE WISSENSCHAFT

Streuner sind ausgezeichnete Modellsysteme für die Erforschung der Mensch-Hund-Interaktion und die Entwicklung sozio-kognitiver Fähigkeiten bei Hunden, die sich an das Leben in einer menschlichen Umgebung anpassen. In den letzten zehn Jahren hat sich das Dog Lab am Indischen Institut für Wissenschaft, Ausbildung und Forschung, Kalkutta, mit der Erforschung frei lebender Hunde beschäftigt, vor allem im urbanen Lebensraum.
Heutige Wissenschaftler sind sich einig, dass der Haushund (*Canis lupus familiaris*) einen gemeinsamen Vorfahren mit dem modernen Grauwolf (*Canis lupus lupus lupus*) hat. Die Zeit der Teilung zwischen diesen beiden nahen Verwandten und der genaue Prozess, durch den sich der Hund zu seiner heutigen Form entwickelt hat, sind jedoch Fragen, die noch kontrovers diskutiert werden. So ist noch offen, ob der Domestizierungsprozess einmal oder mehrmals (Clutton-Brock, 1995) stattgefunden haben könnte. Mehrere Forschungsgruppen verschiedener Fachbereiche auf der ganzen Welt beschäftigen sich mit dem Verständnis der mit der Domestikation verbundenen verhaltensbedingten, physiologischen und genetischen Veränderungen beim Hund. Auch in diesem Buch ist der aktuelle Stand der wissenschaftlichen Diskussion zur „Hundwerdung" von anderen Autoren schon ausführlich beschrieben worden (siehe Enrique Font, S. 15 ff. und Roberto Bonanni, S. 35 ff.).

ANINDITA BHADRA

Die indische Verhaltensbiologin Anindita Bhadra gehört zu den führenden Forscherpersönlichkeiten im Bereich Streunerstudien. Ihre Langzeitstudien an indischen Straßenhunden bieten uns faszinierende Einblicke, besonders in das familiäre Leben dieser Tiere. Durch ihre Beobachtungen wurde die erstaunliche soziale Flexibilität der Hunde deutlich, aber auch die starken Gruppenstrukturen, die den Welpen und Junghunden einen optimalen Start in die oft lebensfeindliche menschliche Welt ermöglichen. Besondere Gesellschaftsstrukturen im Tierreich haben sie schon immer interessiert: Abgeschlossen hat sie ihr Studium am Zentrum für Ökologische Wissenschaften in Bangalore/Indien (Centre for Ecological Sciences, Indian Institute of Science) mit einer Arbeit über die gesellschaftliche Organisation von Wespen.

Forschung für streunende Hunde

Seit über zehn Jahren gilt ihr Interesse der sozialen Organisation und Ökologie frei lebender Hunde. Sie gründete das „Dog Lab IISER Kolkata", das über das Verhalten, die Kognition und Ökologie von Hunden in ihrem gebürtigen Habitat forscht. Innerhalb der letzten acht Jahre hat ihr Team um die 20 wissenschaftliche Artikel veröffentlicht, die in bekannten Fachjournalen vorgestellt wurden. Mehrere Studenten haben seit der Gründung hier für ihre Dissertation geforscht und geschrieben, der erste Doktorand der Forschungsgruppe wurde 2017 ausgezeichnet. Für ihre wissenschaftliche Arbeit wurde Anindita in ein Elitekomitee berufen, das „Standing Consultative Committee of Young Scientists". Außerdem ist sie Mitglied der „Education Committee of the Animal Behaviour Society" und wurde mehrfach mit der Durchsicht wissenschaftlicher Fachbeiträge für verschiedene Journale wie „Science" oder „PNAS" beauftragt. Doch am liebsten forscht sie draußen mit Hunden, stößt auf immer weitere Fragen und entwickelt daraus mit ihren Studenten spannende neue Forschungsideen, die sie dann bis zur Realisierung und Veröffentlichung begleitet.

VERGLEICH KOGNITIVER FÄHIGKEITEN

Einer der seit Langem angewandten Ansätze ist der Vergleich der verhaltensbezogenen und kognitiven Fähigkeiten von Haushunden und Wölfen. Die sozial-kognitiven Fähigkeiten von Familienhunden, die es diesen ermöglichen, mit Menschen zu interagieren, menschliche kommunikative Gesten zu verstehen, darauf zu reagieren und soziale Bindungen zu uns zu knüpfen, betrachten wir als eines der wichtigsten Ergebnisse der Domestikation (Clutton-Brock, 1995; Fox, 1978; Miklosi, 2007). Haushunde werden jedoch unter Aufsicht von Menschen gezüchtet, aufgezogen und gepflegt und können uns nicht helfen zu verstehen, wie sich die frühzeitlichen Hunde an das Leben in der Nähe des Menschen angepasst haben, bevor sie als Familienmitglieder angenommen wurden. Frei lebende Hunde hingegen überleben bis heute in unmittelbarer Nähe zum Menschen, in der Regel, indem sie sich von menschlichen Abfällen ernähren und dabei in allen möglichen menschlichen Lebensräumen zurechtkommen. Dabei kommt es auch zu Interaktionen mit dem Menschen. Damit sind Streuner ein hervorragendes Modellsystem, um verstehen zu können, wie die Koexistenz mit dem Menschen ursprünglich ausgesehen und sich daraus unser Zusammenleben entwickelt haben könnte.

LEBEN IN DER GRUPPE

Sozialverhalten ist bei einer großen Anzahl von Tierarten in allen Gruppen des zoologischen Systems zu finden, von den Insekten bis hin zu Menschen (Bekoff, 1975; Buunk et al., 2008; Cohen, 1977; Gadagkar, 1990; Otali & Gilchrist, 2006; Paul & Bhadra, 2018; Riedman, 1982; Widdig et al., 2002). Tierische soziale Gesellschaften haben sich entwickelt, weil sie für das Individuum von Vorteil sind; das Leben in einer Gruppe kann aus Kosten-Nutzen-Sicht als „evolutionär stabile Strategie“ (= ESS) betrachtet werden. Das bedeutet, dass die Vorteile (verbesserter Zugang zu Ressourcen und erhöhte Sicherheit) gegenüber den Kosten des Gruppenlebens (erhöhter Wettbewerb um Ressourcen, erhöhte Exposition gegenüber Krankheiten) überwiegen, wodurch der lebenslange Reproduktionserfolg der Individuen maximal erhöht wird.
Moderne Interpretationen der Evolution haben sich deshalb auf die Entwicklung von Fortpflanzungsstrategien konzentriert, wobei Faktoren wie Partnerwahl (Andersson, 1994), elterliche Investition (Trivers, 1972), Kampfstrategien (Parker, 1974) und Kooperation (Dugatkin, 1997; Nowak, 2006) auch von der individuellen Lebensgeschichte beeinflusst werden können. Interessens- und Kooperationskonflikte innerhalb der Gruppe sind dabei immer auch einer Dynamik unterworfen und tragen letztendlich zur Stabilität sozialer Gemeinschaften bei, in denen sich meist die jüngeren oder unsicheren Individuen der Führung von erfahrenen, älteren und selbstbewussten Tieren anvertrauen (siehe Bonanni, S. 58 ff.).

HOHES MASS AN FLEXIBILITÄT

Hunde können als Familienmitglied in menschlichen Haushalten, in künstlich gebildeten Gruppen auf Bauernhöfen und in Tierheimen und als Steuner in stabilen sozialen Gruppen leben. So zeigt „*Canis lupus familiaris*“ im Gegensatz zu seinen engsten Verwandten, den Grauwölfen, die typischerweise in kooperativen Familienverbänden leben, in denen gemeinsam gejagt und die Jungen aufgezogen werden (Packard & Mech, 1980; Packard et al., 1983), ein hohes Maß an Flexibilität in seinem Sozialverhalten.
In Indien leben frei laufende Hunde „flexibel sozial“: sie können Teil einer stabilen sozialen Gruppe sein, ziehen es aber vor, als erwachsene Individuen allein auf Futtersuche zu gehen (Sen Majumder et al., 2014; siehe auch Bonanni, S. 54 ff.). Interessanterweise ist diese Tendenz zur Einzelsuche wiederum saisonal oder entwicklungspsychologisch flexibel, denn erwachsene Hunde sind in der Paarungszeit bevorzugt als Paar und Heranwachsende in kleinen Gruppen anzutreffen (Sen Majumder et al., 2014).

FÜRSORGE VON HÜNDINNEN

Um diese Dynamik und soziale Flexibilität besser zu verstehen, hat eine Studie des indischen Forscherkollegen Sunil Kumal Pal an sechs frei lebenden Hündinnen die elterliche Fürsorge untersucht (Pal, 2005). Wir führten hierzu ebenfalls eine detailliertere Langzeitstudie über einen Zeitraum von fünf Jahren durch, um diese Verhaltensvielfalt noch genauer verstehen zu können.

BETREUENDE MÜTTER

Elterliche Fürsorge ist ein vielschichtiges Verhaltensrepertoire, bei dem Eltern ihre Zeit, Energie und Ressourcen investieren, um die Überlebenschancen ihrer Nachkommen zu erhöhen (Clutton-Brock, 1991; Woodroffe & Vincent, 1994). Die Betreuung der Jungen tritt bei verschiedensten Arten, vom Insekt bis zum Menschen, in unzählig unterschiedlichen Formen auf (Clutton-Brock, 1991). Elterliche Fürsorge reicht dabei von einer relativ simplen Handlung wie der Suche nach einer sicheren und bewohnbaren Höhle zum Eierlegen oder Entbinden bis hin zur aufwändigen und umfassenden, bei einigen Spezies jahrelang anhaltenden intensiven Fürsorge des Nachwuches. Im letzteren Fall geht es nicht nur um Ernährung, Unterkunft und Schutz, sondern auch um die Vermittlung von Wissen und Kultur (Moehlman, 1979; Smits et al., 1988; Tomonaga et al., 2004). **Die Art und der Umfang der elterlichen Fürsorge ist ein wichtiger Faktor, der die Lebensgeschichte von Tieren beeinflusst.** Sie kann ein sehr energieintensives Verhalten sein und Eltern optimieren im Laufe ihres Lebens durch Erfahrung ihre Investitionen in ihre Nachkommen beständig, um ihre „lebenslange reproduktive Fitness“ („Lifetime Reproductive Success“, LRS) zu erhöhen (Evans, 1990; Roff, 1992; Stearns, 1992).

GRAD DER MÜTTERLICHEN FÜRSORGE

Säugetiere sind die einzige Tierklasse, bei der die elterliche Fürsorge obligatorisch ist, zumindest in Form der Pflege durch die Mutter (Clutton-Brock, 1991; Woodroffe und Vincent, 1994). Während alle Säugetiere ihre Nachkommen säugen, investieren die unterschiedlichen Arten in einen sehr ungleich intensiven Pflegeaufwand. So gibt es große Unterschiede in der Dauer des Säugens, der Qualität und Quantität der von der Mutter produzierten Milch und der Geschwindigkeit, mit der die Nachkommen während des Säugens wachsen und schließlich ihre Endgröße erreichen. **Der Grad der mütterlichen Fürsorge kann definiert werden als die Menge an Ressourcen, die eine Mutter investiert, um ihre derzeitigen Nachkommen auf Kosten ihres eigenen Überlebens und ihrer zukünftigen Fortpflanzung aufzuziehen.** Die Laktation (Milchproduktion) gilt dabei als die energetisch anspruchsvollste Komponente der mütterlichen Pflege, die das Überleben und die zukünftige Fortpflanzung der Mutter beeinträchtigen kann (Martin, 1984; Oftedal, 1985; Stearns, 1992).

Elterliche Investitionstheorie

Gemäß der „Elterlichen Investitionstheorie“ („Parental Investment Theory“) des Evolutionsbiologen Robert Trivers (1974), sollte eine Mutter eine konservative Strategie verfolgen, die ihre eigene zukünftige Fortpflanzung und ihr Überleben sichert, indem sie die Ressourcenzuteilung für ihre derzeitigen Nachkommen verringert (Festa-Bianchet und Jorgenson, 1998). Dieser Kompromiss in der Energieaufteilung könnte durch Veränderungen im mütterlichen Verhalten während der Entwicklung der Nachkommen zum Ausdruck kommen (Dall und Boyd, 2004). Die US-Zoologen Devra Kleiman und James Malcolm (Kleiman & Malcolm, 1981) unterteilten das mütterliche Pflegeverhalten in direkte und indirekte Pflege. Die direkte Betreuung der Mütter beinhaltet vergleichsweise energieintensivere Verhaltensweisen, die einen direkten Kontakt zwischen der Mutter und ihren Nachkommen erfordern (Malcolm, 1985). Indirekte Pflege hingegen beinhaltet Verhaltensweisen, die für die Nachkommen von Vorteil sein können, aber keine hohen Energieinvestitionen und keinen direkten Kontakt der Mutter erfordern. Der lebenslange Fortpflanzungs-

erfolg einer Mutter kann durch eine Anpassung der Intensität der direkten und indirekten Versorgung zwischen Geburt und Entwöhnung erreicht werden.
In diesem Kapitel werde ich versuchen, einen Überblick über die verschiedenen Erscheinungsformen der elterlichen und interfamiliären („alloparentalen") Nachwuchsbetreuung bei frei lebenden Hunden zu geben. Auch die Konfliktsituationen innerhalb der sozialen Gruppen unter Einbeziehung der Interessenkonflikte zwischen der Mutter und ihren Welpen werden geschildert. Alle Arbeiten, über die ich hier berichte, wurden bereits veröffentlicht, sodass ich über die Ergebnisse berichten und die Details der Methodik und Statistiken vermeiden kann. Der interessierte Leser kann die Originalarbeiten mit den detaillierten Methoden und Ergebnissen bei Bedarf durchsehen, sie werden in einem Download-PDF genannt (siehe S. 267).

Mehrere Welpen über Wochen mit Milch zu versorgen, ist für Hündinnen eine energetisch sehr aufwändige Leistung.

Verschiedene Arten von Wurfplätzen der Hündinnen, die an allen möglichen Orten gefunden wurden – auf offenen Feldern, in Gebäuden oder unter Baumaterialien.

WURFHÖHLEN

Viele Tierarten legen vor der Geburt oder vor dem Eierlegen Höhlen und Nester an. Während wir dazu neigen, Vogelnester mit bald schlüpfenden Vogelbabys zu assoziieren, ist der Nestbau bei Säugetieren ein viel weniger bekanntes Verhalten, da es meist im Verborgenen stattfindet. Es gibt jedoch Berichte von Haushundebesitzern, dass ihre Hündinnen häufig gemütliche Räume aussuchen, Löcher in den Boden graben oder Tücher zerkleinern, um „Höhlen" für den Geburtsvorgang und die Jungenaufzucht vorzubereiten. Wir konnten bei frei lebenden Hündinnen in Indien beobachten, dass sie bevorzugt in „Höhlen" in der Nähe menschlicher Behausungen gebären. Da die perfekte Wahl des Wurfortes ein entscheidender Faktor für das Überleben von Welpen in der frühen Entwicklungsphase sein kann, haben wir im Zeitraum 2010 bis 2015 eine Studie durchgeführt, um die Vorlieben der Mutterhündinnen bei der Wahl der Wurfhöhle zu dokumentieren und zu verstehen (Sen Majumder et al., 2016). Die ausgewählten Lokalitäten der werdenden Streunermütter umfassten sowohl Wohn- als auch Gewerbegebiete und wurden scheinbar nach Bequemlichkeit und der Nähe zum Menschen ausgewählt. Insgesamt 148 solcher Wurfhöhlen wurden während dieser Studie lokalisiert.

SAISONALE WELPENAUFZUCHT

Zuallererst fiel uns auf, dass wir neugeborene Welpen nicht das ganze Jahr über sehen konnten. Das lässt auf ein saisonales Fortpflanzungsverhalten der Hunde schließen.

Sie bekommen ihre Jungen also bevorzugt zu bestimmten Jahreszeiten. Die meisten Wurfhöhlen entdeckten wir in der Zeit zwischen Oktober und März und konnten damit die Trächtigkeit oder Aufzuchtzeit unserer frei lebenden Hunde zeitlich genau definieren.

STANDORTE UND GRÖSSE

Die Wurfhöhlen waren dabei an allen möglichen Orten zu finden, auf offenen Feldern, an Straßenrändern bis hin zu Räumen in Gebäuden oder Anbauten, und zwar in unterschiedlichen Formen und Größen. Wir fotografierten die Höhlen, dokumentierten ihre Größe, ob sie dunkel oder hell waren und wie weit sie von Ressourcen wie Nahrung, Wasser und von Quellen menschlicher Störungen entfernt waren.
Anhand der verschiedenen Parameter quantifizierten wir die „Qualität" der Aufzuchtstelle und gaben jeder Höhle eine Bewertung. Unsere Analyse ergab etwas Überraschendes: **Die Mütter bevorzugten Höhlen, die ihnen Zugang zu menschlicher Nahrung durch Betteln ermöglichten.** Damit zogen sie die Nähe zum Menschen den Mülltonnen und Müllhalden vor, die zwar ein Garant für regelmäßige Nahrungszufuhr sind, aber eben auch mehr menschliche Störung aufweisen.
Eine einfache Korrelationsanalyse zeigte, dass die Höhlenqualität nicht mit der Größe des Wurfes in den jeweiligen Höhlen in Zusammenhang stand (siehe Grafik S. 110). Dies deutet darauf hin, dass die Mütter die Wurforte nicht basierend auf der zu erwartenden Wurfgröße auswählten. Insgesamt gab es viele Wurfplätze mit mittleren bis größeren Höhlen gegenüber weniger kleineren. Und dies unabhängig von der Wurfgröße, die zwischen einem und 13 Welpen schwankte. Dies würde zu dem offensichtlichen Schluss führen, dass die trächtigen Hündinnen sich der Größe des Wurfes, den sie zur Welt bringen würden, zum Zeitpunkt der Auswahl nicht bewusst waren.

ENTFERNUNG ZU RESSOURCEN

Weitere vielfältige statistische Analysen ergaben, dass die Entfernung der Höhle von Ressourcen wie Nahrung und Wasser für die Mütter anscheinend eine wichtige Rolle bei der Auswahl des Wurfortes spielte. Hündinnen mit großen Würfen (fünf oder mehr Welpen) schienen dabei weniger wählerisch zu sein, während Mütter mit kleinen Würfen (ein bis vier Welpen) Höhlen mit mittlerer Entfernung zu den Ressourcen bevorzugten und kleinere Höhlen hatten. Diese Beobachtung wirft zwei interessante Fragen auf:

1. Haben die trächtigen Hündinnen tatsächlich die Standorte „gewählt", und wenn ja,
2. hatten sie eine Vorstellung davon, ob sie kleine oder große Würfe erwarten?

VERSUCHSAUFBAU

Um diese Fragen zu beantworten, haben wir eine Studie durchgeführt, die sich auf trächtige Hündinnen konzentrierte. Zunächst identifizierten wir trächtige Hündinnen und folgten ihnen zweimal jeden zweiten Tag bis zum Werfen.
Jedes Mal, wenn eine dieser Hündinnen erschien, eine Höhle wählte und darin ruhte, wurde diese Höhle anschließend von uns inspiziert und alle Merkmale aufgezeichnet. Insgesamt haben wir 20 Weibchen auf diese Weise drei Aufzuchtphasen lang begleitet, 15 von ihnen versorgten uns mit Daten über einen Monat hinweg, während die anderen fünf innerhalb des ersten Beobachtungsmonats bereits ihre Welpen bekamen. Die auf diese Weise identifizierten Wurfhöhlen wurden für jede Hündin als erste Wurfhöhle (D1 = First Den), Zwischenwurfhöhle (ID = Intermediate Den) und finale Wurfhöhle (FD = Final Den) bezeichnet. Die Route, die jede Hündin während des Beobachtungszeitraumes zurücklegte, wurde auf einer Karte notiert und die Zeit

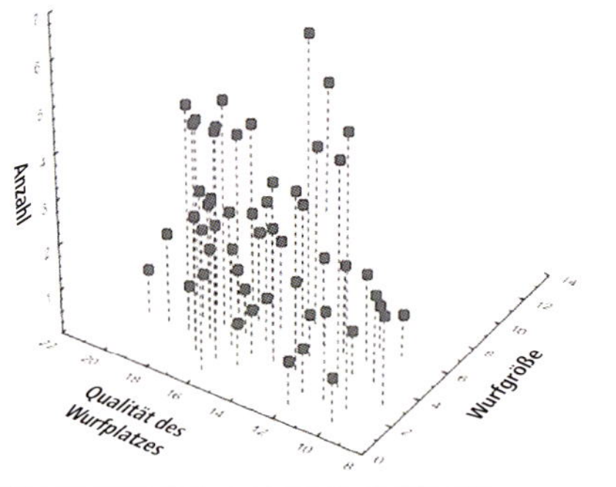

Verteilung der Höhlen mit verschiedener Wertigkeit zur Wurfgröße (148 Wurfhöhlen).

gemessen, die sie jeweils in der Höhle verbrachte. Die trächtigen Hündinnen besetzten zwei bis sechs Zwischenhöhlen und verbrachten vier bis 21 Tage in einer Höhle. Anhand der oben genannten Merkmale vergaben wir Punkte für die Qualität der unterschiedlichen Höhlen. Wir konnten signifikante Unterschiede in der Wertigkeit der ersten, Zwischen- und finalen Wurfhöhle feststellen (wir konnten beobachten, dass es eine Wertigkeitssteigerung nach diesem Ablauf gab: D1 < ID < DF, siehe Grafik unten).

Die Anzahl von Zwischenhöhlen, die eine trächtige Hündin besetzt hielt, war unabhängig von der Zeit, die ihr noch bis zum Wurftermin zur Verfügung stand.

Suche nach neuen Höhlen

Bei der täglichen Suche nach neuen Höhlen legten die trächtigen Hündinnen oftmals weite Strecken zurück (Mittelwert ± s. d. = 312.476 ± 182.034 m).

Die Differenz zwischen den Werten von der finalen zur ersten Höhle erhöhte sich mit dem Abstand zwischen den Höhlen, korrelierte aber nicht mit der Gesamtdistanz über die gesamte Beobachtungszeit unter Berücksichtigung der tatsächlichen Wege der Hündinnen. Die Differenz zwischen der ersten zur finalen Höhle stieg mit der Anzahl der Tage, die in den Zwischenhöhlen verbracht wurden. Der lineare Abstand zwischen der ersten und der finalen Höhle nahm mit zunehmender Entfernung bei der Suche zu, was darauf hindeutet, dass die trächtigen Hündinnen mit zunehmendem Suchaufwand geeignetere Höhlen fanden. Die meisten der endgültigen Höhlen hatten einen Wert von 17 oder 18, was darauf hindeutet, dass dies der optimale Wert für eine geeignete Wurfhöhle ist.

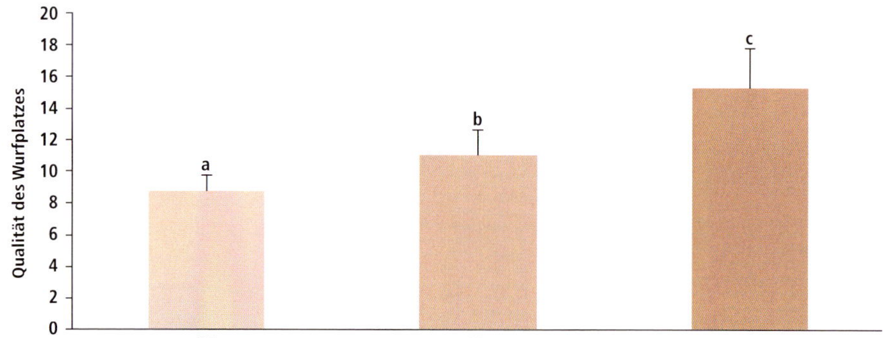

Durchschnittliche qualitative Abweichung von Wurfhöhlen von 15 trächtigen Hündinnen, die wir einen Monat lang vor dem Werfen bei der Suche nach einem Wurfplatz begleitet haben. Der helle Balken (D1) repräsentiert die Wertigkeit der ersten, der mittlere (ID) der zweiten und der dunkle (DF) der dritten von den Hündinnen inspizierten und besetzten Plätze.

AUS ALLER WELT – HUNDE LIEBEN HÖHLEN

Höhlen spielen nicht nur bei trächtigen Hündinnen und Neugeborenen eine Rolle, auch adulte Rüden und nicht trächtige Hündinnen suchen hin und wieder eine Höhle als Unterschlupf. In seltenen Fällen dienen selbst gegrabene Höhlen als dauerhafte Unterkunft. Bei dem „Tuscany Dog Projekt" (siehe auch S. 190 ff.) haben wir des Öfteren beobachten können, dass vereinzelte Hunde sich von der Gruppe gelöst haben und sich eine Zeit lang in sehr dichtes Gestrüpp zurückzogen. Das kam nicht regelmäßig vor, sodass wir den Eindruck hatten, dass es dem Hund vielleicht gerade nicht gut ging und er einfach mal ein bisschen für sich sein wollte.

Auch Haushunde suchen Schutz

Von unseren Haushunden kennen wir es bei starken Unsicherheiten oder Angstzuständen, wie z. B. bei Gewitter oder Silvester, dass sie den Schutz einer „Höhle" aufsuchen, das kann dann z. B. der offene Kleiderschrank sein oder sie kriechen unters Bett. Vielleicht fühlen die Hunde sich in diesen Situationen zurückversetzt in die Zeit der ersten drei Lebenswochen. Sie sind abgeschirmt von der Umwelt, spüren permanent die Nähe und die Wärme der Mutter und der Geschwister, durch die Enge ist immer Körperkontakt garantiert, sie brauchen sich um nichts zu kümmern und sind rundum versorgt. Eine herrliche Zeit der Geborgenheit.

Schutz in einer Box

Auch für einen Auslandshund kann eine „Höhle" in Form einer Box ein guter Rückzugsort sein, um den Stress, der hier auf ihn zukommt, besser zu bewältigen. Das Problem kann sein, dass beim Transport in sein neues Zuhause die Box negativ verknüpft wurde.
Mein Tipp: Bieten Sie Ihrem Hund eine Box an und warten Sie einfach ab, ob er sie nutzt. Wenn nicht, dann hat er entweder kein Interesse an einer Höhle oder er verknüpft sie noch negativ. In diesem Fall muss er langsam an die Box gewöhnt werden. Das geht natürlich nur positiv über Futter und Streicheleinheiten.

ERGEBNISSE DER STUDIE

Diese Studie konnte zeigen, dass trächtige Hündinnen aktiv nach einer geeigneten Höhle suchen und diese nach bestimmten Kriterien auswählen. In dieser von ihnen bevorzugten finalen Wurfhöhle richten sie sich dann unabhängig von der vorher besuchten Anzahl von potenziellen Aufzuchtorten ein und bringen dort ihre Welpen zur Welt.
Damit konnten wir beobachten, dass die Versorgung der Welpen durch die Mutter bereits vor dem Werfen beginnt, da die werdenden Mütter viel Zeit und Energie in den Prozess der Auswahl einer Wurfhöhle investierten. Ganz nebenbei offenbart unser Studienergebnis auch eine interessante Erkenntnis über die Dynamik der Beziehung zwischen Mensch und frei lebendem Hund. Denn anders als andere Wildtiere, die im städtischen Lebensraum ihre Jungen aufziehen, versteckten die Hündinnen ihre Welpen während der Aufzuchtphase nicht, sondern brachten sie sogar bevorzugt in der Nähe von Menschen zur Welt, manchmal sogar in Häusern. So ist der Mensch für frei lebende Hunde eine wichtige Ressource, nicht nur als Nahrungsquelle, sondern auch als Zufluchtsort. Die Hündinnen scheinen also genau zu erkunden, bei welchen Menschen sie sich sicher und gut versorgt fühlen könnten.

GEBURT

Die Daten aus der Studie und andere Erhebungen nutzten wir zusätzlich, um die Geburt von Welpen, bei der keine menschliche Betreuung vor Ort ist, besser verstehen zu können. Dabei wurde die Studie zeitlich in zwei Abschnitten durchgeführt; im ersten Teil wurden 108 Würfe (mit insgesamt 419 Welpen) beobachtet, während im zweiten Teil 55 Würfe (mit insgesamt 254 Welpen) analysiert wurden. Anhand der Daten aus den ersten 108 Würfen konnten wir die durchschnittliche Wurfgröße, das Geschlechterverhältnis bei der Geburt und die Überlebensrate bis zum Alter von sieben Monaten ermitteln. Mit sieben Monaten beginnt bei den ersten Jungtieren die Geschlechtsreife, es handelt sich also um das früheste Reproduktionsalter dieser Hunde (Paul et al., 2016). Der zweite Teil der Studie wurde erstellt, um die Gewichtsentwicklung der Welpen in den ersten zwei Wochen ihres Lebens begleiten und auswerten zu können.

Die Welpen wurden zwischen Oktober und Februar geboren, wobei die Anzahl der Welpen in der Population im Januar einen Höchststand erreichte. Damit konnte dieser Zeitraum als Aufzuchtzeit für die frei lebenden Hunde im indischen Bundesstaat Westbengalen festgestellt werden.

Die durchschnittliche Wurfgröße bei der Geburt betrug 3,98 ± 2 Welpen, die Geschlechterverteilung war 50:50 (Rüden zu Hündinnen – 1:1,04).

GEWICHT DER WELPEN

Wir haben von allen Welpen der Würfe das Gewicht ermittelt, indem wir sie vorsichtig einzeln in einen kleinen Plastikbeutel gelegt haben, in dem sie atmen konnten. Dann wurde der Beutel mit einer Federwaage gewogen. Dieses Unterfangen war nicht immer leicht, da die Hündinnen ihre Welpen besonders in dieser frühen Phase beschützen wollten – bei manchen gelang das Wiegen deshalb nicht unmittelbar nach der Geburt. Dadurch haben wir die Welpen zu wechselnden Zeitpunkten gewogen, zwischen dem zweiten und 14. Lebenstag. Das Gewicht der Welpen variierte während dieses Zeitraumes zwischen 180 und 490 Gramm. Passend zum Alter der Welpen konnten wir einen parallelen Anstieg des Gewichts mit dem Alter feststellen.

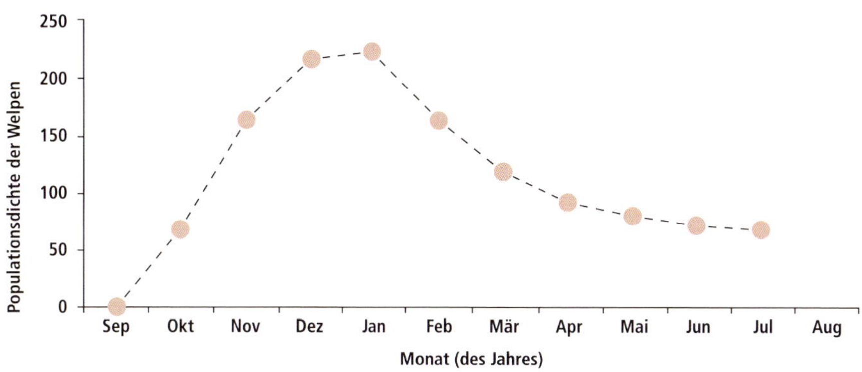

Zunehmende und durchschnittliche Anzahl von Welpen (Geburten, Todesfälle), die in jedem Jahr des Beobachtungszeitraumes (2010 bis 2015) gesehen werden konnten. Die meisten Welpen wurden im November geboren, im Februar verstarben die meisten. Die höchste Populationsdichte erreichten die Hunde im Januar, danach nahm sie wieder ab. Vor Oktober und nach Februar konnten wir keine Geburten verzeichnen.

Einfluss von Alter, Geschlecht und Wurfgröße

Zudem untersuchten wir, ob es einen möglichen Einfluss von Alter, Geschlecht und Wurfgröße der Welpen auf das Gewicht von neugeborenen Welpen geben könne. Dabei hatte erwartungsgemäß natürlich das Alter einen signifikanten Einfluss auf das Gewicht der Welpen, denn mit jeder Woche nahm ihr Gewicht deutlich zu. Geschlecht und Wurfgröße der neugeborenen Welpen hatten dagegen keinen nennenswerten Einfluss auf das Gewicht. Die schnelle Gewichtszunahme in den ersten zwei Lebenswochen wird durch das Wachstum bedingt, das natürlich nur durch Säugen beeinflusst werden kann. Die Versorgung mit Milch ist also das entscheidende Kriterium für das Überleben und Großwerden der kleinen Hunde, was für uns Forscher die Wichtigkeit der mütterlichen Betreuung in den Fokus gebracht hat.

FRÜHE ENTWICKLUNG

Diese Studie wurde hauptsächlich von unserer Kollegin Manabi Paul im Rahmen ihrer Doktorarbeit durchgeführt. Sie beobachtete dafür insgesamt 15 Gruppen von frei lebenden Hunden, die 22 Mutterhündinnen-Wurfeinheiten zwischen sich hatten, wobei mehrere der Gruppen mehr als eine säugende Hündin und ihre Nachkommen hatten. Die Gruppen wurden von der 3. bis 17. Woche des Welpenalters beobachtet. Wegen der sehr hohen Verteidigungsbereitschaft der Mutterhündinnen kurz nach der Geburt war es unmöglich, Daten in den ersten zwei Wochen zu sammeln. Zu dieser frühen Zeit der Entwicklung befinden sich die Welpen immer in den Höhlen und werden ständig von der Mutter bewacht. Manabi Paul beobachtete jede Gruppe für zwei Morgen- (09.00 bis 12.00 Uhr) und zwei Abendsitzungen (14.00 bis 17.00 Uhr) über zweiwöchige Blöcke hinweg. Diese Studie ergab einige interessante Einblicke in die Dynamik zwischen Welpen, ihren Müttern und den anderen Mitgliedern der Gruppe, die ich im Folgenden besprechen möchte.

ZUWENDUNG, PFLEGE, ENERGIE

Als Zuwendung oder Pflege gilt jedes Verhalten der Mutter, das die Überlebenschancen der Welpen erhöhen kann. Die Pflege kann von der Mutter oder einem anderen Erwachsenen übernommen werden. Ein Ethogramm des aktiven Fürsorgeverhaltens ist in der oberen Tabelle rechts enthalten. **Energie ist die Währung der lebenden Welt und lässt sich kaum am Verhalten messen.** Daher wird die Schätzung der Zeitbudgets von Individuen und/oder Arten verwendet, um die Investition in verschiedene Verhaltensweisen vergleichend zu verstehen. Der Anteil der Zeit, die ein Tier in ein bestimmtes Verhalten investiert, wird verwendet, um seinen Zeitaufwand für dieses Verhalten zu berechnen. Wir ermittelten die Betreuungszeit durch die Hündinnen aus der Gesamtdauer der Beobachtungen pro Woche. So wurde die Summe aller fürsorglichen Tätigkeiten berücksichtigt als Zeit, die die Mutter damit verbracht hat, ihre Welpen aufzuziehen. Diese Zeitdauer wurde als „Totale Pflegezeit“ bezeichnet.

ART DER MÜTTERLICHEN BETREUUNG

Sie war abhängig vom Alter des Welpen und der aktuellen Wurfgröße. In der dritten Lebenswoche der Welpen widmeten die Mütter 72 Prozent (± 25 %) ihrer gesamten Zeit der Pflege ihrer Welpen, und die Investitionen sanken mit zunehmendem Alter der Welpen. Eine Verringerung der mütterlichen Pflegeintensität war auch bei unterschiedlich großen Würfen zu beobachten, unabhängig vom Alter des Welpen: So erhielten kleinere Würfe viel mehr Pflegezeit als große Würfe.

☞ ETHOGRAMM AKTIVES FÜRSORGEVERHALTEN

CODE	VERHALTEN	BESCHREIBUNG DES VERHALTENS
AG	Allo Grooming	Säubern durch Weglecken von Schmutz und Parasiten
CK	Lactation	Hinlegen oder still stehen, damit die Welpen trinken können
EF	Eat fecal matter	Fressen des Kots der Welpen, um die Wurfhöhle sauber zu halten
OF	Offer food	Die Hündin bringt den Welpen Futter, das sie durch Betteln oder Nahrungssuche gefunden hat, lässt es auf den Boden fallen und erlaubt den Welpen, es zu fressen.
PL	Play	Individuen zeigen Verhaltensweisen wie die Vorderkörpertiefstellung, wedeln mit der Rute, spielerisches Schnappen, fröhliches Hüpfen und Herumrollen.
PS	Pile sleep	Die Individuen schlafen übereinander, um maximalen Körperkontakt zu haben.
PU	Pile up	Die Individuen ruhen übereinander, um maximalen Körperkontakt sicherzustellen.
TH	Threat	Die Individuen zeigen aggressive Verhaltensweisen wie eine hoch getragene Rute und nach vorne gestellte Ohren, zeigen Zähne, machen die Beine steif, geben ein tiefes Knurren von sich und starren den Signalempfänger für längere Zeit an. Wenn dieses Verhalten gezeigt wird, um Welpen oder Jungtiere zu schützen, wird es als Fürsorgeverhalten eingestuft.
VM	Vomit	Hervorwürgen vorverdauter Nahrung aus dem Magen, um die Welpen zu ernähren

☞ ETHOGRAMM PASSIVES FÜRSORGEVERHALTEN

CODE	VERHALTEN	BESCHREIBUNG DES VERHALTENS
DW	Drink water	Die Individuen trinken Wasser aus Quellen wie Pfützen, Wassertonnen, Eimern etc.
ET	Eating food	Die Individuen fressen feste oder halbfeste Nahrung.
FS	Food search	Die Individuen wandern auf der Suche nach Futter herum (dabei nutzen sie visuelle, geruchliche und taktile Hinweise).
GR	Groom	Die Individuen säubern sich selbst von Dreck und Parasiten durch Lecken.
LG	Scratching by legs	Die Individuen nutzen ihre Pfoten, um sich sitzend oder stehend zu kratzen.
LI	Licking	Die Individuen lecken sich übers Fell, um es sauber zu halten.
OT	Resting/standing/ lazing	Die Individuen sitzen, stehen oder liegen und bleiben mindestens zwei Minuten an einem Ort.

Für jedes Verhalten werden Buchstabenkürzel genutzt, um die Verhaltensbeschreibung zu beschleunigen.

Aktives Fürsorgeverhalten = direkte soziale Interaktion zwischen der Mutter oder anderen Aufpassern und den Welpen

Passives Fürsorgeverhalten = individuelle Aktionen der Betreuer, die aber in direkter Umgebung zu den Welpen gezeigt wurden und dadurch den Jungtieren ermöglichten, Zeit mit den erwachsenen Hunden zu verbringen und Schutz durch diese zu erfahren

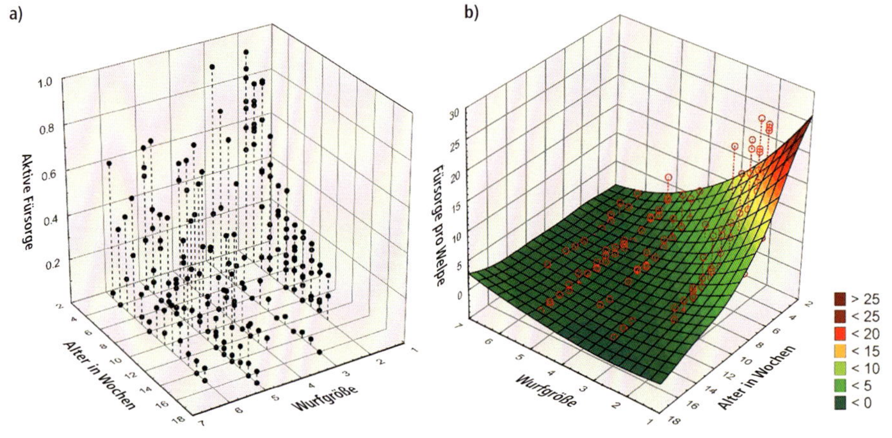

Kombinierter Effekt von Alter der Welpen, der Wurfgröße und der Fürsorgezeit durch die Mutter. (a) zeigt die Welpenbetreuung aus der Perspektive der Mutterhündin: In Anbetracht des Alters und der Anzahl der Welpen schwankt ihre Betreuungsintensität. (b) zeigt die Proportionen der aktiven Fürsorge, die jeder Welpe zu bestimmten Zeiten seines Wachstums erhalten hat, je nach Anzahl von Geschwistern. Die dunkelgrünen Gebiete zeigen das Minimum, und die dunkelroten das Maximum an Zuwendungszeit.

In der dritten Lebenswoche bestanden fast 76 Prozent der von den Müttern gezeigten Gesamtpflege aus aktiver Pflege (energieintensive Pflege). Mütter mit kleinen Würfen zeigten die höchste aktive Betreuung in den frühen Phasen der Welpenentwicklung. Im gleichen Alter der Welpen nimmt die Pflege jedoch mit zunehmender Wurfgröße ab, was darauf hindeutet, dass die Mütter ihre Investition in die aktive Pflege entsprechend auf die Anzahl der Welpen verteilten (siehe Grafik oben). Dies deutet auf einen Wettbewerb um die Betreuung der Mutterhündin unter den Welpen in den frühen Entwicklungsstadien hin, der die Dynamik innerhalb der Gruppe in späteren Entwick-

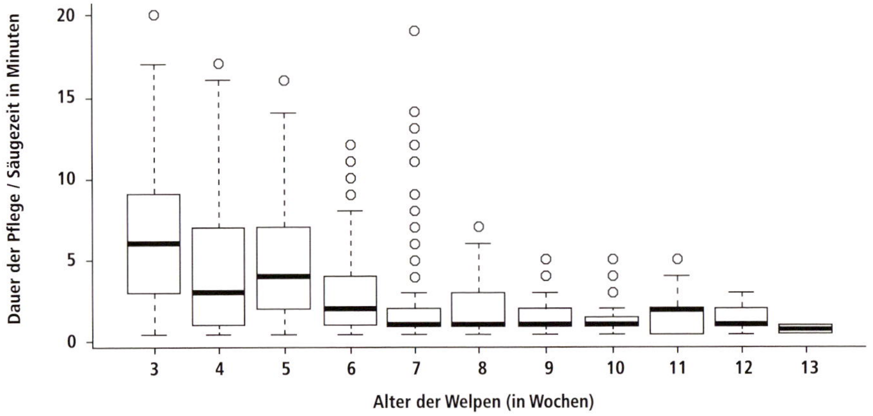

Die Säuge- bzw. Nuckeldauer ist länger, wenn die Welpen sehr jung sind.

lungsstadien beeinflussen dürfte. Dies wurde auch durch die Schätzung der aktiven Pflege pro Welpe in jedem Wurf bestätigt. Welpen mit weniger Geschwistern erhalten in der Regel in ihren frühen Lebensphasen einen höheren Einsatz an aktiver Betreuung seitens der Mutterhündin.

Pflegeverhalten

Das Pflegeverhalten umfasst ein breites Spektrum an aktivem und passivem Verhalten (siehe Ehtogramm S. 115). So ver bringen die Mütter viel Zeit mit Lecken, Säubern und Säugen, aber sie spenden auch Wärme oder ruhen in den ersten Wochen bei ihren Welpen. Die aktive Pflege aber ist für das Überleben der Nachkommen unerlässlich. Daher haben wir die Investition der Mutter in die Pflege gezielt analysiert.

Säugezeit

Die Mütter investierten in der dritten Woche des Welpenalters 18 Prozent (± 9,28 %) ihrer gesamten Zeit ins Säugen. Diese Zeit nahm mit zunehmendem Alter des Welpen ab und hörte in der 13. Woche vollständig auf. Die Welpen verbrachten in der dritten Lebenswoche 15 Prozent (± 9,25 %) ihrer gesamten Zeit damit, bei ihren Müttern zu trinken. Dieser Unterschied des Zeiteinsatzes vonseiten der Mutterhündin und der Welpen für das Nähren ist auf den Wettbewerb zwischen den Geschwistern während des Säugens zurückzuführen. Es gab keine signifikanten Unterschiede im Pflegeeinsatz zwischen den Hündinnen für gleichaltrige Welpen, und es gab keine Hinweise auf eine bevorzugte Behandlung durch die Mutterhündinnen gegenüber einzelnen Welpen während der Säugezeit.

Die Rate (Häufigkeit pro Stunde) der Pflege, die den Jungtieren während des Säugens zuteil wurde, regelten die Mütter durch eine Kombination aus Welpenalter und der Wurfgröße. Und obwohl die Mütter unparteiisch in der Zeit des Säugens und Pflegeeinsatzes waren, konnten Welpen sich durch Rivalität untereinander einen Vorteil verschaffen und die eigene Milchzufuhr erhöhen. Wie durch die „Eltern-Kind-Konflikt-Theorie" (Trivers, 1974, siehe S. 118) vorhergesagt, nahm die Dauer des Säugens mit steigendem Alter des Welpen ab, was auf das verminderte Interesse der Mütter hindeutet, ihren Welpen Milch anzubieten. Parallel dazu forderten die Welpen das Säugen jedoch verstärkt ein.

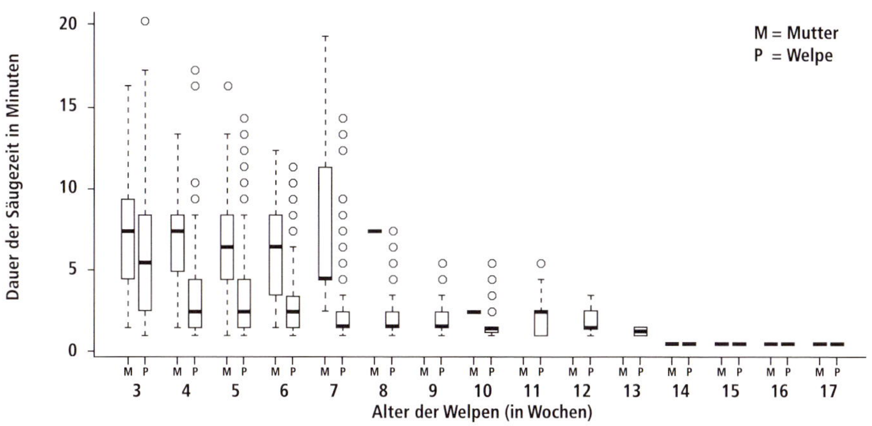

Hier zeigt sich der klassische Eltern-Kind-Konflikt: In den ersten Lebenswochen geht die Säugeinitiative häufig von der Mutter aus (M), am Ende der Säugezeit fordern die Welpen das Trinken immer mehr ein (P). Anzahl der beobachteten Würfe: 11.

In vielen Fällen werden die Welpen auch von Verwandten gepflegt und versorgt.

ELTERN-KIND-KONFLIKT-THEORIE

Der US-Sozio- und Evolutionsbiologe Robert Trivers entwickelte 1974 die Theorie, nach der es zu einem Interessenkonflikt zwischen Eltern und Kindern um die Höhe des Elternaufwandes kommt. Hintergrund ist die Evolutionstheorie, nach der ein so energieintensives Verhalten wie das Aufziehen von Nachwuchs für die Eltern in Bezug auf mögliche zukünftige Kinder und deren unmittelbares Überleben ausgewogen sein muss. Der Elternaufwand wird als jedes Verhalten definiert, das dazu dient, den Elternaufwand zu verringern bei gleichzeitiger Erhöhung der Fitness für die Kinder.

Dauer und Menge der Investition

Eltern streben demnach danach, die Zahl ihrer Kinder zu erhöhen, die Kinder dagegen die maximale Pflegeleistung zu empfangen, um sich später selbst erfolgreich fortpflanzen zu können. Daraus ergibt sich ein Interessenkonflikt um die Dauer und Menge der Investition, die Eltern zu leisten bereit sind. Trivers' Modell sagt voraus, dass Kinder manipulativ vorgehen, um mehr Pflegeaufwand zu erhalten, aber auch Eltern Strategien entwickeln, um sich davor zu schützen.

Effizienzsteigerung

Die Abnahme der Häufigkeit und Dauer des Säugens könnte aber auch darauf zurückzuführen sein, dass die Welpen ihre Effizienz beim Saugen steigerten. Um diese Frage beantworten zu können, haben wir die Welpen identifiziert und gemessen, wie häufig sie die Initiative ergriffen und das Saugen bei der Mutter einforderten. So konnten wir feststellen, ob und wie oft das Saugen von den Müttern angeboten oder von den Welpen eingefordert wurde. Diese Anteile an Angebot und Nachfrage haben wir für jede Woche festgehalten. Dabei kam heraus, dass der Anteil des von der Mutter initiierten Säugens mit dem Alter der Welpen weniger zu werden schien. Parallel steigerten die Welpen die Vehemenz, mit der sie ihre „Milchportion" einforderten.
So trugen sowohl der steigende Einsatz der Welpen, trinken zu wollen, als auch das reduzierte Interesse der Mutter am Säugen zu einer Veränderung des Pflegeverhaltens bei. Wir konnten feststellen, dass die Hündinnen dabei ihre Investitionen in die elterliche Pflege aktiv ausbalanciert haben, indem sie mit zunehmender Wurfgröße ihren Aufwand auf die Anzahl der Welpen verteilten und zusätzlich ihre Saugzeit und den Pflegeeinsatz bei den älter werdenden Welpen reduziert haben (Paul und Bhadra, 2016).

GEMEINSCHAFTSFAMILIEN INDISCHER STREUNER

Da die von uns begleiteten Mutterhündinnen zu größeren Hundegruppen gehörten, umfassten unsere Beobachtungen auch Interaktionen zwischen allen anderen Rudelmitgliedern. Dies ergab eine interessante Dynamik zwischen den Welpen und den anderen Hunden der Gemeinschaft, zu denen sowohl andere Welpen als auch erwachsene Hunde gehörten. Die wichtigste Wechselwirkung zwischen den untersuchten Welpen und Erwachsenen war die „alloparentale Pflege", also das Pflegeverhalten, das nicht die eigene Mutterhündin, sondern ein anderer erwachsener Hund zeigte.

UNTERSTÜTZUNG DER VERWANDTSCHAFT

Wir beobachteten Aufzuchtsengagement von Nicht-Müttern in 19 der 23 Würfe (Alloparentalismus). Bei 10 dieser 19 Würfe mit gemeinschaftlichem Fürsorgeverhalten wurden die Welpen neben der Mutterhündin sowohl von Rüden als auch anderen Hündinnen der Gruppe mitversorgt.
Der Pflegeeinsatz von Rüden und Hündinnen für die Welpen einer anderen Mutterhündin wurde in jeweils 14 Würfen beobachtet. Die allumfassende Betreuung wurde dabei hauptsächlich (zu 93 %) von weiblichen Verwandten der Welpen gezeigt; die Verwandtschaft konnte durch die Langzeitbeobachtung ermittelt werden. Bei einem einzigen Wurf gab es sogar mehrere „Hilfsmütter", dabei handelte es sich um Großmütter, Tanten oder Geschwister aus früheren Würfen.
Alle Rüden, die sich in der Welpenaufzucht engagierten, hatten sich während des vorangegangenen Östrus mit der Mutterhündin verpaart. Da die von uns beobachteten Hunde jedoch ein promiskuitives Paarungssystem (es gibt keine fest verpaarten, monogamen Leittiere) praktizierten, reichte diese Paarung nicht aus, um die Vaterschaft der Welpen sicher festzustellen. Einen Sonderfall konnten wir beobachten, in der die Welpen nur durch ihre Großmutter und den potenziellen Vater aufgezogen wurden, da ihre biologische Mutter einen Tag nach der Geburt bei einem Unfall ums Leben gekommen war.

AUFZUCHT FREMDER WELPEN

Das weibliche Engagement in der Aufzucht „fremder" Welpen, insbesondere wenn es das Säugen einschließt, verursacht der Betreuerin hohe Kosten für ihren Stoffwechsel und Energiehaushalt (in Bezug auf die Laktation, also Milchproduktion).

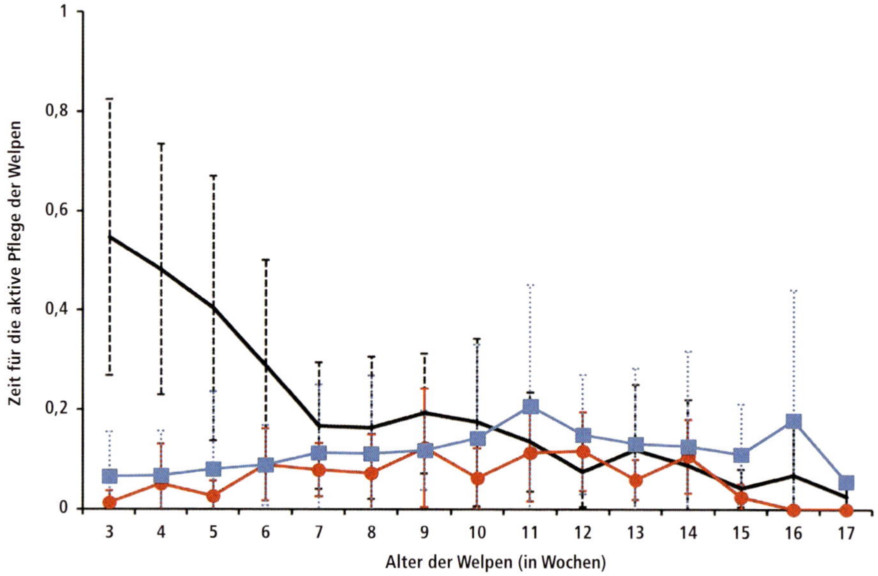

Veränderung der aktiven Fürsorgezeit durch die Mutter (schwarze Linie), durch den potenziellen Vater (blaue Linie) und weitere weibliche Betreuer aus der Gruppe (rote Linie).

Häufig wurden Welpen ab der dritten Lebenswoche zusätzlich von weiteren Hündinnen der Gruppe mitgesäugt, aber das Niveau dieser Betreuung war deutlich niedriger als die Versorgung durch die Mutter. Doch das änderte sich mit jeder weiteren Lebenswoche der Welpen – die „Fremdbetreuung" nahm zeitlich konstant zu und erreichte ihren Höhepunkt zwischen der 9. und 10. Lebenswoche der Welpen. Danach nahm mit weiter zunehmendem Alter der Welpen auch die Pflegeintensität der „Fremdbetreuer" wieder ab. Genau wie die mütterliche Pflege war auch die aktive Pflege, die sowohl von Rüden und anderen Hündinnen gezeigt wurde, also abhängig vom Alter der Welpen. Doch im Gegensatz zur Betreuung durch die Mutterhündin investierten die „Helfer" ihre Energie unabhängig von der Wurfgröße. Interessanterweise war die Betreuung der Welpen durch andere Hunde zwar deutlich geringer als der Einsatz der Mutter, aber die vermeintlichen Väter der Welpen engagierten sich ab der dritten Woche vergleichbar intensiv wie die Mutterhündinnen.

ARBEITSTEILUNG DER ELTERNTIERE

Die Mutterhündinnen und mutmaßlichen Vaterrüden schienen ähnliche Investitionen in das Pflegeverhalten zu zeigen, budgetierten aber ihre Zeit anders. In den ersten drei Wochen der Beobachtungen (dritte bis fünfte Woche des Welpenalters) bestanden 76 bis 86 Prozent der aktiven mütterlichen Betreuung aus Säugen, Lecken und gemeinsamem, wärmespendendem Ruhen. Mit zunehmendem Alter und ansteigender Aktivität der Welpen ersetzten nach und nach Spielen und Beschützen dieses Verhalten der Mutterhündinnen (siehe Abbildung a). Die potenziellen Vaterrüden engagierten sich während des gesamten Beobachtungszeitraums hauptsächlich im Spielen mit dem Nachwuchs, gleichzeitig zeigten sie ein aktives Schutzverhalten bei angenommener Bedrohung. Beide Verhaltenskomplexe nahmen 69 Prozent (± 12 %) ihrer Betreuungszeit ein (siehe Abbildung b). **So scheint es, dass die Mutterhündinnen ihre Welpen**

hauptsächlich gesäugt und gepflegt haben, während Väter sich anscheinend fürs Spielen und Beschützen verantwortlich fühlten. Diese Aufteilung deutet auf eine gewisse Arbeitsteilung in der Pflege hin, die bei Würfen innerhalb kleiner Gruppen oder bei Einzelweibchen nicht möglich wäre.

VORTEILE FÜR DIE GEMEINSCHAFT

Wir konnten auch dokumentieren, wie die potenziellen Vaterrüden vorverdaute Nahrung für die Welpen hervorwürgten – ein Verhalten, das bei den säugenden Mutterhündinnen häufig beobachtet werden kann, sobald die Welpen die fünfte Lebenswoche erreicht haben.

Die Unterstützung bei der Aufzucht erforderte von allen Beteiligten also zusätzliche Kosten, doch mit Blick auf die Gemeinschaft könnte das Engagement Sinn machen: In einer Population, die von einer hohen Welpensterblichkeit besonders in den ersten Wochen betroffen ist, kann die gegenseitige Unterstützung bei der Aufzucht auch Helfer*innen umfassende Fitnessvorteile bieten. So könnte jede zusätzliche Betreuung der Welpen dazu beitragen, ihre Überlebenswahrscheinlichkeit zu erhöhen. **Die gemeinschaftliche Betreuung verwandter Welpen ist also letztendlich eine stabile Strategie für die Art, denn wenn sich die Überlebenschancen der Welpen erhöhen, bietet dieses Verhalten der Mitversorgung einen großen Vorteil für das gesamte Gruppenleben.**

EGOISTISCHE WELPEN

Doch auch die Welpen bleiben nicht untätig, sie nehmen ihr eigenes Überleben scheinbar früh selbst „in die Pfote". Wir konnten Fürsorgeverhalten durch andere Gruppenmitglieder von dem Moment an beobachten, in dem die jungen Hunde damit begannen, ihre Wurfhöhlen zu verlassen. Durch diese Kontaktaufnahme wuchsen sie in die Gruppe hinein und lernten die anderen erwachsenen Individuen kennen. Während die Beschäftigung der anderen erwachsenen Hunde mittels Spiel, Beschützen oder auch Lecken für uns nicht so überraschend war, hat uns das Säugen durch andere Hündinnen bei den ersten Beobachtungen sehr erstaunt.

Das Säugen ist für eine Hündin energetisch sehr kostspielig und durch das „Fremdsäugen" könnte für ihre eigenen Welpen weniger Milch übrig bleiben. Diese spannende, für uns unerwartete Beobachtung führte deshalb zu einer detaillierten Analyse des Verhaltens.

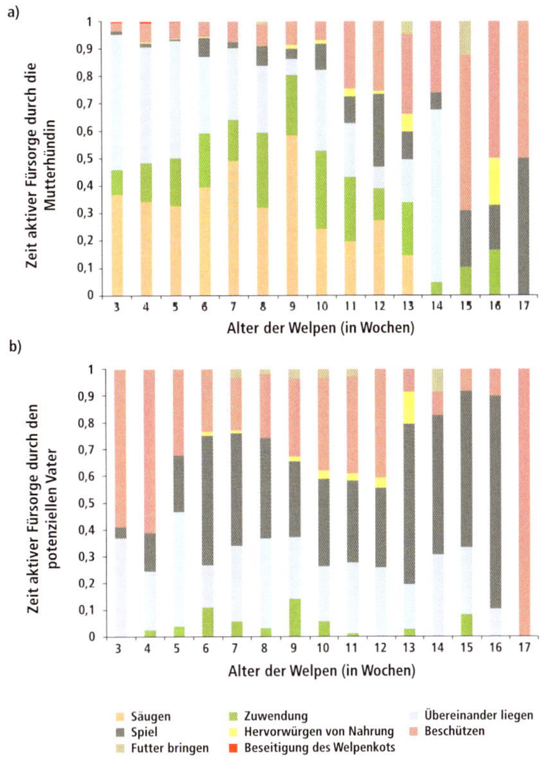

a) Aufteilung der Zeit der Mutterhündin für die Betreuung der Welpen in den ersten Lebenswochen. b) Art und Weise des fürsorglichen Engagements des potenziellen Vaterrüdens über den Zeitraum der ersten Lebenswochen der Welpen.

ANALYSE DES FREMDSÄUGENS

Bei elf Mutter-Wurf-Einheiten wurde für jeden Zeitraum der Säugezeit die Identität der „Hilfsmütter“ und der saugenden Welpen und der jeweilige Zeiteinsatz des Säugens festgehalten. Parallel dazu erhoben wir eine ähnliche Analyse für den „Säugeeinsatz“ der „echten“ Mutterhündin, sodass wir die beiden Datensätze anschließend vergleichen konnten.

In neun der elf Mutter-Wurf-Einheiten beobachteten wir eine hohe Anzahl des „Fremdsäugens“ (594 Ereignisse), und in acht dieser neun Einheiten war die säugende Hündin mit den Welpen verwandt. Sämtliche Saugaktionen (100 %) wurden von Welpen initiiert, unabhängig von ihrem Alter. Das bedeutet, dass die Aktion in keiner Situation freiwillig von den „Leihmüttern“ ausging. Die meisten Fälle des „Fremdsaugens“ wurden von den Hündinnen beendet, auch dies wieder unabhängig vom Alter der Welpen.

Die durchschnittliche Säugedauer betrug bei den Müttern 3,2 Minuten (± 2,3 Minuten), bei den „Leihmüttern“ 1,5 Minuten (± 0,8 Minuten). Die Dauer des Säugens der „echten“ Mütter war über den gesamten Beobachtungszeitraum also signifikant länger. Interessanterweise änderte sich diese unterschiedliche Dauer während der Entwöhnungszeit (7. bis 13. Woche): In dieser Phase durften die Welpen bei ihren Müttern und den anderen milchgebenden Hündinnen der Gruppe gleich lange trinken, was darauf hindeutet, dass die echten Mütter ihre Welpen bis zum Beginn der Entwöhnung freiwillig gesäugt haben, aber danach versuchten, das Säugen über die 7. Woche hinaus stetig zu reduzieren. Die Initiative des Säugens ging jedoch niemals von den „Fremdmüttern“ aus, sodass man sagen kann, dass sie Opfer eines „Milchdiebstahls“ wurden. Diese Studie ist der erste Bericht über „Milchdiebstahl“ bei Kaniden (Paul & Bhadra, 2017).

SPIELKAMERADEN IN DER FAMILIE

Welpen verbringen viel Zeit mit Schlafen und Spielen. In den ersten Wochen der Entwicklung schlafen sie oft zusammen, umeinander verschlungen und übereinander gestapelt. Manchmal schläft auch die Mutter mit ihren Welpen auf diese Weise, und wir nennen dieses Verhalten Stapelschlaf. Es ist wahrscheinlich, dass Stapelschlaf den Welpen dabei hilft, warm zu bleiben und soziale Bindungen zwischen den Geschwistern aufzubauen. Es konnte hingegen nicht beobachtet werden, dass nicht verschwisterte Welpen aus der gleichen Gruppe sich beim Stapelschlaf durchmischten.

BEDEUTUNG VON SPIEL

Das am leichtesten wahrnehmbare Verhalten von Welpen ist das Spiel. Junge Säugetiere sind dafür bekannt, sich recht intensiv mit Spielen zu beschäftigen, und das Spiel hat sich in der Entwicklungsphase bei vielen Arten als äußerst wichtig erwiesen (Burghardt, 2005; Groos, 1898;

Streunerwelpen spielten bevorzugt mit Geschwistern aus dem gleichen Wurf.

Nunes, 2014; Shimada & Sueur, 2014). Zum einen hilft Spiel, soziale Bindungen zwischen Individuen, insbesondere zwischen Wurfgeschwistern, zu entwickeln. Zum anderen wird es genutzt, um Hierarchien innerhalb der Gruppe zu etablieren (Bekoff, 1974). Sozialspiel ist bei der Ausbildung von Fähigkeiten nützlich, die erwachsene Tiere brauchen, um erfolgreich zu jagen, Konflikte zu lösen, zu kämpfen und sich zu paaren (Pellegrini et al., 2007; Smith, 1982). Auch bei erwachsenen Hunden wird häufig noch Spiel zwischen vertrauten Individuen beobachtet. Dies gilt als „neotenisches" (Neotenie = dauerhafte Verjugendlichung) Merkmal, das stark mit Domestikation verbunden ist (Bradshaw et al., 2015).

BEVORZUGTE SPIELPARTNER

Bei der Analyse des Spielverhaltens in allen oben genannten Gruppen von frei lebenden Hunden konnten wir feststellen, dass die Welpen 36,58 Prozent (± 27,22 %) ihrer aktiven Zeit mit Spielen verbrachten. Bevorzugte Spielpartner waren dabei ihre Wurfgeschwister, gefolgt von anderen Welpen in der Gruppe. Ihre Mütter forderten die Welpen viel seltener häufig zum Spielen auf, anscheinend wurden besonders andere Welpen als Spielgefährten betrachtet. Auch andere erwachsene Hunde der Gruppe waren für die Welpen viel seltener als Spielpartner interessant. Für 18 Würfe konnten wir eine Analyse der sozialen Verbindungen hinter den Spielverpaarungen machen. Dies offenbarte „enge Verbindungen" innerhalb der Gruppe, die hauptsächlich aus den Wurfgeschwistern bestanden. **Die Tatsache, dass die Wurfgeschwister bevorzugt miteinander spielen, gefolgt von anderen Welpen in der Gruppe, deutet darauf hin, dass das Spiel ein sehr wichtiges Sozialverhalten sein könnte, das hilft, soziale Beziehungen im frühen Leben aufzubauen.**

Das Spielverhalten in der Welpenzeit könnte damit einen entscheidenden Einfluss auf die soziale Dynamik der Gruppe im Erwachsenenalter haben. Deshalb sollten ähnliche Studien durchgeführt werden, um die Bedeutung des Spiels innerhalb einer Gruppe besser zu verstehen.

EGOISTISCHE MÜTTER

Bei unseren Beobachtungen zur elterlichen Fürsorge konnten wir während der 9. bis 10. Woche einen seltsamen Maximalwert im Pflegeverhalten der Mütter beobachten. Wir wurden neugierig und widmeten uns einer detaillierten Analyse der Pflege vonseiten der Mutterhündin und was die Welpen tatsächlich an Zuwendung erhalten. Die Auswertung der Beobachtungen ergab, dass sich die Mütter in den ersten Wochen der Welpenentwicklung länger und häufiger dem Säugen gewidmet hatten. Nach der 7. Woche nahm die Häufigkeit und Dauer der von der Mutter initiierten Zuwendung kontinuierlich ab. Allerdings begannen die Welpen zeitgleich damit, Fürsorge und Milch aktiv von ihren Müttern einzufordern. Die Mütter ihrerseits beendeten ab dieser Phase immer häufiger das Säugen. Damit könnte der merkwürdige zeitliche Höhepunkt in der Pflege zwischen der 9. und 10. Woche durch den Interessenkonflikt zwischen Welpen und Mutterhündinnen erklärt werden: Die Welpen forderten weiterhin Milch ein, die Hündinnen dagegen wollten ihren Nachwuchs entwöhnen, was in einer ständigen Auseinandersetzung zwischen den beiden Parteien und damit mit einem erhöhten, wenn auch negativen Kontaktaufwand endet.

War das Futter im Test sehr hochwertig, dann teilten die Mütter nicht, sondern beanspruchten alles für sich.

Diese Beobachtung passt zur bereits erwähnten Konflikttheorie zwischen Eltern und Nachkommen, die einen Konflikt während der Entwöhnungsphase zwischen Müttern und ihren Nachkommen vorhersagt (siehe S. 118). Diese Auseinandersetzung ist auf unterschiedliche Interessen zurückzuführen: Die Welpen möchten ihren Überlebensvorteil maximieren, während die Mutterhündin Kräfte sparen möchte für ihr eigenes Wohlergehen und das ihrer zukünftigen Welpen (Trivers, 1974).

KONKURRENZ UM FUTTER

Noch bevor wir genügend Daten gesammelt hatten, die uns zeigen konnten, ob es bei den Hunden einen Entwöhnungskonflikt gibt, konnten wir eine weitere für diesen Zusammenhang interessante Beobachtung machen: Die Mütter neigten ab der 9. bis 10. Woche dazu, mit ihren Welpen um das Futter zu konkurrieren, das ihnen von Menschen angeboten wurde. Bis dahin hatten sie ihnen immer erlaubt, sich auch von dem Fressen zu nehmen. Doch diese Einstellung änderte sich zeitgleich mit der Entwöhnung von der Muttermilch. Anwohner waren meistens besonders Mutterhündinnen und ihren Welpen gegenüber positiv eingestellt und haben die „Hundefamilien“ deshalb großzügiger mit Nahrung versorgt als andere erwachsene Hunde der Gruppen. Deshalb vermuteten wir, dass die Mütter die Möglichkeit haben würden, ihren Energieverlust durch das Säugen über die in großen Mengen bereitgestellte Nahrung des Menschen wieder aufzufüllen, solange die Welpen jung sind. Es wäre jedoch auch in ihrem Interesse, den Welpen ebenfalls die Möglichkeit zu geben, sich vom Futter zu ernähren, um damit die Überlebenschancen ihrer Kinder zu erhöhen. Um hier Klarheit zu bekommen, testeten wir in einem Experiment die „Selbstlosigkeit“ der Mütter: Würden sie das Essen mit ihren Welpen teilen oder darum mit ihren Welpen konkurrieren?

Versuchsaufbau mit einer minderwertigeren Nahrung

Unser Versuchsplan war einfach. Jeder Mutter-Wurf-Einheit wurde vom Versuchsleiter Nahrung angeboten und ihre Reaktionen mit einem Rekorder aufgezeichnet. Es wurde ein Keks oder ein Stück Brot verwendet, und die Anzahl der pro Versuch angebotenen Stücke entsprach der Gruppengröße (Mutter und Welpen). So erhielt eine Gruppe, die z. B. eine Mutter mit zwei Welpen hatte, drei Stück Nahrung. Das Experiment wurde über acht Wochen hinweg zweimal pro Woche für jede Gruppe durchgeführt. Wir zählten während des Experimentes jeweils die Reaktionen der Mütter gegenüber ihren Welpen: Teilten sie das Futter mit den Welpen (Kooperation) oder beanspruchten sie alles für sich (Konflikt)? In der Auswertung der Zahlen konnten wir eine stetige Zunahme des Konfliktverhaltens vonseiten der Mutter ab der 8. bis zur 15. Woche dokumentieren. Erst später zeigten die Zahlen aus unseren Beobachtungen zur mütterlichen Fürsorge, dass genau dieser Zeitraum das Fenster des Entwöhnungskonflikts widerspiegelt (Paul et al., 2017). So haben die Zahlen der verschiedenen Studien am Ende ein stimmiges Bild ergeben.

Versuchsaufbau mit einer hochwertigen Nahrung

Doch die Kekse und das Brot waren kohlehydratreiche Nahrung und wir fragten uns, ob das Ergebnis des Experimentes anders ausgefallen wäre, wenn es sich um attraktiveres Futter wie z. B. Fleisch gehandelt hätte (Bhadra & Bhadra, 2014; Bhadra et al., 2016). Mutterhündinnen müssen einen Teil des Fressens in Milch umwandeln, die wiederum den Welpen als Nahrung dient. Fleisch ist eine heiß begehrte Leckerei für die Hunde und besonders für säugende Mutterhündinnen, aber auch für heranwachsende Welpen eine energiereichere Nahrungsquelle.

Bevor wir den Versuch begannen, simulierten wir mögliche Optionen, wie die Mutterhündin sich verhalten könnte, wenn sie mit Fleisch statt Keksen oder Brot versorgt werden würde.

— Würde sie sich altruistisch zeigen und bis zu einem bestimmten Alter großzügig das Fleisch mit ihrem Nachwuchs teilen?
— Oder wäre der Energiegewinn oder die Gier zu groß und sie würde die egoistische Strategie wählen und nur sich und ihre zukünftigen Welpen im Blick haben?

Um hier Antworten zu erhalten, wiederholten wir das Experiment dieses Mal mit Hühnerstücken. Die Ergebnisse zeigten deutlich, dass sich Mütter „egoistisch" verhalten, sogar etwas mehr als wir gerne beobachtet hätten (Paul et al., 2014). Die Mutterhündinnen verhielten sich bei der Fleischversorgung schon ab der 8. Lebenswoche der Welpen tendenziell viel verteidigungsbereiter beim Konflikt um das Futter. Zusammenfassend stellten wir fest, dass Hundemütter besonders in der frühen Entwicklungsphase viel Energie und Zeit in die Aufzucht ihrer Welpen investieren, aber auch daran interessiert sind, ihren lebenslangen Reproduktionserfolg (LRS, siehe S. 105) zu sichern. Streunermütter wählen also die „Konfliktstrategie", wenn ihnen für ein kleines Zeitfenster für sie sehr wertvolle Lebensmittel zur Verfügung gestellt wurden.

WELPENSTERBLICHKEIT

Unsere Beobachtungen zeigen, dass Welpen nicht nur von ihren Müttern intensiv umsorgt werden, sondern auch von anderen „Betreuern", wenn sie in einer großen Gruppe von frei lebenden Hunden geboren wurden. Man kann davon ausgehen, dass eine umfassende Fürsorge in den ersten Lebenswochen eine geringere Welpen- und Junghundesterblichkeit zur Folge haben wird. Doch trotz des großen Einsatzes der Mutterhündinnen und ihrer Gruppenmitglieder konnten wir eine interessante (und sehr deprimierende) häufige Frühsterblichkeit der jungen Hunde dokumentieren.
Wir sammelten die Daten zur Sterblichkeit aus über 108 Würfen, die wir von der Geburt bis zum Tod oder bis zum Alter von sieben Monaten (nur bei 95 Würfen) begleitet hatten. Im Falle eines Todes wurden das Todesdatum (manchmal das ungefähre Datum, wenn wir auf Berichte der lokalen Bevölkerung zurückgreifen mussten) sowie die Todesursache erfasst. Diese Übung erstreckte sich über fünf Jahre und wurde hauptsächlich auf dem Campus und den umliegenden Gebieten um das IISER (Indian Institute of Science, Education and Research, Kolkata) sowie in der Stadt Kalkutta durchgeführt. Insgesamt wurden 364 Welpen in diese Studie einbezogen, von denen wir für 66 Welpen (13 Würfe) nur bei der Geburt Daten gesammelt hatten. Wir fanden eine niedrige Sterblichkeit im ersten Lebensmonat (vier Wochen), denn 82,4 Prozent der Welpen überlebten in diesem Zeitraum. Das Überleben verringerte sich jedoch im Laufe des Welpenalters stetig, wobei die höchste Sterblichkeit im 4. Lebensmonat festgestellt wurde.

HÖCHSTE STERBLICHKEIT

Die erhöhte Sterblichkeit ab dem 4. Lebensmonat fällt mit der Phase nach der Entwöhnung zusammen, in der die Junghunde anfangen, selbstständig nach Futter zu suchen, und dadurch längere Zeit unbewacht von ihren Müttern und anderen Gruppenmitgliedern bleiben. Nur traurige 18,96 Prozent der Welpen überlebten bis zum 7. Monat, der für diese Hunde typischerweise im Durchschnitt der Beginn der Geschlechtsreife ist. Abgesehen von den erwarteten natürlichen Todesursachen wie Krankheit,

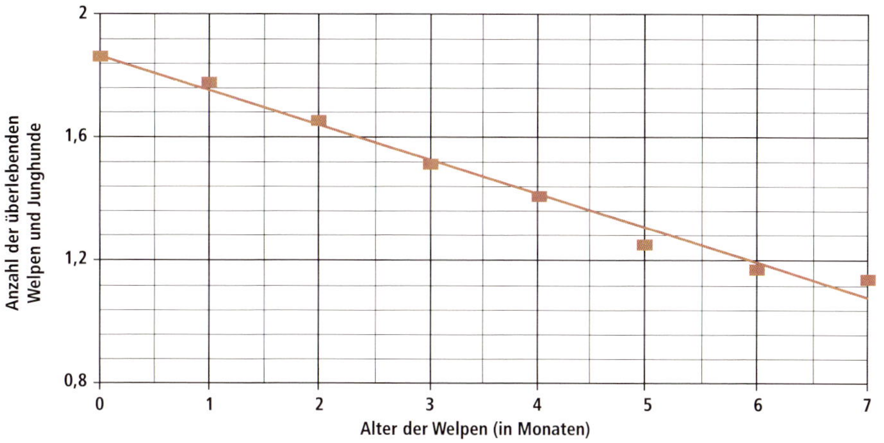

Die Anzahl der überlebenden Welpen und Junghunde (Daten aus dem Zeitraum 2010 bis 2015) nahm mit jedem Lebensmonat signifikant ab.

Unterernährung, kältere Temperaturen durch Jahreszeitenwechsel und Kämpfen mit tödlichen Verletzungen, trug der Mensch in hohem Maße zur Welpensterblichkeit bei. Dies geschah entweder direkt (durch z. B. Schläge, Vergiftungen) oder indirekt (durch Verkehrsunfälle oder Diebstahl von Welpen). Gestohlene Welpen haben wir als „verstorben" dokumentiert, denn sie werden häufig von Kindern mitgenommen, die sie später auf Druck ihrer Familien an fremden Orten wieder aussetzen. Diese „verlassenen" Welpen können den Weg nach Hause meist nicht finden und werden oft von anderen Hunden angegriffen oder sterben an Unterernährung oder bei Unfällen. In den seltenen Fällen, in denen Welpen als Haustiere weiterleben, verbleiben sie nicht für die Paarung im Genpool und sind dadurch im biologischen Sinne für die Hundepopulation vor Ort so gut wie tot.

Eine interessante Beobachtung war, dass männliche Welpen tendenziell häufiger „entführt" werden, was zu einer Schieflage in der Population führt. Der höhere Anteil an Hündinnen führt wiederum zu mehr Unfällen bei den weiblichen Jungtieren, so dass das Geschlechterverhältnis letztendlich mehr oder weniger ausgeglichen bleibt.

URSACHE „MENSCH"

Obwohl der Hund als „bester Freund des Menschen" gilt, zeigen unsere Daten, wie wenig sensibel wir mit dieser Freundschaft umgehen. Menschen sind für etwa 63 Prozent der Tode in den frühen Lebensmonaten von Welpen verantwortlich und damit sind wir eine Quelle großen Stresses für frei lebende Hunde. Nun könnte man argumentieren, dass die hohe Sterblichkeitsrate bei Welpen verhindert, dass eine frei lebende Hundepopulation ungebremst wachsen kann. In Indien gelten, wie auch in anderen Beobachtungsgebieten der Forscher in diesem Buch, die frei laufenden Hunde vielen als lästig. Sie erledigen ihr Geschäft in öffentlichen Räumen, durchwühlen Mülltonnen und stellen durch lautes Bellen eine Lärmbelästigung dar. Sie sind auch eine gefährliche Ansteckungsquelle mit dem Tollwutvirus, der in Indien leider noch nicht unter Kontrolle gebracht werden konnte (Butler, 2004; Fekadu, 1982). Doch während streunende Hunde von einigen Menschen schlecht behandelt werden, engagieren sich andere aktiv für sie auf der Straße, ernähren und pflegen sie. Im städtischen und ländlichen Indien verbindet Hund und Mensch also eine sehr komplexe Beziehung.

ÜBERLEBEN IM MENSCHLICHEN UMFELD

Doch mit welchen Strategien haben sich frei lebende Hunde an ein Überleben im vom Menschen dominierten Lebensraum angepasst?
Wir führten eine Reihe von Experimenten durch, um sowohl die körperlichen als auch die sozio-kognitiven Fähigkeiten von frei lebenden Hunden zu testen. Ich werde kurz einen Überblick über einige der Studien geben, die wir durchgeführt haben, um die kognitiven Fähigkeiten von frei lebenden Hunden in Indien zu untersuchen. Dabei nahmen wir besonders die Fähigkeiten der frei lebenden Hunde in den Fokus, die sie beim „Überleben im menschlichen Umfeld" erfolgreich machten.

NAHRUNGSSUCHE IM MÜLL

Eines unserer ersten Experimente beschäftigte sich mit einer einfachen Frage: Haben frei lebende Hunde eine Vorliebe für Fleisch, also tierische Proteine? Diese Frage mag naiv klingen, hat aber wichtige Auswirkungen auf den Hund. Im Jahr 2013 berichtete eine Studie, dass Hunde eine Reihe von Genen erworben haben, die es ihnen ermöglichen, Kohlenhydrate zu verdauen. Dies verschaffte ihnen erneut einen Vorteil gegenüber ihren Verwandten, den Wölfen, da sie sich von den kohlenhydratreichen Resten des Menschen ernähren konnten (Axelsson et al., 2013).

BEVORZUGEN STREUNER FLEISCH?

In Indien ist die Ernährung kohlenhydratreich, und Hunde erhalten typischerweise Kekse oder Brot vom Menschen als Reaktion auf das Betteln. Nahrungsmittelreste, die sie im Abfall der Menschen finden, bestehen ebenfalls hauptsächlich aus Reis, Brot, Gemüse und Obstschalen, manchmal finden sie auch Knochen von Hühnern, Lämmern oder Fischgräten. Frei lebende Hunde jagen selten in den städtischen Gebieten, obwohl manchmal von der lokalen Bevölkerung berichtet wird, dass sie hin und wieder in Gruppen am Waldrand und am Rande abgelegener Dörfer auf Beutefang gehen. Sie sind aber abgesehen von diesen Ausnahmen in erster Linie auf kohlenhydratreiche Lebensmittel angewiesen. Wie bereits beschrieben, leben indische Streunerhunde seit Jahrhunderten in der Nähe von Menschen. Wir wollten in unserer Studie verstehen, ob viele Generationen einer solchen Ernährung dazu geführt haben, dass sie die Präferenz für Fleisch, die bei Kaniden erwartet wird, verloren oder weniger stark entwickelt haben. Dazu führten wir eine Reihe von Auswahlversuchen mit sehr kleinen Lebensmittelmengen durch. Von erwachsenen Hunden wurde dabei Fleisch gegenüber Kohlenhydraten deutlich bevorzugt. Die Welpen (8 bis 10 Wochen) zeigten keine Präferenz und fraßen alles mit gleicher Begeisterung (Bhadra & Bhadra, 2014).

DIE „DAUMEN HOCH!“-REGEL

Eine weitere Reihe von Experimenten ergab, dass die erwachsenen Hunde tatsächlich Fleisch schnüffelten, auch wenn es der Futterprobe nur in Spuren beigemischt worden war. Sie ließen sich dabei sogar in die Irre führen und entschieden sich, vor die Wahl gestellt, für das Futter, das nach Fleisch roch, und zogen es einem anderen Futter vor, das tatsächlich reich an Proteinen war. Wir kamen dadurch zu dem Schluss, dass die frei lebenden, erwachsenen Hunde für die Erhöhung ihrer Futtereffizienz eine Faustregel anwenden: „Wenn es nach Fleisch riecht, friss es!“ (Bhadra et al., 2016). Diese Strategie nannten wir die „Daumen hoch!“-Regel, denn sie könnte für frei lebende Hunde sehr hilfreich sein, um proteinreiche Lebensmittel aus einer großen Masse unnützen Mülls herauszuschnüffeln und so zum effizienten Abfallverwerter zu werden.

DAS MÜLLEIMER-EXPERIMENT

Wissenschaftler müssen sich ja immer selbst infrage stellen und dürfen nie selbstgefällig werden. Nachdem wir anfänglich über uns und die Entdeckung unserer „Daumen hoch!-Strategie“sehr begeistert waren, wurden wir zunehmend misstrauisch über das Ergebnis. Wir hatten den Hunden das Futter auf einem Teller präsentiert, was natürlich für die Tiere eine Ausnahmesituation darstellt. Doch fällen Hunde die gleiche Entscheidung in einer realistischen Situation, also wenn das Futter im Müll versteckt wird und aufgespürt werden muss? Die einzige Möglichkeit, diese Frage zu beantworten, bedeutete, ein weiteres Experiment zu entwickeln. Also entwickelten wir die „Mülleimer-Experimente“, die in der Durchführung ziemlich schwierig waren, denn die Versuchsleiter mussten mehrere Körbe herumtragen und als Mülleimer an

Beim „Mülleimer-Experiment“ wurde geprüft, ob Hunde bevorzugt nach proteinreicher Nahrung suchen.

Hunde sind talentierte Abfallverwerter, die schnell zuschlagen, wenn sie etwas Leckeres finden.

Straßenseiten aufstellen. Die von uns damit beauftragten Studentinnen und Studenten sammelten dabei in erster Linie wertvolle Erfahrungen, wie man mit verschiedenen Persönlichkeitstypen von Menschen umgeht – mit neugierigen, extrem wissbegierigen, sehr sorgenvollen, aufdringlichen, hilfsbereitlästigen und leider auch aggressiv agierenden Artgenossen. Der Umgang mit Hunden war für die Studierenden im Vergleich dazu viel einfacher zu erlernen.

Durchführung des Experiments

Nach der aufwändigen Vorbereitung war die Durchführung des Mülleimer-Experiments dann aber einfach: Wir boten einzelnen Hunden die Wahl, aber dieses Mal nicht auf Tellern, sondern in Form von „Mülleimern". Dabei gab es drei identische Körbe, die jeweils zur Hälfte mit Müll (Papier, Plastik, trockenen Blättern, Blumen, Gemüseschalen usw.) gefüllt waren, die vorher in der Umgebung gesammelt worden waren. Einer der Körbe hatte zehn Stück rohes Huhn („Proteinbehälter"), ein anderer zehn Kekse („Kohlenhydratbehälter") und der dritte fünf Stück Huhn und fünf Kekse („Mischbehälter") im Angebot. Das Futter wurde unter dem Müll versteckt, sodass der Hund danach suchen musste. Den Hunden wurden diese Körbe zusammen zur Verfügung gestellt, in zufälliger Reihenfolge angeordnet, und sie durften eine Minute lang erkunden. Mit einem Videorekorder wurden Aufzeichnungen über die Reihenfolge des Schnüffelns und Fressens geführt und um erkennen zu können, wie die Hunde ihre Wahl getroffen haben könnten. So waren wir einige Monate und Dutzende von Versuchen später davon überzeugt, dass die Hunde die „Daumen hoch!"-Strategie auch beim Durchwühlen von Abfall anwenden. Sie bevorzugten das echte Fleisch (fraßen am häufigsten aus dem „Proteinbehälter") und vertilgten insgesamt mehr Hühnerstücke als Kekse.

„Sniff and Snatch"-Strategie

Wann immer die Hunde zuerst am „Proteinbehälter" schnüffelten, zögerten sie nicht lange und entschieden sich für diesen Mülleimer, bevor sie zum nächsten Objekt wechselten. So liegt es nahe, dass sie hier eine „Sniff and Snatch"-Strategie (= schnüffeln & ergattern – nach dem Motto: Hier nicht lange zögern, zuschlagen!) verfolgten. Doch unterm Strich fraßen sie zwar mehr Huhn, ignorierten aber auch nicht die Kekse, die nur in ihrer Priorität weiter hinten rangierten – was wiederum ihre Fähigkeit als talentierter Abfallverwerter nahelegt (Sarkar et al., 2019).

VERSTEHEN MENSCHLICHER GESTEN

Unsere Beobachtungen an den frei lebenden Hunden hatten ergeben, dass sie bei der Nahrungssuche am häufigsten auf das Betteln vom Menschen setzen (Bhattacharjee et al., 2017a, ähnlich wie die Strategie der Moskauer Metro-Dogs, siehe S. 248 ff.). Dabei suchen die Hunde bevorzugt Augenkontakt zu einem Menschen, der etwas isst (persönliche Beobachtung) und sehen ihn oder sie über einen längeren Zeitraum an. Manchmal werden einzelne Hunde regelmäßig von bestimmten Menschen gefüttert. Da der Mensch sowohl eine Nahrungs- und Zufluchtsquelle als auch eine Bedrohung für die Hunde sein kann, waren wir an ihren Fähigkeiten interessiert, menschliche Gesten oder Körpersprache zu verstehen, wie z. B. auf etwas zeigen oder ihnen in bedrohlicher Haltung zu begegnen. Dazu führten wir eine Reihe von Experimenten mit Welpen (vier bis acht Wochen), Junghunden (drei bis sieben Monate) und erwachsenen Individuen durch.

ZEIGEGESTEN

Wir wollten zunächst testen, ob und ab welchem Alter sie in der Lage sind, einen einfachen Hinweis von einem unbekannten Menschen zu verstehen. Das Experiment beinhaltete einen Versuchsleiter, der nach dem Prinzip der Zufälligkeit auf eine von zwei abgedeckten Schalen zeigte, die vor ihm standen. Dabei enthielt die eine Schale ein Stück Huhn und die andere war nur kurz mit dem Geruch von Hühnchen imprägniert worden, war aber leer. Als festgelegte Geste wurde immer der „Proximal Pointing Cue" (Bhattacharjee et al., 2017b, „Zeigehinweis", bei dem von der Körpermitte ausgehend auf ein Objekt gezeigt wird, das sich 50 Zentimeter von der Hand

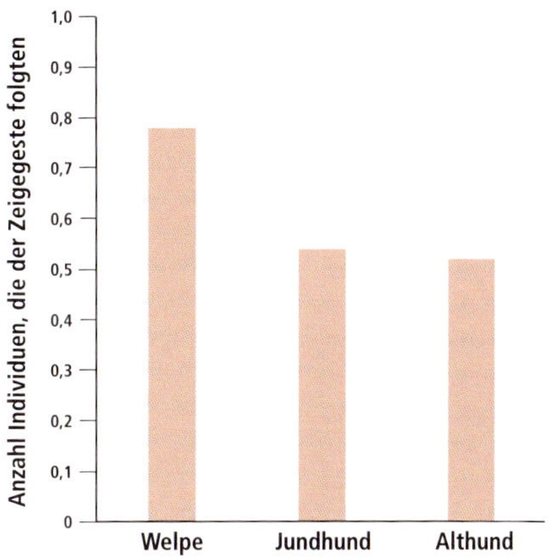

Verteilung, wie Welpen, Junghunde und erwachsene Hunde der Zeigegeste folgten. Welpen folgten dem Hinweis viel häufiger als Junghunde und erwachsene Hunde.

entfernt befindet) verwendet, jeder Hund wurde in drei Durchläufen getestet. Das Ergebnis zeigte, dass die meisten Welpen der Zeigegeste folgten und zur Schüssel liefen, auf die gezeigt wurde. Jugendliche und erwachsene Hunde neigten dagegen dazu, dem Zeigezeichen eher nicht zu folgen. Die Erwachsenen zeigten dabei einen interessanten Unterschied im Verhalten im Vergleich zu den Jugendlichen und Welpen – sie zeigten sowohl positive als auch negative Verstärkung. Wenn sie also dem Zeigen folgten und eine Belohnung in einem Versuch fanden, hatten sie eine höhere Wahrscheinlichkeit, dem Zeigen im nächsten Versuch wieder zu folgen (positive Verstärkung). Wenn sie jedoch dem Zeigen folgten und getäuscht wurden, war die Wahrscheinlichkeit geringer, dass sie der Zeigegeste im nächsten Versuchsdurchlauf wieder folgen würden (negative Verstärkung).

Angeborene Tendenz

Unsere Ergebnisse deuten darauf hin, dass Hunde eine angeborene Tendenz haben, menschlichen Zeigegesten zu folgen (Welpen folgen der Geste), aber durch negative Erfahrungen während ihrer Jugendzeit lernen, sich besser nicht auf Fremde zu verlassen. (Anmerkung der Herausgeberin: Das ist ein interessantes Ergebnis und wirft Fragen bezüglich anderer Studien auf (Udell et al., 2008: Wolves outperform dogs in following human social cues. Animal Behaviour 76(6): 1767 – 1773), die Wölfe u. a. mit Hunden in Tierheimen verglichen und herausgefunden hatten, dass Wölfe die Zeigegesten besser verstanden als diese erwachsenen Tiere. In Anbetracht dieser Studie von Bhadra muss überlegt werden, ob negative Lebenserfahrungen zu dem „Nicht-Folgen" der erwachsenen Hunde geführt haben könnten.) Unsere Daten zur Nachwuchssterblichkeit (siehe S. 128) hatten ergeben, dass das Jugend-

Interessieren sich Straßenhunde für den Menschen als Sozialpartner?

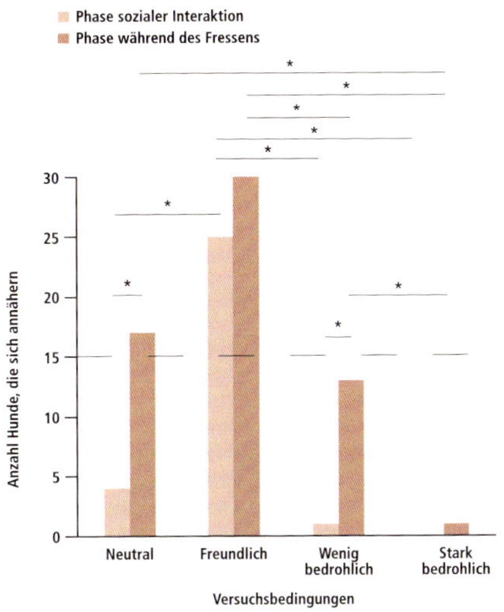

Anzahl der Annäherungen an den Versuchsleiter je nach Geste und mit oder ohne Futter, die sich jeweils signifikant unterschieden.

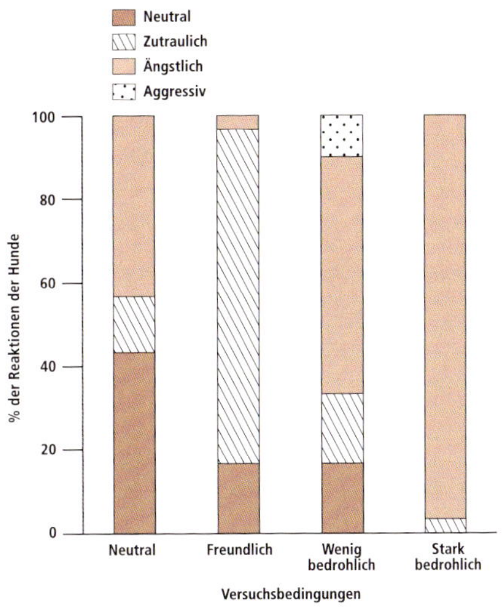

Sehr unterschiedliche Reaktionen der Hunde auf die verschiedenen Gesten und Posen des Menschen.

stadium die gefährlichste Lebensphase für Streuner ist, und dass besonders häufig Menschen für diesen frühen Tod verantwortlich sind. Die Jugendphase ist auch das Stadium, in dem junge Hunde beginnen, sich von ihren Müttern unabhängig zu machen und dadurch zunehmend Bedrohungen durch den Menschen ausgesetzt sind. Im Laufe ihrer Entwicklung lernen sie aber auch, Entscheidungen auf der Grundlage unmittelbarer Erfahrungen zu treffen, was sich im späteren Verhalten als erwachsenes Individuum widerspiegelt (Bhattacharee et al., 2017a).

SOZIALE, MENSCHLICHE GESTEN

Eine zweite Reihe von Experimenten, die mit erwachsenen frei laufenden Hunden durchgeführt wurde, testete die Reaktionen der Hunde auf soziale, menschliche Gesten. Von diesen körpersprachlichen Signalen gab es vier Kategorien: neutrales Verhalten, freundliches Verhalten, geringe Bedrohungsgeste und große Bedrohungsgeste.

Beim neutralen Verhalten stand der Versuchsleiter vor einem Hund und schaute geradeaus. In der freundlichen Version rief er dem Hund etwas auf fröhliche Weise zu, beugte sich leicht und streckte beide Arme aus. Die Geste mit „geringer Bedrohung“ bestand darin, dass der Versuchsleiter vor dem Hund stand und einen Stock in der Hand hielt, während er im Fall der „großen Bedrohung“ den Stock in einer bedrohlichen Haltung über seinen Kopf hob. In jedem Fall wurde dem Hund vom Versuchsleiter ein Stück Huhn angeboten, nachdem er den sozialen Hinweis gegeben hatte. Die frei laufenden Hunde zeigten unterschiedliche Reaktionen auf die körpersprachlichen Signale des Versuchsleiters. Sie näherten sich häufiger, wenn sich der Mensch freundlich verhielt, doch in der stark bedrohlichen Pose wurde trotz des Angebotes von Hühnerfleisch ein großer Sicherheitsabstand zum Menschen eingehalten und die Hunde näherten sich nicht.

Während das freundliche Auftreten des Versuchleiters meist mit positiver Reaktion der Hunde beantwortet wurde (Wedeln, neugieriges Nähern), zeigten die Hunde bei der „großen Bedrohung“ mit dem Stock eher ängstliches Verhalten.

01 Vorderkörpertiefstellung aufgrund von Unsicherheit.

02 Der Mann redet freundlich mit dem Kangal.

ERGEBNIS DER STUDIEN

Diese Resultate zeigten die verhaltensbedingte Plastizität der frei lebenden Hunde in ihren Interaktionen mit unbekannten Menschen. **Sie sind anscheinend nicht nur in der Lage, verschiedene Verhaltensäußerungen des Menschen zu verstehen, sondern reagieren auch auf den gleichen Menschen in verschiedenen Situationen unterschiedlich.**

Diese unterschiedlichen und situationsspezifischen Reaktionen der Hunde könnten durch frühe soziale Interaktionen mit dem Menschen erklärt werden (Fox und Stelzner, 1966). Dabei gehen die meisten Forscher heute davon aus, dass die Domestikation das Verständnis und die Sensibilität der Hunde für soziale Gesten des Menschen entscheidend gestaltet hat. Es hat sich gezeigt, dass selbst von Hand aufgezogene Wölfe das Verhalten beim Umgang mit Menschen in mehrdeutigen Situationen nicht anpassen können (Bradshaw und Nott, 1995). So kann man vermuten, dass es ein Zusammenspiel mehrerer Faktoren ist, das die Reaktionen auf den Menschen und die Persönlichkeitsentwicklung von Hunden beeinflusst: die Folgen der Domestikation, die unmittelbare Umgebung, in die der Welpe geboren wird, und die sozialen Erfahrungen, die ein Hund während des Aufwachsens mit Menschen sammelt.

LIEBE IST ENTSCHEIDEND!

Wir konnten oft beobachten, wie frei laufende Hunde soziale Bindungen zu bestimmten Menschen aufbauen und mit ihnen durch freundliche Gesten wie Schwanzwedeln, Vorderkörpertiefstellung (= „Play Bow“, der dazu dient, das Gegenüber mit einer positiven Spielstimmung anzustecken), Lecken und eine Begrüßungszeremonie beim Wiedersehen kommunizieren. Während wir Experimente mit uns unbekannten, zufällig auftauchenden Streunern auf der Straße durchführen, treffen wir in der Regel auf zwei Arten von Hunden: Die einen agieren extrem vorsichtig gegenüber uns Fremden und nehmen nie an den Experimenten teil. Andere wiederum zeigen sich sehr eifrig und interessiert und reagieren schon auf den ersten Zuruf mit Näherkommen und aufmerksamem Schauen. Diese Unterschiede im Zutrauen zu unbekannten Personen haben uns neugierig gemacht. Wir wollten verstehen, wie ein Hund am besten Vertrauen in einen Fremden aufbauen kann. Für die „Initialzündung“ der Domestikation wird angenommen, dass es damals zahmere Wölfe waren, die einen Prozess der „Selbstdomestizierung“ durchlaufen haben und dem Menschen zur Nahrungsaufnahme von sich aus folgten. Eine Studie

03 Dieser bleibt skeptisch und auf Abstand, merkt aber, dass der Mann keine böse Absicht hat.

mit Tierheim- und Familienhunden hatte ergeben, dass eine kurze soziale Belohnung weniger effektiv für den Aufbau einer sozialen Beziehung erschien als eine Futterbelohnung (Feuerbacher und Wynne, 2012), und eine andere Untersuchung zeigte, dass Haustiere lieber Futter nehmen als gestreichelt zu werden, aber wiederum Streicheln dem Lob mit Stimme vorziehen (Feuerbacher und Wynnem 2014). Obwohl es ziemlich wahrscheinlich erscheint, dass frei lebende Hunde eher über Futter zu Menschen Zutrauen fassen, widersprach das unseren Beobachtungen. Um unseren Eindruck zu hinterfragen und mit den bereits genannten Studien abzugleichen, wollten wir diesen Zusammenhang mit frei lebenden Hunden experimentell testen.

04 Mit der für Herdenschutzhunde typischen Gelassenheit wartet er trotz der bedrohlichen Haltung einfach ab. Scheinbar erkennt er die freundliche Absicht des Mannes.

FUTTER VOM BODEN ODER AUS DER HAND?

Dazu führten wir einen Versuch mit 30 zufällig ausgewählten, erwachsenen Streunerhunden in verschiedenen Gegenden Kalkuttas durch. Den Hunden wurden zwei Hühnerstücke angeboten, eines wurde auf den Boden gelegt und das andere lag in der Handfläche, die sehr nah am Boden in Richtung des Hundes gehalten wurde. Der Versuchsleiter war dem Hund vor dem Experiment unbekannt und blieb über alle Versuche hinweg konstant. Sowohl die Wahl des Hundes, das Futter vom Boden aufzunehmen oder sich der Hand zu nähern, als auch die Dauer bis zur Entscheidung des Tieres und die daraus resultiernde Annäherung wurden aufgezeichnet. Als der Hund eine Wahl getroffen hatte, gab der Versuchsleiter ihm eine soziale Belohnung – er streichelte ihn dreimal am Kopf. Nach fünf bis zehn Sekunden wurde der Test wiederholt. Diese zwei Durchgänge wurden als einmaliger Test bezeichnet, bei dem jeder Hund nur einmal mit den beiden Futterangeboten getestet wurde. In einer Kontrollgruppe mit ebenfalls 30 Individuen wurde das gleiche Experiment durchgeführt, nur hier ohne die soziale Belohnung nach der Wahl des Hundes.

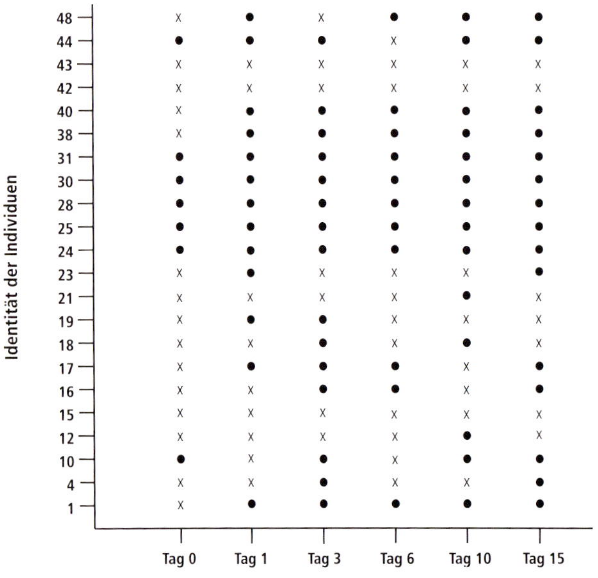

Hatte der Versuchsleiter an den verschiedenen Tagen Streicheln statt Futter im Angebot, nahm die Präferenz der Hunde zu, das Futter statt vom Boden lieber aus der Hand zu nehmen.

FUTTER ODER SOZIALE BELOHNUNG?

Im zweiten Schritt wurde ein weiterer Satz von 43 erwachsenen Hunden einem Langzeittest unterzogen. Diese Hunde wurden ebenfalls am ersten Tag mit den beiden Hühnchenstücken, am Boden oder in der Hand dargeboten, getestet und zufällig einer der beiden Belohnungsbedingungen zugeordnet – Futter oder soziale Belohnung für die Annäherung. Die Hunde wurden anschließend mit zunehmenden Abständen zwischen den Tests an den Tagen 1, 3, 6, 10 und 15 getestet. Der Versuchsleiter besuchte die Hunde und gab ihnen je nach Präferenz entweder eine Futterbelohnung (ein Stück Hühnchenfleisch) oder eine soziale Belohnung (dreimal am Kopf streicheln). Nach einem Monat wurde der erste Test wiederholt, der Hund wurde also wieder vor die Wahl gestellt, das Futter vom Boden oder aus der Hand zu nehmen.

ERGEBNIS DER STUDIEN

Die meisten der insgesamt 103 Hunde zogen es vor, in der ersten Studie das Stück Huhn vom Boden aufzunehmen. Im Einzeltest, also dem ersten Durchgang mit den jeweils 30 Hunden, haben wir dabei keinen Effekt der sozialen Belohnung gesehen, da die

Für Hunde scheint es eine von Futter unabhängige soziale Motivation zu geben, mit Menschen zu interagieren.

meisten Hunde ihre Präferenz innerhalb der kurzen Zeit zwischen den beiden Durchläufen noch nicht geändert hatten. Trotzdem konnten wir auch hier bereits eine Verringerung der Dauer bis zur Aufnahme des Futters wahrnehmen, im Unterschied zur Kontrollgruppe, die nicht gestreichelt worden war. Doch die Ergebnisse der zweiten Studie, in der wir die Hunde über mehrere Tage in einem Langzeitversuch besucht und getestet haben, waren faszinierend. Nur wenige Individuen der Hundegruppe, die über lange Zeit nur Futterbelohung bekommen hatte, zeigten gegen Ende des einmonatigen Experiments eine bessere Sozialisierung mit dem Versuchsleiter. Die Mehrheit dieser Hunde (52 %) zog es vor, die Nahrung konsequent weiter vom Boden aufzunehmen. Doch in der anderen Gruppe, in der der Versuchsleiter an den verschiedenen Tagen statt Futter das Streicheln im Angebot hatte, konnten wir dagegen eine Veränderung der Präferenz am Ende der Versuchszeit feststellen: Hier beobachteten wir, dass diese Hunde das Futter bevorzugt aus der Hand statt vom Boden nahmen.

AUFBAU VON VERTRAUEN

Dieses Versuchsergebnis konnte zeigen, dass die frei lebenden Hunde nur dann Vertrauen zu einem unbekannten Menschen aufbauen, wenn sie statt Nahrung Zuneigung erhalten (Bhattacharjee et al., 2017b). Auch wenn dies ein nicht nachvollziehbares Verhalten einer Spezies zu sein scheint, die sich auf die eigenständige Ernährung aus Abfällen spezialisiert hat, so passt dieses Ergebnis doch zu dem Bild, das wir uns von den frei lebenden Hunden machen konnten. Menschen vergiften oft Hunde, um sie zu töten. Ein Hund, der einem Fremden vertraut und von seiner Hand Futter nimmt, überlebt vielleicht nicht. Allerdings ist es weniger wahrscheinlich, dass jemand, der Zuneigung zu einem Hund zeigt, versucht, ihn auch zu töten. Daher wäre die Tendenz der Hunde, Vertrauen eher zu jemandem aufzubauen, der statt Futter Zuneigung anbietet, ein Zeichen der Anpassungsfähigkeit von frei lebenden Hunden, die in einer vom Menschen dominierten Umgebung in komplexen Beziehungen zu unserer Spezies leben müssen.

DAS ERSTE JAHR EINES STREUNERHUNDES

Die Geschichte der frei lebenden Hunde wird für uns jeden Tag ein kleines bisschen weiter und ausführlicher geschrieben. Während wir uns von Frage zu Frage voranarbeiten, ein Experiment nach dem anderen entwickeln, entsteht vor unseren Augen ein besseres Verständnis des „tatsächlichen Streunerlebens“. Während einige Experimente schon nach Wochen abgeschlossen werden können, benötigen Langzeitbeobachtungen jahrelange Geduld, um die verborgenen Muster des Zusammenlebens und der Überlebensstrategien aufzudecken. Das „Dog Lab“ des Indischen Instituts der Wissenschaft, Ausbildung und Forschung (IISER) aus Kalkutta ist jetzt zehn Jahre alt. In diesem Kapitel habe ich mehr als zehn Geschichten aus unserem Forschungsalltag erzählt, einige etwas länger, andere kurz. Abschließend möchte ich all diese Forschungen zusammenfassen, um daran die Meilensteine der Entwicklung eines Welpen zum erwachsenen Hund aufzuzeigen, der auf der Straße geboren wurde und mit viel Glück überlebt und das fortpflanzungsfähige Alter erreichen kann. Ich möchte dabei betonen, dass die Figur, die ich hier präsentiere, eine gewichtige ist: in ihr vereinen sich viele Jahre intensiver, zeitaufwändiger Forschung, sie entsteht durch das Zusammenführen vieler Geschichten und Studienergebnisse und lässt so ein Bild dessen entstehen, was wir den „Zeitplan der Welpenentwicklung“ nennen.

GEBORGENHEIT IN DER HÖHLE

Warum habe ich mich entschieden, mit dieser Beschreibung zu enden? Weil sie auf schöne Weise so viele scheinbar unzusammenhängende Arbeiten zusammenbringt: Im ersten Monat ihres Lebens genießen die Welpen den Schutz der von der Mutter sorgfältig ausgewählten Höhle und die Mütter verbringen maximale Zeit mit ihnen. Hier befindet sich der junge Hund im Stadium der niedrigsten Sterblichkeitsrate, was bedeutet, dass die Hundemütter tatsächlich ausgezeichnete Mütter sind. Die Hündin beginnt während der Zeit von der 5. bis 6. Lebenswoche damit, den Welpen hochgewürgtes Futter anzubieten und erhöht die Frequenz dieser Art der Fütterung allmählich – so bereitet sie die Welpen auf die Entwöhnungsphase vor, die etwa in der 8. Woche beginnt und ungefähr einen Monat andauert.

ZEIT DER ENTWÖHNUNG

In den ersten Wochen der Entwöhnung ist sie noch mehr darauf bedacht, das Fressen mit ihren Welpen zu teilen, wird aber im Laufe der Entwöhnung allmählich mit ihnen um Futter konkurrieren. Die als Väter infrage kommenden Rüden kümmern sich

Haben junge Hunde den siebten Lebensmonat erreicht, stehen die Chancen gut, dass sie weiterleben werden.

ebenfalls um die Welpen. Durch die Höhen und Tiefen der Entwöhnungsphase von der Mutter spielen sie mit ihnen, würgen ihnen ebenfalls Futter vor und beschützen sie bei Bedrohung von außen.

MILCHDIEBSTAHL

Auch andere Mütter der Gruppe engagieren sich in der Aufzucht der Welpen: Sie bieten ebenfalls Schutz, Fürsorge und lassen die Welpen sogar saugen. Allerdings würden wir dies so beschreiben, dass sie „Opfer von Milchdiebstahl" durch die Welpen werden, der immer häufiger während der Entwöhnungszeit von den Welpen praktiziert wird. Da sich die echten Mutterhündinnen immer mehr weigern, ihre Nachkommen zu säugen, nehmen die Welpen jede Chance wahr, bei anderen Milch produzierenden (laktierenden) Weibchen der Gruppe ihre Milchration zu erhöhen. Dies führt zu einem „stillen Konflikt" zwischen den Würfen innerhalb der Gruppe, da die älteren Welpen mehr von den Müttern der jüngeren Welpen stehlen, während die jüngeren Welpen diesen Vorteil nicht haben. Denn die Mutter der älteren Welpen wird wahrscheinlich aufhören, Milch zu produzieren, wenn sie wiederum die Absetzphase erreicht hat.

SPIELKONTAKTE UND NAHRUNGSSUCHE

Die Welpen stehen ständig miteinander im Spielkontakt, allerdings mehr mit ihren Wurfgeschwistern und weniger mit den anderen Welpen der Gruppe. Wir vermuten, dass das vertraute Spiel die soziale Dynamik innerhalb der Gruppe beeinflusst, während sie wachsen und miteinander um mütterliche Fürsorge und Futteranteile konkurrieren. Uns Menschen gegenüber verhalten sich die Welpen in der Phase vor und während der Entwöhnung zutraulich und naiv, sie fassen schnell Vertrauen und folgen unseren Zeigegesten. Sie sind noch nicht in der Lage, zwischen „gutem Essen" und „schlechtem Essen" zu unterscheiden, und fressen alles, was sie finden. Wenn sie jedoch mit der eigenständigen Nahrungssuche beginnen, befinden sie sich anfangs noch in Begleitung von erfahrenen, erwachsenen Hunden. An deren Seite durchlaufen sie einen Lernprozess, der durch die Zusammensetzung der hochgewürgten Nahrung eingeleitet werden kann, die die Mütter und potenziellen Väter den Welpen anbieten.

AUS WELPEN WERDEN JUNGHUNDE

Nach der 13. Woche hört der Entwöhnungskonflikt meist auf, da die Welpen nicht mehr bei ihren Müttern Milch trinken möchten und deshalb freiwillig damit aufhören, Muttermilch bei anderen Hündinnen der Gruppe zu stehlen. Ihre Abhängigkeit von den erwachsenen Hunden zeigt sich weiterhin während der Nahrungssuche, in Momenten des Schutzsuchens und bei sozialen Interaktionen. Im Alter von vier Monaten sind aus Welpen Junghunde geworden, die elterlichen Pflegedienste durch die Gruppe nehmen kontinuierlich ab. Jetzt trifft man die Welpen schon häufiger alleine bei der Futtersuche an. Das ist auch der Zeitpunkt, an dem das Leben für sie am gefährlichsten ist: In dieser Phase werden sie mit der höchsten vom Menschen verursachten Sterblichkeitsrate konfrontiert. Genau ab diesem Alter fangen die jungen Hunde auch damit an, Menschen mit Misstrauen zu begegnen und folgen den Zeigegesten nicht mehr so unbedarft wie als Welpen. Haben sie im Dickicht der menschlichen Lebensumgebung bis zum Alter von sieben Monaten überlebt, stehen die Chancen gut, dass sie die Geschlechtsreife erreichen und die nächste Lebensphase beginnen können, in der sie dank ihrer bis dahin gesammelten Erfahrungen und ihrer Evolutionsgeschichte besser für die Interaktion mit dem Menschen gerüstet sein werden.

MEIN WUNSCH FÜR INDISCHE STRASSENHUNDE

Frei laufende Hunde in Indien sind vielen Bedrohungen ausgesetzt. Eine davon ist die „hundefreundliche Bevölkerung", die glaubt, dass die frei lebenden Hunde nicht auf die Straße gehören und alle in ein menschliches Zuhause gebracht werden sollten.
Ich würde mir wünschen, dass sich diese „Tierschützer" einmal die Zeit nehmen und die Hunde genauer beobachten würden. Dann könnten sie sehen, in was für einem ausgeklügelten Sozialsystem diese Tiere leben, das aber einen offenen Lebensraum braucht, in dem sie Grenzen markieren und ihre Territorien durch Kämpfe und Kommunikation über Bellen und Laute verteidigen können. Sie benötigen Räume, um sich verstreuen, wiederfinden, Bindungen etablieren, verpaaren und gemeinschaftlich um ihre Nachkommen kümmern zu können. Sie möchten Höhen und Tiefen von Familienintrigen erleben, sich selbst um ihren Lebensunterhalt kümmern, mit Menschen und anderen Tieren interagieren und im Allgemeinen ein freies Leben führen dürfen.
So gerne möchte ich daran glauben, dass diese Hunde, die jahrhundertelang in unserer menschlichen, teilweise feindseligen Umgebung überlebt haben, die sich an die Urbanisierung und das veränderte menschliche Verhalten immer wieder angepasst haben, noch viele weitere Generationen überleben können – trotz uns Menschen.

DER STREUNER – DAS FEHLENDE BINDEGLIED

— Von Sarah Marshall-Pescini und Martina Lazzaroni

UNTERSCHIEDLICHE KOGNITIVE FÄHIGKEITEN

FORSCHUNG AN FAMILIENHUNDEN

Mit dem Eintritt ins 21. Jahrhundert gab es eine Explosion an Studien zum Sozialverhalten und zu den kognitiven Fähigkeiten von Hunden (siehe Bensky et al., 2013). Fast alle diese Studien wurden mit Familienhunden durchgeführt, die zusammen mit ihren Besitzern von den Forschern in die sogenannten „Dog Labs" eingeladen wurden, die mittlerweile an vielen Universitäten in Europa und Amerika zu finden sind. Hunde (also unsere Familienhunde) sind für Wissenschaftler deshalb so interessant, weil sie sich besonders im sozio-kognitiven Bereich, speziell in der tierisch-menschlichen Interaktion, als sehr geschickt erweisen. Dieses Talent wird als Fähigkeit definiert, situativ relevante Informationen von anderen (also von uns Menschen) zu erkennen, zu verarbeiten und richtig darauf zu reagieren. Zum Beispiel haben Studien gezeigt, dass Hunde in der Lage sind, verschiedene Formen der menschlichen Kommunikation zu verstehen (Kaminski & Nitzschner, 2013). So können sie verschiedene emotionale Gesichtsausdrücke von Menschen unterscheiden und darauf angemessen reagieren (Müller et al., 2015), sie erkennen soziale Regeln und befolgen sie auch (Topál et al., 2005), und sie entwickeln eine Bindung zum Besitzer, die sehr der Eltern-Kind-Bindung gleicht (Topál et al., 2005). Einige Forscher sind sogar der Meinung, dass Hunde uns in Bezug auf diese Fähigkeiten ähnlicher sind als unsere engsten lebenden Verwandten, die Schimpansen (Hare & Tomasello, 2005).

WARUM SIND HUNDE SO BESONDERS?

Um diese Frage zu beantworten und die Fähigkeiten der Hunde in Bezug auf ihr Verständnis menschlicher Kommunikationsformen besser zu verstehen, haben Wissenschaftler damit begonnen, Hunde mit ihren nächsten lebenden Verwandten zu vergleichen: den Wölfen (Gácsi et al., 2005, 2009, 2013; Hare et al., 2002; Miklósi et al., 2003; Virányi et al., 2008). Hintergrund für diese vergleichenden Studien mit Wölfen und Hunden war die Annahme, dass Hunde im Laufe des Domestizierungsprozesses einige dieser besonderen Fähigkeiten erworben haben könnten.

Wege der Domestikation

Wie schon bei Roberto Bonanni beschrieben, kann der Prozess der Domestikation auf zwei Arten erreicht worden sein: zum einen durch direkte menschliche Selektion nach bestimmten Merkmalen (das bedeutet, der Mensch wählt die Tiere aus, die sich

SARAH MARSHALL-PESCINI

Sarah hat an der St. Andrews Universität in Psychologie abgeschlossen und für ihre Doktorarbeit über soziales Lernen bei Kindern und Schimpansen geforscht. Große Teile dieser Arbeit wurden in Uganda durchgeführt, sowohl mit Schimpansen, die in einem Schutzgebiet lebten, als auch durch Beobachtungen an dieser Art in freier Wildbahn. Danach kehrte sie nach Italien zurück, wo sie acht Jahre zusammen mit ihrer Kollegin Emanuela Prato-Previde in Mailand in einem kleinen, aber sehr produktiven „Dog Cognition Labor" arbeitete. Seit 2013 gehört Sarah Marshall-Pescini als „Senior Scientist" zum Team des „Wolf Science Centre" (WSC) und zum Konrad-Lorenz-Institut für Ethologie in Wien (Veterinary University of Vienna). Ihre Studien konzentrieren sich auf das soziale Verhalten von Hunden und Wölfen. Seit 2016 arbeitet sie mit Martina Lazzaroni zusammen und führt Feldstudien an frei lebenden Hunden in Marokko durch.

MARTINA LAZZARONI

Martina hat in „Naturwissenschaften" an der Universität in Mailand graduiert und zusätzlich einen zweiten Master im Bereich Hundetraining an der Universität Pisa erworben. Danach arbeitete sie als wissenschaftliche Mitarbeiterin im WSC an zwei großen Projekten zum „Post-Konflikt-Management bei Wölfen und Hunden, die in Gehegen leben" und zur „sozialen Dynamik bei wilden Wölfen in Italien" mit. 2016 erhielt Martina ein Stipendium von der Österreichischen Akademie der Wissenschaften, um ihren Doktor im WSC und im Konrad-Lorenz-Institut für Ethologie zu machen (Veterinärmedizinische Universität Wien). Dabei wurde sie von Friederike Range und Sarah Marshall-Pescini begleitet und unterstützt. Ihre Forschung für die Doktorarbeit konzentriert sich dabei auf das Studium sozial-kognitiver Verhaltensweisen frei lebender Hunde, die verglichen werden mit den Verhaltensweisen von Familienhunden, in Gehegen des WSC lebenden Hunden und mit in Gehegen des WSC lebenden Wölfen.

vermehren dürfen und damit ihre Gene weitergeben) und zum anderen durch den Prozess der „Selbstdomestikation". Bei der „Selbstdomestikation" passt sich ein Tier im Laufe mehrerer Generationen an eine neue Überlebensnische an, im Fall der Hunde an das Leben in der Nähe des Menschen (freiwillig und/oder unfreiwillig; Zeder, 2012).

Haustiere gelten in der Regel als Tiere, die vom Menschen weitgehend für einen bestimmten „Nutzen" ausgewählt und gezüchtet wurden. Aber auch andere Arten, wie z. B. Hausmäuse, haben sich an ein Leben an unserer Seite angepasst und in diesem Prozess ihr Erscheinungsbild und Verhalten verändert. Nur sind sie für den Menschen unbrauchbar und gelten deshalb als Schädlinge (siehe Harris et al., 2016; Schilthuizen, 2019).

Hunde sind in diesem Zusammenhang ein äußerst interessantes Beispiel. Sie gelten als die domestizierte Art par excellence. Ihre Koexistenz mit dem Menschen begann wahrscheinlich vor etwa 30 000 Jahren (Wang et al., 2016). Damit sind Hunde die erste Spezies, die diesen Prozess der Selbst- und selektiven Domestikation an der Seite des Menschen durchlaufen hat (Larson & Fuller, 2014). Bis heute ist jedoch noch nicht ganz klar, wo und wie genau dieser erste Domestizierungsprozess seinen Anfang genommen hat.

Die Auswirkungen, die menschliche Zuchtauswahl für eine Tierart haben kann, werden besonders beim Hund deutlich, wenn man sich die teilweise extremen Unterschiede in Größe und Figur und auch Verhalten zwischen den Hunderassen betrachtet.

Sesshaftwerdung im Zuge der Agrarrevolution

Doch auch wenn der Einfluss des Menschen bei der Rassevielfalt von Hunden besonders ins Auge sticht, war es am Anfang wahrscheinlich der Wolf, der die Initiative ergriffen hat und die ersten Schritte im Domestizierungsprozess selbst gegangen ist. Der Beginn der Domestikation fand dabei wahrscheinlich zeitgleich mit dem Artensterben im späten Pleistozän (Cooper et al., 2015) statt. Durch die klimatischen Veränderungen wurde die Anzahl der Beutetiere der Wölfe dramatisch reduziert, was wiederum einen dramatischen Rückgang der Wolfspopulation zur Folge hatte (Pilot et al., 2014). Es ist daher nicht unwahrscheinlich, dass einige Wölfe parallel zu dieser „Beutekrise" quasi aus der Not heraus damit begannen, das Umfeld menschlicher Lagerstätten als neue Nahrungsquelle für sich zu entdecken. So ließen die ersten Protohunde und unsere Vorfahren über Jahrtausende wahrscheinlich immer mehr räumliche Nähe zu (siehe Bonanni, S. 35). Eine ganz neue Ära in der Hund-Mensch-Beziehung stellte der anschließende Wandel des Menschen vom Leben als umherziehender Jäger und Sammler zur Seßhaftwerdung dar: Mit Beginn des Ackerbaus nahm die Abfallverfügbarkeit um menschliche Siedlungen herum deutlich zu. Diese „Agrarrevolution" in menschlichen Gemeinschaften könnte ein wichtiger Beschleuniger im Domestizierungsprozess der Hunde gewesen sein (Newsome et al., 2017) und auch dazu geführt haben, dass weitere Arten domestiziert werden konnten.

Aufgaben im menschlichen Umfeld

Ein weiterer Grund, warum Hunden eine „Sonderstellung" im Tierreich eingeräumt wird, ist ihr vielfältiges Einsatzgebiet in Kooperation mit dem Menschen: Im Gegensatz zu anderen domestizierten Haustieren wie Rindern, die hauptsächlich als Nahrungsquelle, für den Transport oder zur Unterstützung bei der Feldarbeit dienten, wurden Hunde schon früh für komplexere Aufgaben eingesetzt. So halfen sie den Menschen z. B. bei der Jagd (Guagnin et al., 2018), was ein hohes Maß an Kommunikation und Verständnis zwischen beiden Arten erfordert.

FORSCHUNG: WÖLFE & HUNDE

Es ist also kein Wunder, dass sich viele der ersten vergleichenden Studien an Hunden und Wölfen auf die möglichen Unterschiede im Verständnis des menschlichen Verhaltens und auf das kommunikative Verhalten gegenüber dem Menschen konzentrierten. Die Ergebnisse zeigten, dass Hunde Wölfen beim Lesen subtiler kommunikativer Hinweise durch den Menschen überlegen sind (Hare et al., 2002; Miklósi et al., 2003; Virányi et al., 2008) und dass Wölfe sich langsamer oder widerwilliger als Hunde auf Augenkontakt mit einem menschlichen Partner eingelassen haben (Gácsi et al., 2005, 2009; Virányi et al., 2008). Darüber hinaus haben sie wahrscheinlich Schwierigkeiten, sich einer veränderten emotionalen Einstellung des Menschen ihnen gegenüber im eigenen Verhalten flexibel anzupassen (von bedrohlich zu freundlich, Gácsi et al., 2013). Außerdem zeigten sich Wölfe weniger bereit, Bindungen zum Menschen zu etablieren (Topál et al., 2005). Basierend auf diesen ersten Studien schlugen die meisten Autoren vor, dass der Unterschied in den sozio-kognitiven Fähigkeiten zwischen Wölfen und Hunden ein Produkt des Domestizierungsprozesses sei (Hare et al., 2002; Hare & Tomasello, 2005; Miklósi et al., 2003) und dass diese Fähigkeiten der Hunde in einigen Bereichen funktionell gleichwertig seien mit denen des Menschen (Hare et al., 2002; Hare & Tomasello, 2005; Miklósi et al., 2003; Topál et al., 2009). Solche Hypothesen deuten darauf hin, dass die Domestikation Hunde im Allgemeinen toleranter (Hare et al., 2002) oder aufmerksamer (Miklósi et al., 2003; Virányi et al., 2008) gemacht hat als Wölfe, zwei Eigenschaften, die das Leben an unserer Seite und Arbeiten mit uns möglich gemacht haben könnten.

Eine Gruppe von Streunerhunden in Taghazout, Marokko.

UNTERSCHIEDLICHE VORAUSSETZUNGEN

Eine Reihe dieser Studien verglich jedoch Haushunde mit Wölfen, die nicht einheitlich aufgezogen worden waren und dementsprechend unterschiedlich intensive Erfahrungen mit Menschen in ihrem bisherigen Leben gemacht hatten. Diese Unterschiede in der Sozialisation könnten jedoch eine entscheidende Rolle beim Ablauf und den Ergebnissen der Versuche gespielt haben. Daher könnten die gefundenen Verhaltensunterschiede zu Unrecht auf den Effekt der Domestikation zurückgeführt worden sein.

DAS WOLF SCIENCE CENTER

Um die Unterschiede zwischen Wolf und Hund zu erforschen und den verwirrenden Erfahrungsfaktor zu vermeiden, gründeten die Wissenschaftler Friederike Range, Zsófia Virányi und Kurt Kotrschal 2008 das Wolf Science Center in Österreich (www.wolfscience.at/en), in dem Wölfe und Hunde auf gleiche Weise mit intensiver menschlicher Interaktion aufgezogen wurden, aber ebenso in Rudeln mit ihren Artgenossen leben.

Streunerhunde sind das Bindeglied zwischen Wolf und Familienhund.

Die Studien im Wolfsforschungszentrum zeigten, dass Wölfe, die wie Hunde aufgezogen worden waren, auch sehr gut darin waren, menschliche Kommunikation zu verstehen. Wurde ihnen eine Handlung vorgemacht, dann konnten sie von einem menschlichen Demonstrator gleich gut lernen wie Hunde dies taten und achteten genauso auf die Details der Demonstration. Überlegen waren sie den Hunden darin, die Demonstration von einem Artgenossen zu lernen (Range & Virányi, 2013, 2014). Darüber hinaus waren Wölfe auch in der Lage, dem menschlichen Blick genauso gut zu folgen wie dem eines Artgenossen (Range & Virányi, 2011). Und in einem Versuch, in dem die Tiere die Wahl zwischen zwei Lösungen hatten, übertrumpften sie die Hunde darin, nicht nur die menschliche, sondern auch die Blickrichtung eines Artgenossen korrekt zu interpretieren (Range & Virányi, 2011).

Spendabel oder eigennützig

Bei einem weiteren Versuch zeigten beide Arten einem fremden Menschen eine im Raum zuvor vor ihren Augen versteckte Leckerei an und passten ihre Kommunikation an die unterschiedlichen Persönlichkeiten der Menschen an, wenn diese sich entweder kooperationsbereit (sie holten das angezeigte Futter und teilten es mit dem Hund oder Wolf: In der Folge zeigten die Tiere dem Versuchsleiter weiter die Futterverstecke) oder eigennützig verhielten (wenn die Versuchsleiter das Futter für sich behielten, stellten die Hunde und Wölfe das Anzeigen des Futters ein; Heberlein et al., 2016).

Frei lebende Hunde haben eine große Bedeutung für die Erforschung des Domestkikationsprozesses.

Studie zum Stressempfinden

Für eine Studie zum Einfluss des Menschen auf das Stressempfinden senkte sich sowohl bei Hunden als auch bei Wölfen der Cortisolpegel im Blut, wenn sie mit einem vertrauten Trainer arbeiteten. Cortisol ist ein Hormon, das bei Stress ausgeschüttet wird. Damit ist der Gehalt des Botenstoffes im Blut oder Speichel ein guter Indikator für das physiologische Stressempfinden eines Tieres. Das bedeutet, dass auch die Wölfe die Zusammenarbeit mit dem Menschen in dieser Situation als positiv wahrnahmen, obwohl die Hunde in dieser Situation häufiger den Blickkontakt zum Trainer suchten (da Silva Vasconcellos et al., 2016). Schließlich haben sich in neueren Studien Wölfe ebenso kooperationsbereit wie Hunde gezeigt, der Unterschied lag nur darin, dass Wölfe gerne die Initiative ergriffen, während Hunde eher den Menschen den Beginn einer Aktion überließen (Range et al., 2019).

Diese Ergebnisse deuten darauf hin, dass die komplexen sozialen Fähigkeiten der Hunde nicht erst durch die Domestikation entstanden sind, sondern schon vorher vorhanden waren (Range & Virányi, 2015). **Gleichzeitig machen die Studienresultate nachdrück-**

lich deutlich, wie wichtig der Faktor Lebenserfahrung für die Entwicklung sozialer Kompetenzen eines Individuums ist (Udell et al., 2010). Auch die Resultate eines indisch-amerikanischen Forschungsprojektes um die Amerikanerin Monique Udell, das die Fähigkeiten von Hand aufgezogenen Wölfen, Haushunden und ehemaligen Straßenhunden verglichen hat, unterstützt die Hypothese, dass Umweltbedingungen einen größeren Einfluss auf die Individualentwicklung haben können als Selektion während der Domestikation (Udell et al., 2008).

DOMESTIKATION VERSUS ERFAHRUNG

Aktuell wird in Bezug auf die Unterschiede der menschenbezogenen sozial-kognitiven Fähigkeiten zwischen Hund und Wolf unter Forschern deshalb intensiv über die Bedeutung von Domestikation versus Erfahrung diskutiert (z. B. Hare & Tomasello, 2005, vs. Miklósi & Topál, 2005; Riedel et al., 2008, vs. Wynne, et al., 2008; Udell et al., 2011, vs. Miklósi & Topál, 2011). Das wahrscheinlichste Szenario ist, dass sowohl der Domestizierungsprozess als auch die Lebenserfahrung eine wichtige Rolle bei der Entstehung der sozio-kognitiven Fähigkeiten von Hunden gespielt haben (Reid, 2009). Die ungarischen Forscher Ádám Miklósi und Josef Topál (Miklósi & Topál, 2013) weisen darauf hin, dass der Vergleich komplexer sozialer Fähigkeiten bei verschiedenen Spezies erfordert, dass man mehrere Populationen sowohl von Hunden als auch Wölfen untersuchen und die Ergebnisse dann miteinander abgleichen müsse. Populationen von Arten können sich in der Fähigkeit unterscheiden, auf Herausforderungen ihres sozialen Umfeldes flexibel zu reagieren. Damit zeigen Arten eine Plastizität im Anpassungsvermögen, das immer beim Vergleich von Fähigkeiten berücksichtigt werden müsse. In Bezug auf Hunde bedeutet dies, dass die Domestikation bewirkt hat, dass sie weniger intensives soziales Feedback brauchen als Wölfe, um ihr Geschick im Verstehen von sozialen Regeln und kommunikativen Signalen des Menschen entwickeln zu können. Dies schließt jedoch nicht aus, dass auch Wölfe in der Lage sind, solche Fähigkeiten zu zeigen, wenn sie auf eine besonders intensive Weise sozialisiert werden. Diese Hypothese könnte experimentelle Ergebnisse erklären, die zeigen, dass sozialisierte Wölfe ebenso gut oder sogar noch besser in Tests abschneiden können als Hunde aus dem Tierschutz (Udell et al., 2010; Bhadra, S. 134), und dass Wölfe und Hunde einem menschlichen Demonstrator gegenüber eine ähnliche Aufmerksamkeit schenken können, wenn sie gleichermaßen sozialisiert worden sind (Range & Virányi, 2013).

BEDEUTUNG FREI LEBENDER HUNDE

Um die Auswirkungen der Domestikation auf das Verhalten von Hunden besser zu verstehen, ist es deshalb wichtig, Wölfe und Hunde, die auf ähnliche Weise mit Menschen aufgezogen und sozialisiert wurden (wie es im WSC praktiziert wird), zu vergleichen, aber auch die Auswirkungen der Erfahrung auf die sozio-kognitiven Fähigkeiten von Wölfen und Hunden mit einzubeziehen. Dies kann man erreichen, indem man Populationen von Hunden und Wölfen mit unterschiedlich intensiver menschlicher Sozialisation vergleicht. Bis vor Kurzem gab es nur sehr wenige Studien, die meistens die Fähigkeiten von Hunden aus dem Tierschutz mit denen von Familienhunden in Tests verglichen haben. In letzter Zeit wurde jedoch erkannt, welche Bedeutung frei lebende Hunde für die Erforschung des Domestikationsprozesses haben könnten.

Love Boat

VERSUCHE MIT FREI LEBENDEN HUNDEN

Für Menschen in westlichen Ländern gelten Hunde meist als Familienmitglieder, die mit uns im Haus leben. Frei laufende Hunde sind selten und werden oft als ausgesetzte oder entlaufene Haustiere angesehen. In den meisten Fällen ist dies jedoch nicht der Fall. Schon heute sind 70 bis 80 Prozent der etwa eine Milliarde Individuen umfassenden gesamten Hundeweltpopulation frei lebende Hunde. Damit sollten „Streuner" eigentlich als Hauptvertreter der Hundeart angesehen werden (Coppinger & Coppinger, 2016). In der Tat lebten die sogenannten Proto-Hunde zu Beginn des Domestizierungsprozesses zweifellos in einem ähnlichen frei laufenden Zustand und ernährten sich damals wie heute von Abfallresten, die sie im Umfeld menschlicher Lager fanden. Erst im nächsten Schritt fing der Mensch an, durch künstliche Selektion frei lebende Protohunde nach bevorzugten Eigenschaften auszuwählen und zu züchten, was erst zu Rasseschlägen und schließlich zu unserer heutigen Rassevielfalt führte (Boyko et al., 2010; Ostrander et al., 2017; Parker et al., 2017; Pollinger et al., 2010).

DEFINITION „FREI LAUFENDER HUND"

Der Begriff „frei laufende Hunde" wurde weitgehend zur Beschreibung von Hunden verwendet, die sich ohne direkte menschliche Einschränkung frei und eigenständig bewegen können (Coppinger & Coppinger, 2002). Genetiker bevorzugen jedoch den Begriff der sich „frei vermehrenden" Hunde vor dem Hintergrund, dass diese Hunde in ihrer Partnerwahl frei agieren dürfen (Pilot et al., 2015 siehe auch Bonanni, S. 45 ff.). So sind frei lebende Hunde trotz ihrer Nähe zum Menschen (und zum Domestikationsprozess) bis heute „natürlichen Selektionsprozessen" ausgesetzt.

VIELFÄLTIGES STREUNERLEBEN

Frei laufende Hunde sind keine einheitliche Gruppe. Tatsächlich unterscheiden sie sich erheblich im Grad ihrer Sozialisation mit dem Menschen als auch in Bezug auf die Abhängigkeit von menschlichen Ressourcen (siehe Roberto Bonanni, S. 46 ff.). So gibt es „wilde Hunde", die am weitesten von Menschen entfernt leben, sich von der Jagd auf Beutetiere ernähren (Butler et al., 2004; Gryz et al., 2011; Hughes & Macdonald, 2013; Krauze-Gryz & Gryz, 2014) und typischerweise sehr menschenscheu sind. „Dorfhunde" können sich dagegen von freundlich bis sehr schüchtern gegenüber Menschen verhalten und ernähren sich hauptsächlich von Abfällen der menschlichen Ernährung (Atickem et al., 2010; Butler et al., 2018; Butler & Toit, 2002; Newsome et al., 2014; Selva et al., 2005; Rodríguez et al., 2010; Vanak & Gompper, 2009a, 2009b). „Frei laufende Besitzerhunde" sind dagegen meist eng mit „ihren" Haltern verbunden und intensiv auf das Zusammenleben mit Menschen sozialisiert. Sie leben in einem Haus mit den Menschen und können sogar einen „Job" haben (z. B. Schafe schützen). Aber sie dürfen sich dennoch tagsüber frei bewegen und meistens auch ihre Paarungspartner nach eigenen Vorlieben auswählen – deshalb gehören auch sie in die Gruppe der „frei lebenden Hunde".

VARIABLE SOZIALSTRUKTUR

Wie stark frei lebende Hunde aufeinander angewiesen sind, ist noch etwas unklar. Manche (nicht unumstrittene, siehe Font, S. 28) Erhebungen haben gezeigt, dass sie von weitgehend einsam (Daniels, 1983) oder in kleinen Gruppen von zwei bis fünf Individuen (Berman & Dunbar, 1983) bis hin zu Rudeln mit bis zu 28 Individuen (Cafazzo et al., 2010) leben. Es ist anzunehmen, dass diese sehr variable Sozialstruktur zumindest teilweise von der Ressourcenverfügbarkeit abhängt (Carr & Macdonald, 1986) und dass diese extreme soziale Flexibilität den Hunden geholfen hat, sich jeder menschlichen Nische anzupassen und sie damit erfolgreich zu besiedeln.

WIENER PROJEKT

Im Jahr 2016 haben wir in Wien ein Projekt zur Untersuchung frei lebender Hunde begonnen. Diese Studien sollen das Bild ergänzen, das wir durch die Studien an Hunden und Wölfen im Wolfsforschungszentrum Ernstbrunn (WSC) gewinnen können. Dadurch hoffen wir, mehr zu erfahren über die Rolle, die Domestikation und Umwelt (also Erfahrung des Individuums) auf die sozio-kognitiven Fähigkeiten von Hunden haben. Dabei hilft der Vergleich zwischen gleichsam sozialisierten, in Gehegen lebenden Wölfen und Hunden, die im WSC aufgezogen werden, um zu zeigen, ob die Domestikation die sozio-kognitiven Fähigkeiten der Hunde beeinflusst hat. Während der Vergleich zwischen den Hundepopulationen uns hilft zu untersuchen, inwieweit diese Fähigkeiten durch die soziale Erfahrung der Hunde mit dem Menschen beeinflusst werden.

Unsere untersuchte Streunerpopulation waren marokkanische frei laufende Hunde und Besitzerhunde in Taghazout.

STUDIENGEBIET MAROKKO

In Marokko wird die Hundepopulation auf etwa zwei Millionen Individuen (Azlaf & Dakkak, 2006) geschätzt. Eine Zählung von 1993 ergab, dass sich in diesem Land etwa 60 Prozent der Hunde völlig frei bewegen durften, während der Freilauf von ungefähr 20 Prozent entweder tagsüber oder nachts reglementiert wurde (World Health Organization, 1993). In beiden Fällen standen die Hunde jedoch nicht unter strenger Aufsicht oder Fürsorge des Menschen. Deshalb können alle diese Hunde als frei lebende Hunde betrachtet werden. Doch eine relativ große Anzahl der Hunde ist auch Eigentum der lokalen Bevölkerung (95 % der Menschen erklären, mindestens einen Hund zu besitzen) und dient als Wach- (66 %) oder Herdenschutzhund (31,4 %). Sie unterscheiden sich jedoch völlig von unserem (also unserem westlichen) Konzept des Haushundes. Diese Hunde dürfen sich frei bewegen und vermehren, die Mehrheit erfährt keine tierärztliche Betreuung oder bekommt Medikamente bei Krankheit und sie leben nicht in Häusern. Sie siedeln sich in Territorien an, weil sie dort Nahrung, also Reste und Abfälle, finden, die direkt oder auch indirekt von den „Besitzern" bereitgestellt wird. Auf diese Weise schützen sie im Gegenzug diese Gebiete und die dort lebenden Familien vor Eindringlingen. Werden sie als Welpen von Herdenschutzhunden in der Nähe von Nutztieren geboren, dann folgen sie diesen Herden und verteidigen diese ganz allein, ohne jemals eine spezielle Ausbildung dafür erhalten zu haben.

DIE STADT TAGHAZOUT

Unsere Studienpopulation konzentriert sich weitgehend auf die Stadt Taghazout und das Umland (ca. 0,5 Quadratkilometer). Taghazout ist ein Fischerdorf mit ungefähr 5000 Einwohnern der dort lebenden Berber und liegt in der Nähe von Agadir an der Atlantikküste Marokkos. Die Bucht von Taghazout zieht jedes Jahr rund 60000 Touristen sowohl aus Marokko (besonders im Sommer) als auch aus den westlichen Ländern (besonders im Winter) an. Weltberühmt ist Taghazout für das Surfen geworden, deshalb wird die Stadt von Oktober bis April besonders von Surfern bevölkert. Dies ist auch die Zeit, in der man die größte Anzahl von herumstreunenden Hunden sehen kann. Mit der Zeit ist Taghazout deshalb nicht nur für das Surfen, sondern genauso berühmt für seine Hunde geworden! Von 2016 bis 2018 haben wir zwischen Oktober und Februar das Gebiet von Taghazout überwacht und jedes Jahr 110 bis 130 erwachsene Hunde beobachtet (es wurden nur Hunde berücksichtigt, die mindestens dreimal beobachtet werden konnten). Im Jahr 2017 fanden wir noch 42 Prozent der Hunde, die 2016 vor Ort gewesen waren. Das lässt darauf schließen, dass noch etwa die Hälfte der Population vorhanden war. Im Jahr 2018 fanden wir nur noch 26 Prozent der 2017 beobachteten Hunde. Der Grund für diesen starken Rückgang zwischen 2017 und 2018 war eine von den lokalen Behörden initiierte Hundetötung, die im April 2018 stattfand und darauf abzielte, die Population zu dezimieren. Manche Hunde wurden von der lokalen Bevölkerung und Touristen geschützt und versteckt, aber viele überlebten nicht. Wahrscheinlich aufgrund dieses Ereignisses waren nur 15,5 Prozent der im Jahr 2018 gefundenen Hunde die gleichen Individuen wie im Jahr 2016. **Interessanterweise war die Gesamtzahl der Hunde jedoch bereits Ende 2018 und Anfang 2019 wieder bei 111 Individuen.** Diese schnelle Zunahme zeigt zum einen, dass diese Anzahl die Tragfähigkeit an Hunden für dieses Gebiet ist, und zum anderen, dass das Töten oder Entfernen von Hunden (z. B. durch staatlich angeeordnete Tötungen, aber auch Unterbringung in Tierheimen oder Entfernung durch Adoption) als Maßnahme zur Reduzierung der Population absolut nicht geeignet ist.

ERNÄHRUNGSWEISE

Wie andere frei lebende Hunde ernähren sich auch die Streuner in Taghazout meist von der Suche nach Nahrung in menschlichen Abfallresten, die von der lokalen Bevölkerung und den touristischen Aktivitäten (Restaurants, Hotels usw.) produziert werden. Müll kann an festen Orten (z. B. in Mülleimern) und zu vorhersagbaren Tageszeiten (etwa wenn die Restaurants den Müll spät am Abend entsorgen) gefunden werden. Aber auch an unvorhersehbaren Orten wird viel Müll verteilt. Darüber hinaus konnten wir beobachten, dass sich die Hunde auch von menschlichem Kot ernähren. Dies ist bereits aus anderen Studien (Butler & Toit, 2002) bekannt und für die Hunde wahrscheinlich eine wichtige Futterquelle, da Taghazout kein vollständiges Abwassersystem hat. Sowohl Einheimische als auch Touristen bieten den Streunern eine weitere Nahrungsquelle, indem sie die Hunde an bestimmten Orten und nach einem festen Zeitplan füttern. So versammeln sich zu diesen Zeiten mehr oder weniger stabile Gruppen von Hunden an den Futterplätzen. Neben diesen fest vorhersagbaren, hauptsächlichen Futterquellen der Streuner konnten Einheimische auch beobachten, dass Hunde Jagd auf andere Tiere machten: So wurde uns von Hunden berichtet, die Wildschweine aus dem Dorf verjagten und in einem Fall sogar eines dieser Schweine getötet werden konnte. Wir selbst konnten einen Hund beobachten, der ein Kätzchen gejagt, getötet und gefressen hat.

MIGRATIONSMUSTER

Als Migrationsmuster konnten wir beobachten, dass Hunde auf unterschiedliche Weise ins Dorf kamen: Die Mehrheit schien spontan und eigenständig aus der Umgebung zu kommen. Manche Hunde werden aber auch von Touristen oder Einheimischen aus anderen Städten ins Dorf gebracht, vermutlich weil bekannt ist, dass Hunde in Taghazout normalerweise toleriert und akzeptiert werden. Andere Hunde werden wiederum hier geboren und verbleiben vor Ort.

SOZIALVERHALTEN

Wie bereits erwähnt, können sich frei laufende Hunde sehr darin unterscheiden, wie schüchtern oder freundlich sie gegenüber Menschen auftreten. Erste Beobachtungen von uns in verschiedenen marokkanischen Städten zeigten eine große Variabilität in der Reaktion der Hunde, wenn wir versuchten, uns zu nähern. Deshalb fällt auf, dass eine Besonderheit der Taghazout-Hunde ihre Freundlichkeit ist. Besonders die Individuen, die im Zentrum des Dorfes leben,

Viele Streuner „wissen" genau, wann und wo sich zu bestimmten Tageszeiten gutes Futter finden lässt.

treten Menschen gegenüber aufgeschlossen auf. Es genügt häufig, sie anzusehen oder sie zu streicheln, und schon folgen sie einem überallhin und verbringen einen Tag am Strand mit dir.

EINSTELLUNG DER MENSCHEN IM DORF

Wir dachten zuerst, dass die Hunde so freundlich seien, weil westliche Surfer viel Zeit damit verbrachten, sie zu streicheln, zu füttern und mit ihnen zu spielen.
Um die Einstellung der Menschen zu den Hunden zu erforschen, haben wir einen Fragebogen sowohl an die lokale Bevölkerung (mit Hilfe eines Dolmetschers aus der Gegend) als auch an die westlichen Touristen (meist die Surfergemeinschaft) verteilt. Zusätzlich haben wir in der letzten Feldforschungssaison auch eine Studie durchgeführt, in der wir die Qualität der Wechselwirkungen zwischen den frei lebenden Hunden und den Menschen (Bevölkerung und Touristen) von Taghazout beobachtet haben. Die Ergebnisse des Fragebogens befinden sich noch in der Analysephase. Die Beobachtungsstudie zeigte jedoch, dass die Mehrheit der von den Hunden initiierten Interaktionen (73 %) von beiden Richtungen aus freundlich war, wenn die Hunde bei Einheimischen oder Touristen Kontakt suchten. Ebenso waren 80 Prozent der vom Menschen initiierten Interaktionen mit den Hunden ebenfalls positiv (wie spielen, streicheln und füttern). Interessanterweise haben wir auch keinen großen Unterschied im Verhalten der Menschen festgestellt, wobei 90 Prozent der westlichen Touristen und 76 Prozent der Einheimischen positiv mit den Hunden interagierten. Dr. Rachel Dale, eine Forscherin des Projekts, betont: „Das ist eine große

76 Prozent der einheimischen Menschen in Taghazout gehen freundlich mit den Hunden um.

Die Forscherinnen werden von Streunerhunden in Taghazout/Marokko begleitet.

Mehrheit und zeigt, dass es trotz der Managementherausforderung der lokalen Regierung mit einer so hohen Anzahl von Hunden möglich ist, dass Menschen und frei lebende Hunde friedlich nebeneinander existieren. Es braucht ein Dorf, um ein Kind großzuziehen – vielleicht ist die Stimmung bei den frei lebenden Hunden die gleiche."

WARUM GERADE DIE HUNDE VON TAGHAZOUT?

Vollkommen zu Recht wurden frühe Versuche mit gefangenen Wölfen in Zoos und ihre Vergleiche mit den entsprechenden Versuchen mit Familienhunden kritisiert. Der Hauptkritikpunkt lag dabei in der Annahme, dass jeder Test mit Menschen für Wölfe eine „Bestrafung sein kann", da sie während des Versuchsverfahrens mehr Angst und damit weniger Aufmerksamkeit oder Entspannung haben, was für eine vergleichbare Testbewältigung eigentlich die Voraussetzung wäre. Da es das Ziel dieser Streunerstudie war, verschiedene Verhaltens- und Kognitionstests mit frei lebenden Hunden durchzuführen und sie so weit wie möglich mit Familienhunden und Hunden aus den WSC-Gruppen zu vergleichen, war es uns ebenso wichtig, eine Population auszuwählen, die keine Angst vor uns zeigt und somit freiwillig und entspannt an unseren Tests teilnehmen kann. Aus diesem Grund haben wir uns für die Taghazout-Hunde entschieden. Die Hauptunterschiede, abgesehen von den Erfahrungen mit menschlicher Interaktion, bestanden natürlich darin, dass WSC-Wölfe und -Hunde sowie Familienhunde in ihrem Bewegungsradius immer auf einen begrenzten Raum beschränkt sind, während frei lebende Hunde völlig frei agieren dürfen und von uns auf der Straße getestet werden sollten. Das stellte einige Herausforderungen an uns!

AUS ALLER WELT – HUNDEFREUNDE GIBT ES ÜBERALL

Es ist toll, dass es jetzt wissenschaftlich erarbeitete Zahlen zur Kontaktaufnahme zwischen Mensch und Hund gibt. Sie belegen, was auch ich in vielen anderen Ländern ebenfalls beobachtet habe. Wenn man sich nur mit den Negativmeldungen der Tierschützer beschäftigt, könnte man glauben, dass so ziemlich alle Menschen in süd- und osteuropäischen Ländern Hundehasser sind. So findet man hauptsächlich in den sozialen Medien auf Boulevardzeitungsniveau gemachte Hetzberichte gegen ganze Länder. Mit Aufklärung und seriösem Tierschutz hat das nichts mehr zu tun. Fest steht: In jedem Land gibt es tierliebe Menschen, genauso wie es in jedem Land Hundehasser gibt.

SCHWIERIGKEITEN UND ERFOLGE IN TAGHAZOUT

Als wir mit dem Projekt begannen, hatten wir überhaupt keine Ahnung, wie man frei lebende Hunde testen könnte. Die Durchführung von Versuchen mit Familienhunden (aber auch mit den im WSC lebenden Hunden und Wölfen) gestaltet sich sehr viel einfacher und hat viele Vorteile. Mit diesen Hunden und Wölfen kann man in einem Raum (oder an einem klar definierten Ort) arbeiten, an dem man den Grad der ablenkenden Umweltreize kontrollieren kann. Dazu kommt, dass es die Tiere gewöhnt sind, dass ihr Bewegungsradius durch eine Leine limitiert ist – dadurch können die Hunde und Wölfe an einem Ort gehalten werden, sodass sie z. B. die Demonstration durch den Versuchsleiter konzentrierter beobachten können (z. B. das Zeigen auf eine Box). Dann können komplexe Tests mehrmals wiederholt werden, da sich ja alle Individuen verfügbar vor Ort befinden. Und bei Bedarf kann man Tiere im Vorfeld für die Durchführung bestimmter Versuche auch vorbereitend trainieren, um bestimmte Fähigkeiten für den Test zu fördern.

DURCHFÜHRUNG DER VERSUCHE

Das Durchführen von Versuchen mit frei lebenden Hunden erforderte von uns deshalb eine erhebliche Umstellung im Vorgehen und im Perspektivenwechsel. Da die Hunde nicht kontrolliert kamen und gingen und sie vor Ort in ihrer Bewegungsfreiheit auch nicht eingeschränkt werden konnten, mussten wir die Versuchsdurchführung neu denken und gestalten. Außerdem erwies sich das mehrfache Testen derselben Hunde als ziemlich schwierig. Denn schnell mussten wir feststellen, dass viele Individuen, obwohl sie in einem Stammgebiet zu Hause waren, doch ziemlich weit verteilt umherliefen. Deshalb gab es niemals eine Garantie, dass wir dieselben Hunde für unsere Tests wiedertreffen würden.
Die größte Herausforderung aber waren die störenden Umweltereignisse, die unsere Testhunde ständig von der Bewältigung der Aufgabe ablenkten, also z. B. andere Hunde, Kinder, Surfer, Ziegen, Esel und viele mehr.

TESTZEITRAUM

Um die Ablenkungen zu minimieren, hat sich für uns der frühe Morgen als beste Testzeit bewährt. In vielen Fällen haben wir uns dazu entschieden, in Teams mit jeweils zwei oder drei Forschern zu arbeiten, damit immer jemand vor Ort war, der im Notfall andere Hunde oder Surfer oder Esel davon abhalten konnte, den Testablauf zu stören. Außerdem haben wir versucht, Testdesigns zu entwickeln, die den besonderen Ansprüchen unserer Streuner-Populationen gerecht wurden, aber dennoch Rückschlüsse auf alle anderen Hunde möglich machten. Deshalb testeten wir vergleichend z. B. Familienhunde aus Wien nicht in den eigenen vier Wänden, sondern führten die Versuche in verschiedenen Parks durch, um ähnliche Bedingungen wie bei den Straßenhunden herzustellen, die aber gleichzeitig auch auf unsere WSC-Hunde und -Wölfe anwendbar sind.
In unseren ersten Studien in Marokko konzentrierten wir uns darauf, drei Hauptfragen zu untersuchen:

1. **Die klassische „unlösbare Aufgabe".** Hier ging es darum, ob und wie schnell die Streuner, Familienhunde sowie Hunde und Wölfe des WSC den Blickkontakt zum Menschen suchten, um Hilfe bei der Lösung einer Aufgabe zu bekommen, die für die Tiere alleine nicht lösbar war. Damit wollten wir untersuchen, ob die unterschiedlich lebenden Hunde und Wölfe ein ähnliches Kontaktsuchverhalten in dieser Situation zeigten. Wir erhofften uns vom Ergebnis, die Funktion der „Blickkontaktsuche", die Hunde besonders intensiv zeigen, bei Hunden besser zu verstehen.
2. **Der Ausdauerversuch.** Eine Reihe von Studien hat gezeigt, dass Wölfe Hunde in puncto Problemlösefähigkeit überlegen sein können. Dies könnte möglicherweise daran liegen, weil sie hartnäckiger sind, sich also länger eigenständig mit der Lösung eines Problems beschäftigen. Um zu klären, ob diese verminderte Ausdauer bei Hunden darauf zurückzuführen ist, dass Hunde mehr auf Menschen angewiesen sind, haben wir untersucht, wie frei lebende Hunde (die wesentlich weniger auf Menschen angewiesen und möglicherweise motivierter sind, sich Nahrung selbst zu beschaffen) sich im Vergleich zu anderen Hundepopulationen beim Finden von Futter verhalten würden, das vorher in verschiedenen Objekten versteckt wurde.
3. **Präferenz für Kuscheln versus Futtergabe von einem Fremden.** Angesichts der guten Integration der Taghazout-Hunde in das menschliche Umfeld interessierte uns die Frage, wie attraktiv für diese Hunde das Angebot einer Kuscheleinheit oder eines leckeren Futters sein könnte und ob es eine Vorliebe der frei lebenden Tiere geben könnte. Auch diese Ergebnisse sollten in Vergleich zu den Versuchsergebnissen gesetzt werden, die im ähnlichen Versuchsdesign mit westlichen Familienhunden sowie den Hunden und Wölfen im WSC durchgeführt wurden.

Gegenseitige Fellpflege fördert den sozialen Zusammenhalt in der Gruppe.

Für viele Streuner sind Menschen beliebte Sozialpartner.

UNLÖSBARE AUFGABE

Wie Versuche mit Familienhunden zu Fehlinterpretationen der Ergebnisse führen können.

Die Konfrontation mit der „unlösbaren Aufgabe" ist ein bei Verhaltensforschern sehr beliebter Versuch, der schon mit vielen Arten durchgeführt wurde. Hier wird das Subjekt vor eine Aufgabe gestellt, die es relativ leicht lösen kann: Ein Hund muss z. B., um an leckeres Futter zu kommen, einen Deckel von einem Behälter schieben. Nachdem der Hund diese Aufgabe ein paarmal erfolgreich bewältigt hat, wird der Deckel vom Versuchsleiter plötzlich festgedrückt, sodass der Hund die Aufgabe nicht mehr allein lösen kann, und es wird beobachtet, wie sich das Tier in dieser Situation verhalten wird. Dieser Versuch wurde erstmals in einer wegweisenden Studie vom ungarischen Forscherteam um Ádám Miklósi durchgeführt, das damals junge, von Menschen aufgezogene Wölfe und Familienhunde verglichen und erhebliche Unterschiede zwischen den beiden Arten festgestellt hat. Einmal mit dem unlösbaren Versuch konfrontiert, gaben die Hunde schneller auf als die Wölfe und blickten früher und länger zurück zum Versuchsleiter, während die Wölfe eine größere Beharrlichkeit dabei zeigten, die unerreichbare Nahrung doch noch alleine erreichen zu können (Miklósi et al., 2003). Die Autoren vermuteten, dass der „Blick zurück" ein Effekt der Domestikation sei, weil Wölfe sich bei der Problemlösung mehr auf sich selbst verließen.

HILFEVERHALTEN

Im Anschluss an diese Studie nutzten viele andere Forscher ein ähnliches Versuchsdesign und interessanterweise begannen viele von ihnen, das Rückblickverhalten als eine Problemlösungsstrategie zu betrachten: Einmal mit einer unlösbaren Aufgabe konfrontiert, gäben Hunde auf und schauten zum Menschen, um ihn um Hilfe zu bitten (Brodd, 2014; D'Aniello & Scandurra, 2016; Hori et al., 2013; Konno et al., 2016; Marshall-Pescini et al., 2016; Passalacqua et al., 2011; Persson et al., 2015; Piotti et al., 2017). Dieses Hilfeverhalten würde wahrscheinlich auf der Vorerfahrung beruhen, dass Menschen ihnen helfen, wenn sie sie ansehen. Es sei also eine Kombination aus genetischer Prädisposition und Lebenserfahrung.

VARIABILITÄT IN DER BEHARRLICHKEIT

Erst kürzlich haben wir Zweifel an der Interpretation dieses Tests geäußert (Marshall-Pescini et al., 2017). Für uns stellt sich die Beharrlichkeit der Versuchstiere als beste Erklärungsvariable dar, um die Unterschiede zwischen Wölfen und Hunden in der „unlösbaren Aufgabe" zu verstehen. Tatsächlich sahen die Hunde insgesamt früher auf den Menschen zurück als die Wölfe, da sie früher damit aufhörten, das Gerät manipulieren zu wollen. Sie zeigten sich also weniger hartnäckig als die von uns getesteten Wölfe. Doch unabhängig von der Art konnten wir bei Wölfen und Hunden eine große Variabilität der Beharrlichkeit feststellen: Die weniger hartnäckigen Testtiere guckten unabhängig von der Spezies früher zurück als die ausdauernden Hunde oder Wölfe. Es könnte jedoch immer noch argumentiert werden, dass Hunde die Aufgabe freiwillig früher aufgeben, um Hilfe zu erbitten, während Wölfe versuchen, die Aufgabe unabhängig vom Menschen zu lösen (Marshall-Pescini et al., 2017; Udell, 2015). Zusätzlich testeten wir deshalb Hunde mit sehr unterschiedlicher Lebenserfahrung, zum einen indische frei laufende Hunde, Familienhunde aus Wien und die in Gruppen lebenden Hunde des Wolfsforschungszentrums in Ernstbrunn, in der gleichen Aufgabe. Erstaunlicherweise konnten wir hier keine Unterschiede sowohl in der Beharrlichkeit als auch in der Dauer finden, die die Hunde brauchten, um zum Menschen zurückzublicken.

WAS BEDEUTET DAS ZURÜCKSCHAUEN WIRKLICH?

Dieses Ergebnis, dass frei lebende Hunde nach gleicher Zeit wie Familienhunde den Blick zurück zum Menschen zeigen, war etwas überraschend und veranlasste uns dazu, die Bedeutung des Verhaltens zu hinterfragen. Denn obwohl frei lebende Hunde gelegentlich direkt von der menschlichen Bevölkerung vor Ort gefüttert werden, ist es unwahrscheinlich, dass eine Person einem Hund bei der Nahrungsbeschaffung helfen würde. In Taghazout haben wir diese Art von Hilfestellung durch den Menschen in zwölf Monaten der Feldforschung nie beobachten können. Am nächsten kam die gelegentliche Beobachtung dieser Art von Interaktion, wenn Hunde Nahrung von einem Mann erhielten, der selbst in einem Mülleimer stöberte (der für Hunde unzugänglich war) und versehentlich etwas Nahrung fallen ließ, die die Hunde sich dann schnell schnappten. Diese Ereignisse waren jedoch selten. Um die Erfahrung entwickeln zu können, die notwendig wäre, um eine solche Strategie des Bittens um Hilfe mittels Blickkontakt zu entwickeln, wäre eine viel engere und konstantere Interaktion zwischen Streunern und Menschen erforderlich.

Die vier vorgestellten Testbedingungen:
01 soziale Situation,
02 scheinbar soziale Situation,
03 Objektbedingung (hier Stofftasche) und
04 Single-Situation.

01

02

03

Aufbau der Testsituation

Um das Ergebnis mit indischen Straßenhunden zu überprüfen, konfrontierten wir insgesamt 31 frei lebende Hunde aus Taghazout und 20 Familienhunde aus Wien mit der „unlösbaren Aufgabe". Damit für alle Hunde die gleichen Bedingungen galten, wurde den Hunden ein Holzbrett präsentiert, auf dem sich vier umgestürzte transparente Behälter befanden. Unter den Plastikflaschen wurde Futter versteckt. Drei der vier Behälter konnten bewegt werden, sodass die Hunde das Futter durch Manipulation erreichen konnten (lösbare Aufgabe). Der vierte Behälter wurde am Brett so befestigt, dass ein Erreichen des Futters unmöglich war (unlösbare Aufgabe). Alle Hunde wurden unter vier verschiedenen Bedingungen getestet:

1. eine soziale Situation mit menschlicher Anwesenheit;
2. eine „scheinbar soziale Situation", in der eine menschliche Pappfigur in der Nähe der Apparatur platziert wurde (der schneidige „Han Solo" des Filmes „Star Wars");
3. eine „Objektbedingung", in der nur ein großer Pappkarton am Ort stand und
4. eine „Single-Situation", in der das Subjekt alleine mit den Flaschen war.

Alle Freilaufhunde konnten unter allen Bedingungen, außer mit dem Karton, getestet werden.

Wie verhielten sich die Hunde im Test?

Sollte der „Blick zurück" tatsächlich eine „Bitte um Hilfe" sein, dann lautete unsere Vorhersage, dass die Familienhunde wegen ihrer größeren Erfahrung im Umgang mit Menschen beim Lösen solcher Probleme früher zum Menschen schauen würden als frei lebende Hunde. Wir erwarteten auch, dass Familienhunde in Anwesenheit eines Menschen früher aufgeben würden, das Futter selbst zu erreichen, aber nicht in Anwesenheit des „Han Solo"-Ausschnitts oder des Kartons (da nur der Mensch ihnen tatsächlich helfen konnte). Tatsächlich haben die Familienhunde ihr Problemlösungsverhalten jedoch nicht an die unterschiedlichen Bedingungen angepasst und blickten nicht früher zum Menschen zurück als die frei laufenden Hunde aus Marokko (Lazzaroni et al., Arbeit eingereicht). Allerdings zeigte sich ein wichtiger Unterschied zwischen den beiden Gruppen. Unabhängig von den Versuchen, den fest montierten Plastikbehälter zu lösen, um an das Futter zu kommen, suchten Familienhunde insgesamt länger Blickkontakt mit der anwesenden Person als die frei lebenden Hunde. Wir interpretierten diesen Befund so, dass für Familienhunde Menschen grundsätzlich attraktiver sind als für frei lebende Hunde, möglicherweise weil sie stärkere, dauerhaftere Bindungen zum Menschen eingegangen sind oder weil sie schon seit Langem das Gefüttertwerden mit Menschen in Verbindung bringen (und den Menschen möglicherweise deswegen ansehen).
Die Möglichkeit, sowohl frei lebende Hunde als auch Familienhunde im „unlösbare Aufgabe"-Versuch vergleichend zu testen, ermöglichte es uns, die Bedeutung des „Rückblickverhaltens" näher zu analysieren. Die Ergebnisse deuten für uns darauf hin, dass dieser Test zwar ziemlich berühmt, aber eventuell nicht wirklich dafür geeignet ist, die sozialen Problemlösungsstrategien von Hunden und Wölfen zu untersuchen (andere Testparadigmen könnten unserer Ansicht nach tatsächlich geeigneter sein, siehe Heberlein et al., 2016).

04

☞ TIPP FÜR HUNDEHALTER – ORIENTIERUNGSPERSON FÜR HUNDE

Der eigeninitiierte Blickkontakt vom Hund auf den Menschen kann als eine „gewisse Frage" vom Hund, gerichtet an den Menschen, interpretiert werden. Eigeninitiiert bedeutet, dass der Hund ohne ein Signal unsererseits auf die Idee kommt, uns anzuschauen. Verpassen wir dieses kommunikative Signal oder ignorieren es einfach, stellt der Hund langfristig die Kommunikation zu uns in Situationen, die ihn verunsichern, ein und fängt an, selbst Entscheidungen zu treffen. Das wiederum fördert nicht gerade die Beziehung bzw. die Bindung und kann besonders in sozialen Situationen unerwünschtes Verhalten fördern (wenn Hunde arbeiten, ist eigenständiges Handeln dagegen häufig erwünscht, z. B. beim Mantrailen, Apportieren, bei der Nachsuche oder Hüten, siehe S. 169).

Kleines Beispiel für eine soziale Situation

Sie gehen mit Ihrem unangeleinten Hund spazieren. Ein auffällig gekleideter Mann mit dunklem Mantel und Hut kommt Ihnen entgegen, der Hund ist leicht verunsichert, er bleibt stehen und guckt Sie an. In diesem Fall ist es das Beste, was der Hund Ihnen anbieten kann. Er stellt Ihnen eine Frage. Bleibt die Frage unbeantwortet, handelt er eigeninitiativ, das heißt, er könnte den Mann im großen Bogen umlaufen. Er könnte umdrehen und den Menschen meiden, er könnte ihn verbellen usw. Viele Hunde sind mit diesen Entscheidungen überfordert. Die beste Reaktion Ihrerseits wäre, den Blickkontakt zu erwidern und den Hund zu sich zu rufen, gemeinsam gehen Sie dann mit Ihrem Hund an diesem Menschen vorbei. So verpassen Sie nicht, dem Hund zu signalisieren, dass er sich auf Sie verlassen kann, dass er, wenn er sich unsicher ist, jederzeit Schutz bei Ihnen findet und er lernt, dass dieser Mann nicht gefährlich war.

Thomas Baumann betitelt diese Art der Kommunikation, die nichts anderes ist als eine Art Kooperation, als Innenfokus. Das heißt, der Fokus des Hundes auf den Menschen. Ignorieren Sie Ihren Hund in diesen entscheidenden Situationen, wird der Außenfokus, das heißt, der Fokus vom Hund auf die Umwelt, wachsen.

Der Innenfokus ist entscheidend!

Der Außenfokus wächst natürlich auch mit den allgemeinen Ablenkungen, die es im Alltag so gibt. Die meisten für den Hund relevanten Ablenkungen finden draußen statt, beim Gassigehen. Genau da können wir froh sein, wenn uns der Hund überhaupt mal anschaut. Der Innenfokus im Haus ist meist sehr viel höher. Da behält der Hund uns ständig im Auge, läuft permanent hinter uns her und solange er keine Unsicherheit zeigt, z. B. bei Gewitter, brauchen wir ihn auch nicht ständig zu beachten, auch wenn er uns anguckt. Das heißt, diesen Innenfokus im Haus können wir auch einmal ignorieren, aber draußen sollten wir den Blick aufnehmen.

Fördern des Blickkontaktes

Aber wie fördern wir den eigeninitiativen Blickkontakt draußen? Sicherlich nicht durch die sogenannte Schauübung, das heißt, dass der Hund Sie auf Kommando anschaut. Das ist zwar keine schlechte Übung, aber mit dem Innenfokus hat sie nur bedingt etwas zu tun. Gehen Sie mit Ihrem Hund spazieren und zählen einmal mit, wie oft er Ihnen eine Frage stellt. Gehen Sie immer dieselbe Runde. Dann fangen Sie an, die Blickkontakte zu erwidern, aber denken Sie daran, locken zählt nicht. Wenn der Hund Sie so gut wie nie anguckt, dann bleiben Sie einfach mal mit dem angeleinten Hund stehen, einfach so, sagen Sie nichts und warten Sie einfach

Hunde scheinen mit dem Blick zu uns häufig Fragen zu stellen – z. B. „Wer bist du?“

mal ab. Das kann einige Minuten dauern. Guckt er Sie dann irgendwann mal fragend an, freuen Sie sich und belohnen ihn. Das kann mit verbaler Zusprache, Leckerchen, Streicheln oder einem Spiel passieren. Die besonderen Belohnungen sollte man sich allerdings für Konfliktsituationen aufsparen. Es geht nur darum, den Hund mal grundsätzlich auf die Idee zu bringen. Das eigentliche Lob kann auch einfach mal das Weitergehen sein.

Blickkontakt einfordern

Den Blickkontakt kann man auch in besonderen Situationen einfordern, aber noch mal: nicht durch locken. Bevor er zum anderen Hund darf, muss er Sie angucken, bevor Sie die Tür zum Gassigehen aufmachen, muss er Sie angucken, bevor es aus dem Auto geht, muss er Sie angucken, alles eigeninitiativ. Für diese Übung braucht man mitunter viel Geduld und Ruhe. Und bitte, sollte Ihr Hund Sie bei einer Unsicherheit anschauen, belohnen Sie ihn nicht mit Leckerchen oder dem Clicker. Er braucht jetzt Ihre Geborgenheit in Form von sozialem Kontakt und nichts anderes. Nach ein paar Monaten werden Sie feststellen, dass der Hund Sie öfter mal fragt, wie auf Ihrem ersten mitgezählten Spaziergang. Der Innenfokus draußen wächst. Das erleichtert den Rückruf und fördert die Bindung.

DER AUSDAUER-VERSUCH

Die Bedeutung von Domestikation und Erfahrung für die Hartnäckigkeit der Testtiere.

Die Problemlösungsfähigkeit eines Individuums ist ein Merkmal, das als anerkanntes Maß für die allgemeine kognitive Leistungsfähigkeit gilt (Roth & Dicke, 2005), und kann die Fitness eines Individuums beeinflussen (Cole et al., 2011, 2012; Keagy et al., 2009; Thornton et al., 2014). Die Leistung einer Testperson bei der Problemlösung wird durch eine Kombination von Faktoren bestimmt. Einer dieser Faktoren ist die Beharrlichkeit. Sie wird gemessen mit der Zeit, die das Subjekt damit verbringt, ein Objekt zu manipulieren, um dadurch die Aufgabe zu lösen. Studien haben immer wieder festgestellt, dass ein Subjekt umso erfolgreicher bei der Problemlösung ist, je hartnäckiger es ist (Benson-Amram & Holekamp, 2012; Chow et al., 2016; Overington et al., 2011; Thornton & Samson, 2012).

SIND HUNDE SCHLECHTER IM LÖSEN VON PROBLEMEN?

Unterschiede zwischen Hunden und Wölfen bei Versuchen mit der „unbelebten Umwelt", also im Bereich der „physikalischen Gesetzmäßigkeiten" (d. h. Wahrnehmung der physischen Umgebung und Problemlösungskompetenz), wurden in der Vergangenheit vielfach durchgeführt und diskutiert. Die ersten Studien von Frank und Kollegen aus den 1980er-Jahren, die zeigten, dass Wölfe bei verschiedenen Problemlösungs- und Manipulationsaufgaben erfolgreicher waren als Hunde, veranlassten die Autoren zu der Annahme, dass die Domestikation Hunde in Bezug auf die physikalische Wahrnehmung ihrer Umwelt negativ beeinflusst hat (Frank, 1980). Die Autoren gingen davon aus, dass bei Hunden (also Familienhunden) die natürliche Selektion außer Funktion gesetzt worden sei, da nicht mehr die Umwelt, sondern der Mensch die Auswahl der Nahrung und des Zuchtpartners für den Hund bestimme. Dies wiederum hätte nach Ansicht dieser Autoren die Problemlösefähigkeit der Hunde beeinträchtigt (Frank, 1980; Hemmer, 1990).

Effekt der „Unterdrückung"

In jüngerer Zeit schlugen die amerikanische Forscherkollegin Monique Udell und ihre Kollegen dagegen vor, das mangelnde Problemlösevermögen als einen Effekt der Unterdrückung jeglicher eigenständigen Handlungstendenzen durch den Besitzer zu sehen. Da eigenständiges Handeln von Hunden im Haushalt eher unerwünscht ist, hätten die getesteten Hunde diese Fähigkeit mit der Zeit verloren und zeigten sich deshalb weniger beharrlich bei der Aufgabenlösung. Denn wer wolle schon einen Hund, der versucht, den Kühlschrank zu öffnen (Udell, 2015)? Und schließlich wurden die geringere Hartnäckigkeit und schlechtere Leistung von Hunden im Vergleich zu Wölfen auf die Anwesenheit von Menschen zurückgeführt, die Hunde allein durch ihre Präsenz von der Aufgabe ablenken würden (Miklósi et al., 2003). Hunde würden sich auf die Hilfe des Menschen verlassen und so den Menschen ansahen, anstatt Zeit mit der eigenständigen Aufgabenlösung zu verbringen (Brodd, 2014; D'Aniello & Scandurra, 2016; Hori et al., 2013; Konno et al., 2016; Marshall-Pescini et al., 2016; Passalacqua et al., 2011; Persson et al., 2015; Piotti et al., 2017).

UNTERSCHIED IN PUNCTO BEHARRLICHKEIT

Um den potenziellen Einfluss auf die Tiere durch die Anwesenheit eines Menschen zu verhindern, haben wir in einer aktuellen Studie im Wolfsforschungszentrum Wölfe und Hunde getestet und ihnen Objekte mit unzugänglicher Nahrung präsentiert, ohne

dass ein Mensch während der Tests in ihrem Gehege anwesend war (Rao et al., 2018). Die Ergebnisse zeigten, dass Wölfe hartnäckiger waren als Hunde (sie verbrachten fast 50 % mehr Zeit für die Interaktion mit dem Objekt). Diese Unterschiede konnten nicht mit verschiedenen Lebenserfahrungen der Testtiere erklärt werden, da alle Wölfe und Hunde des WSC auf die gleiche Weise sozialisiert und aufgezogen wurden. Es konnte hier also tatsächlich ein grundlegender Unterschied zwischen Wölfen und Hunden in puncto Beharrlichkeit festgestellt werden. Unser Vorschlag zur Interpretation dieses Ergebnisses lautet, dass diese Verschiedenheit die **Anpassung der Arten an ihre jeweilige Ernährungsweise** widerspiegelt. **Tatsächlich sind Wölfe Jäger und benötigen ein hohes Maß an Ausdauer, um in freier Wildbahn Beute zu finden, zu jagen und damit zu überleben** (Mech & Korb, 1978; Mech et al., 2015).
Aber was ist mit Hunden? Hunde sind hauptsächlich Restefresser (Atickem et al., 2010; Butler & Toit, 2002; Newsome et al., 2014; Selva et al., 2005; Rodríguez et al.,

☞ TIPP FÜR HUNDEHALTER – EIGENSTÄNDIGES HANDELN FÖRDERN

Es gibt Situationen, da soll unser Hund eigenständig arbeiten. Bei der Fährtenarbeit zum Beispiel. Wenn wir die Fährte zu schwierig legen, dann kann es vorkommen, dass der Hund mit dem Schnüffeln aufhört und uns anschaut. Genau in dieser Situation passiert der am häufigsten gemachte Fehler bei der Fährtenarbeit. Der Mensch nimmt diesen fragenden Blick auf und ermuntert den Hund weiterzumachen. Der Hund hatte mit dieser Handlung also Erfolg und verlässt sich weiter auf die Hilfe des Menschen. Er wird an dieser Stelle nicht mehr wirklich versuchen, konzentriert und eigenständig die Fährte aufzunehmen. Der Mensch wird dabei ungeduldig und hilft dann durch Richtungsweisung dem Hund weiter. Das Ziel, dass der Hund konzentriert und mit einer gewissen Hartnäckigkeit am Ball bleibt und so zu einer guten Auslastung und Beschäftigung kommt, erreichen wir auf diese Weise nicht. Stattdessen ist der bessere Weg, die Übung leichter aufzubauen, so dass es gar nicht erst zum Abbruch kommt. Wenn der fragende Blick trotzdem kommt, dann sollten wir ihn in diesem Fall einfach ignorieren in der Hoffnung, dass der Hund dann auf eigene Faust weiterarbeitet. Erst wenn er dies tut, können wir leise und verbal loben. Leise deswegen, weil wir ihn nicht wieder von der Fährte ablenken wollen. Verbal, weil jedes Anfassen Hunde sehr schnell aus der Konzentration holt und von der Aufgabenlösung ablenkt.

Im Alltag

Aber auch im Alltag kann es nötig sein, den Hund auf diese Art und Weise zum eigenständigen Handeln zu bewegen. Manche Hunde, egal, ob vom Züchter oder aus dem Ausland, sind anderen Hunden gegenüber sehr zurückhaltend und halten sich nur in der Nähe von Herrchen oder Frauchen auf. In Spiel- oder Welpengruppen suchen sie ständig Schutz bei uns und trauen sich nicht, Kontakt mit den anderen Hunden aufzunehmen. Selbstverständlich gebe ich ihnen diesen Schutz und der Hund darf bei mir sein, aber ich bestätige ihn nicht auch noch dafür. Ich ignoriere es und lobe ihn, sobald er mal zu den anderen Hunden schaut, wittert oder einen Schritt von mir weggeht.

2010; Vanak & Gompper, 2009a, 2009b), die menschliche Nahrungsreste auf dem Boden finden und keine Gegenstände manipulieren müssen, um Futter zu finden. **So könnte ihre geringere Beharrlichkeit im Vergleich zu Wölfen die Folge der Anpassung an eine Ernährungsnische sein, in der Futter zu festen Zeiten und an festen Orten zu finden ist, und deshalb die Suche danach keinen großen Aufwand erfordert.**

WIE BEHARRLICH SIND STRASSENHUNDE?

Um diese Unterschiede weiter zu erforschen, haben wir Taghazouts Hunde mit der gleichen Aufgabe konfrontiert, die unser Kollege Akshai Rao mit seinem Team an im Gehege lebenden Wölfen und Hunden verwendet hat (Lazzaroni et al., 2019). Wir testeten insgesamt 32 frei laufende Hunde, die ohne unsere Gegenwart mit einem großen, starren Plastikball oder einer harten Plastikflasche interagieren konnten, die beide mit Futter gefüllt waren, das für die Hunde aber nicht erreichbar war. Parallel dazu wiederholten wir den gleichen Test mit 24 Wiener Familienhunden in ihren heimischen Gärten. Wenn Sie gefragt worden wären, hätten die meisten von Ihnen wahrscheinlich vermutet, dass sich frei lebende Hunde beim Versuch, ans Futter zu gelangen, hartnäckiger zeigen würden als die wohlversorgten Familienhunde. Dies wäre in der Tat zu erwarten,

Der Hund „wartet" in der Nähe des Balles.

wenn es die „hemmende Rolle“ des Besitzers wäre, die den Faktor „Beharrlichkeit“ bei Hunden reduziert (Udell, 2015). Wir haben jedoch das Gegenteil gefunden. Frei laufende Hunde zeigten sich mit beiden Objekten weit weniger hartnäckig als Familienhunde. Das lag nicht daran, dass sie etwa mehr Angst vor den Gegenständen gehabt hätten („neophob“ waren) als Familienhunde, da für Streuner zumindest Kunststoffflaschen ein sehr alltägliches Objekt sind. Es konnte auch nicht vollständig damit erklärt werden, dass frei lebende Hunde Energie sparen und bei ihrer Futtersuche effizient vorgehen müssten (angesichts der begrenzten Zeit, die ihnen für die Suche nach Nahrung zur Verfügung steht) oder weil es an Interesse

und Motivation mangeln würde, sich mit dem Objekt zu beschäftigen. Denn wir konnten beobachten, dass viele Streuner (21,7 %) nach den ersten Versuchen der Interaktion in der Nähe des Objektes ruhten. Außerdem beobachteten wir eine Art Konkurrenzverhalten und neu aufkeimendes Interesse, das Objekt zu manipulieren, in dem Moment, in dem andere Hunde während des Versuchs auftauchten.

Mögliche Erklärung: Objektinteraktionen mit dem Menschen

Wir schlagen deshalb vor, dass dieses Ergebnis mit den unterschiedlichen Erfahrungen der beiden Gruppen mit Objektinteraktionen erklärt werden könnte, die von Hundebesitzern vermittelt werden. Die erhöhte Motivation der Familienhunde, sich Aufgaben mit Objekten zu widmen, könnte auf der Erfahrung beruhen, die diese Hunde haben (z. B. durch Beobachtung des Menschen oder von ihm gezielt geförderte Interaktion mit Objekten, die ja auch in ihrer Abwesenheit häufig bereitgestellt werden). So verbrachten die Familienhunde mit reichlich Erfahrung in der Interaktion mit vom Menschen vermittelten Objekten deutlich länger mit der Manipulation des Objekts als frei lebende Hunde. Dies steht im Einklang mit Beobachtungen anderer Arten, bei denen gefangene Tiere ihre wilden Kollegen übertreffen, wenn sie mit Problemlösungsaufgaben konfrontiert werden (Benson-Amram et al., 2013; Gajdon et al., 2004; van de Waal & Bshary, 2010). Unsere Ergebnisse unterstützen zusätzlich die Ergebnisse von Rao und Kollegen (Rao et al., 2018), die darauf hindeuten, dass die geringere Persistenz von Hunden im Vergleich zu Wölfen eine Folge der unterschiedlichen Nahrungsökologie der beiden Arten (Jagd versus Suche nach Nahrungsresten) sein könnte und nicht der Effekt, dass Menschen bei Hunden die Bereitschaft hemmen, sich mit Objekten auseinandersetzen zu wollen.

In der ersten Testphase bietet ein Versuchsleiter dem Individuum Kuscheln an, …

… der andere spricht freundlich mit dem Probanden oder füttert ihn in neutraler Haltung.

KUSCHELN ODER KEKS

Was wollen Hunde (und Wölfe) wirklich? Wie bereits besprochen, haben die jüngsten Studien des Wolfsforschungszentrums gezeigt, dass viele Unterschiede in den soziokognitiven Fähigkeiten der Wölfe und Hunde wahrscheinlich das Ergebnis der unterschiedlichen sozialen Erfahrungen der in diesen Studien getesteten Tiere waren. Allerdings gibt es auch bei der Untersuchung von Tieren mit ähnlichen Lebenserfahrungen eine Reihe von Unterschieden zwischen den beiden Arten.

- Hundewelpen zeigen weniger Aggression und Meideverhalten gegenüber Menschen als sozialisierte Wölfe (Gácsi et al., 2005) und eine höhere Motivation, menschlichen sozialen Kontakt zu suchen (Frank & Frank, 1982).
- Beide Arten können eine Bindung an den Besitzer oder den Betreuer entwickeln (Gácsi et al., 2013; Hall et al., 2015), obwohl für Wölfe die soziale Bindung zum Betreuer nicht so leicht verallgemeinerbar auf andere Menschen ist, wie das bei Hunden der Fall ist (Gácsi et al., 2005).
- Obwohl Hunde und Wölfe bei der Zusammenarbeit mit einem Menschen in einer String-Pulling-Aufgabe ähnlich erfolgreich sind, neigen Hunde dazu, bei einer gleichzeitigen Positionierung vor den Seilen darauf zu warten, dass der Mensch die Führung übernimmt, wahrscheinlich um Konflikte um das Futter zu vermeiden. Wölfe dagegen ergreifen selbst die Initiative und zeigen weniger Meideverhalten in dieser Situation (Range et al., 2019).

Diese Ergebnisse deuten für uns darauf hin, dass die Domestikation auf breite Aspekte des Verhaltens von Hunden und nicht auf spezifische soziale Fähigkeiten reagiert hat, wie in den letzten Jahren angenommen wurde. Die Domestikation kann z. B. das Furchtverhalten der Hunde gegenüber dem Menschen verringert (Klinghammer & Goodmann, 1987; Scott & Fuller, 2012) und den Grad der menschlichen Sozialstimulation gesenkt haben, die für eine erfolgreiche Sozialisierung erforderlich sind (Miklósi & Topál, 2013). Außerdem könnte die Domestikation dafür verantwortlich sein, dass Hunde sich unterwürfiger und konfliktvermeidender gegenüber dem Menschen verhalten („deferential hypothesis", Range et al., 2019) und/oder ihre Geselligkeit im Hinblick auf ihr Interesse an der Interaktion mit Artgenossen und Menschen erhöht wurde („Hypersoziabilitätshypothese" nach vonHoldt, 2017).

GESELLIGKEIT MIT DEM MENSCHEN

Um die relativen Rollen, die Domestikation und Erfahrung beim Ausdruck der Geselligkeit gegenüber dem Menschen spielen, besser zu verstehen, haben wir beschlossen, frei lebende Hunde, Haushunde, WSC-Hunde und WSC-Wölfe in einer Auswahlaufgabe zu testen und zu vergleichen (Lazzaroni et al., eingereicht). Wir präsentierten den Individuen einen einfachen Test, der in zwei Phasen unterteilt war:

- In der ersten Testphase wurde das Subjekt mit zwei Personen konfrontiert. Eine Person lud das Tier zu einer sozialen Kuschelsitzung ein (Kontakt-Angebot), die andere fütterte das Tier in einer neutralen Haltung (Futter-Angebot).
- In der zweiten Testphase tauchten die beiden Versuchsleiter gleichzeitig wieder vor dem Versuchshund in einer neutralen Haltung auf und das Tier konnte wählen, welcher der beiden Personen es sich nähern wollte. Insgesamt führten wir Versuche mit 46 frei lebenden, 53 Familienhunden, 13 WSC-Hunden und 16 WSC-Wölfen durch.

Frei laufende Hunde wurden auf der Straße getestet, Haushunde in Hundegebieten in Anwesenheit des Besitzers und Tiere des Wolfsforschungszentrums in einem Freiluftgehege.

In der zweiten Testphase tauchen die beiden Versuchsleiter dann zeitgleich wieder vor dem Testhund auf, und er kann zwischen ihnen frei wählen.

Unterschiede bei den Versuchsleitern

Der Hauptunterschied zwischen den Gruppen bestand jedoch darin, dass frei laufende Hunde und Familienhunde von Fremden, die Tiere des WSC hingegen von ihren Trainern getestet wurden, mit denen sie eine enge Verbindung hatten. Dieser Unterschied war leider unvermeidbar, da frei laufende Hunde keine „gebundenen" Menschen haben, mit denen wir sie hätten testen können, und das Testen der WSC-Wölfe mit Fremden wäre angesichts ihres mangelnden Interesses an Menschen, die sie nicht kennen, nicht sehr informativ gewesen. Dazu hatten wir Sicherheitsbedenken bei einigen Individuen und dies hätte bedeuten können, dass nur eine Teilmenge unserer Tiere mit diesem Verfahren hätte getestet werden können. Um die Auswirkungen möglicher Präferenzen auf eine bestimmte Person zu kontrollieren, haben wir unsere WSC-Tiere deshalb zweimal mit den gleichen Trainern getestet, die dabei ihre Rolle als Kontakt- oder Futteranbieter änderten.

Vorteile der Durchführung

Der Hund-Wolf-Vergleich im WSC mit den gebundenen Personen kann uns über den Effekt der Domestikation auf die Geselligkeit gegenüber menschlichen Bindungspartnern informieren.

Der Versuch mit frei laufenden Hunden versus Familienhunden, die mit Fremden getestet wurden, kann uns dagegen etwas über die Auswirkungen der Erfahrung auf die Geselligkeit verraten. Aber wegen des unterschiedlichen Verfahrens haben wir nicht alle Tiergruppen verglichen.

Ergebnisse der Versuche im WSC

Bei den Versuchen im WSC mit den Bindungspersonen schienen Hunde insgesamt mehr von „ihren" Menschen angezogen zu sein als gleich aufgezogene Wölfe. Besonders in der Vor-Testphase, als der Kontaktanbieter den Hunden „kuscheln" anbot, nahmen die Hunde diesen Kontakt gerne wahr, ließen die Berührungen zu und verbrachten 90 Prozent ihrer Zeit mit dem Trainer im körperlichen Kontakt. Das war deutlich mehr als bei den Wölfen, die stattdessen die Hälfte ihrer Zeit damit verbrachten, sich im Gehege umzusehen. Als es dann in der zweiten Testphase darum ging, sich zwischen den beiden Versuchsleitern zu entscheiden, wählten viele Wölfe (37 % im ersten Test und 56 % im zweiten Test) überhaupt nicht, sondern zeigten wiederum mehr Interesse am Gehege und kamen nicht in die Nähe der Menschen. Dieses Ergebnis zeigt einen signifikanten Unterschied zwischen Hunden und Wölfen in der Wahrscheinlichkeit, sich einem der beiden Versuchsleiter zu nähern. So zeigten sich die Hunde nicht nur deutlich geneigter als Wölfe, den sozialen Kontakt eines „bekannten" Menschen zu akzeptieren, der sie streichelt, sondern suchten auch aktiver diese Nähe als die Wölfe, wenn diese Betreuungspersonen in neutraler Haltung wieder ins Gehege kamen.

Wir erwarteten, dass Hunde häufiger als Wölfe den Betreuer wählen würden, der mit ihnen körperlich-kuschelnd interagiert hatte, aber das war nicht der Fall. **Tatsächlich gab es keinen Unterschied in der Präferenz, beide Gruppen (von den 53 % der Wölfe und 85 % der Hunde, die sich für einen der beiden Versuchsleiter entschieden hatten) wählten die Vertreter beider Spezies im Verhältnis 50 : 50, sodass wir hier keine Vorliebe für den Essens- oder den Kuschelanbieter finden konnten.** Es erschien uns, dass die Präferenz für Kuscheln gegenüber Essen eher eine individuelle Vorliebe als ein Artenunterschied sein könnte (Anindita Bhadra hat in einem ähnlichen Versuch mit Straßenhunden ein anderes Ergebnis erhalten. Dabei wurden allerdings ausschließlich Straßenhunde getestet und es handelte sich um eine Langzeitstudie, in der die Hunde nur mit einer Person Kontakt hatten, S. 136).

AUS ALLER WELT – DIE HUNDE VON POMPEJI

Wie gut Hunde die Emotionen von Menschen lesen können, habe ich bei den Pompeji-Hunden beobachten können. Sie treffen sich jeden Morgen vor dem Weltkulturerbe, um Touristen zu begleiten, und ziehen dabei eine regelrechte Show ab. Ich bin mir sicher, dass sie auch auf der Straße gelernt haben, zu erkennen, ob ein Mensch ihnen gut zugetan ist oder nicht (siehe auch S. 135 ff.), vorausgesetzt, sie nehmen von sich aus Kontakt zum Menschen auf (das gilt dann natürlich nicht für verwilderte oder halbwilde Hunde). Dabei spielt sicherlich nicht nur die Mimik eine Rolle, sondern auch die gesamte Körperhaltung, die Art der Bewegung, der Blick, vielleicht kommt auch eine olfaktorische, also geruchliche Komponente hinzu: Die Hunde können wahrnehmen, wie unser psychischer Zustand ist, ob wir gut gelaunt oder gestresst „riechen".

Stimmungsübertragung

Zu guter Letzt wissen wir, dass auch die Stimmungsübertragung bei unseren Hunden eine große Rolle spielt. Durch unsere Körpersprache, unsere Ausdünstungen und unsere Stimmlage übertragen wir also Emotionen, und diese Informationen haben besonders für unsichere Hunde einen großen Informationswert. Das Problem ist deshalb, dass wir Hunden nichts vormachen können. Wenn wir uns selbst in einem unsicheren Zustand befinden, dann können wir das nicht durch gekünstelte „Beschwichtigungssignale" oder vorgemachte Freude vortäuschen. Wir müssen zuallererst an uns arbeiten. Das ist leichter gesagt als getan, denn nur mit dem Spruch „Sie dürfen keine Angst zeigen" ist niemandem geholfen. Schließlich können wir Emotionen nicht einfach abstellen.

Hunde als Animateure für Touristen (hier in Pompeji): eine Strategie, um an Futter zu kommen?

Für Streuner könnten Fremde attraktiver sein als für Familienhunde.

Familien- und frei lebende Hunde

Der Vergleich zwischen Haustieren und frei lebenden Hunden, die mit Fremden getestet wurden, zeigte keine Unterschiede zwischen den beiden Gruppen hinsichtlich der Wahrscheinlichkeit, sich den Versuchsleitern zu nähern, sowie der getroffenen Wahl (auch in diesem Fall wählten beide Gruppen 50 : 50). Nur ein Unterschied zwischen den beiden Gruppen ergab sich – und dieser entsprach nicht unseren Erwartungen: **Während der ersten Testphase akzeptierten frei laufende Hunde den Kontakt der Fremden und kuschelten viel länger mit ihnen als die Familienhunde.** Die einfachste Erklärung für diesen Unterschied könnte sein, dass Familienhunde insgesamt abgelenkter und aufgeregter waren als frei lebende Hunde, weil sie Gebiete (in denen sie getestet wurden) nur für begrenzte Zeiträume während des Tages besuchen und deshalb möglicherweise motivierter waren, das Gebiet zu erkunden, als mit einem Fremden zu interagieren. Es sind aber auch andere Erklärungen möglich.

Mangel an sozialem Kontakt

Basierend auf der „Hypersoziabilitätshypothese" erwarteten wir, dass diese frei lebenden Hunde eine soziale Reaktion auf den Menschen zeigen, da sie zwar vielleicht weniger als Familienhunde sozialisiert, trotzdem aber meist an den Umgang mit Menschen gewöhnt sind. Ihr frei lebender Zustand könnte jedoch einen Mangel an sozialem Kontakt mit Menschen im Vergleich zu den Familienhunden ausmachen, der ihre Motivation, die Nähe zum Menschen und in diesem Fall zum Versuchsleiter zu suchen und mit ihm in Kontakt zu bleiben, erhöht. Diese Interpretation wurde bereits für Studienergebnisse mit Tierheimhunden vorgeschlagen, die relativ wenig sozialen Kontakt zu Menschen haben und ebenfalls eine starke Präferenz für Streicheln versus Futter zeigten (Feuerbacher & Wynne, 2014). Tierheimhunde zeigten auch nach nur wenigen sozialen Interaktionen mit Fremden schnell Bindungsverhalten gegenüber diesem neuen Menschen (Gácsi et al., 2001). Eine andere Studie ergab, dass sie länger in der Nähe eines unbekannten Menschen bleiben als fest gebundene Familienhunde (Barrera et al., 2010). Es ist deshalb gut möglich, dass die frei laufenden Hunde insgesamt eine stärkere positive soziale Reaktion gegenüber fremden Menschen zeigen könnten als Familienhunde. Während Familienhunde nur mit den Besitzern oder allgemein mit bekannten Menschen sehr freundlich sind, können frei laufende Hunde bei entsprechender positiver Sozialisierung sozialeres Verhalten gegenüber einer größeren Anzahl von Menschen zeigen und sehen diese Gruppe als eine potenzielle Quelle von Nahrung und Wohlgefühl an.

ERGEBNISSE DER STUDIEN

Zusammenfassend lässt sich sagen, dass dieser einfache Test frühere Studien bestätigt, in denen festgestellt wurde, dass Hunde insgesamt mehr am sozialen Kontakt mit (in unserem Fall gebundenen) Menschen interessiert waren als Wölfe. Darüber hinaus ist es bemerkenswert, dass sich frei laufende Hunde trotz ihrer relativ schlechteren Sozialisationserfahrung mit Menschen insgesamt nicht so sehr von Familienhunden unterschieden und sogar noch mehr als Familienhunde daran interessiert waren, mit einem Fremden innigen Körperkontakt zuzulassen. Diese Freundlichkeit der sozialisierten, frei lebenden Hunde konnten auch andere Forscher*innen dokumentieren. Grundsätzlich lässt sich als Ergebnis aus unseren Versuchen festhalten, dass für uns die Präferenz für Futter oder Streicheln eher eine individuelle als eine durch Erfahrung erworbene oder durch die Spezies vorgegebene Eigenschaft war.

ERGEBNISSE DER MAROKKO-HUNDE

Es gibt viele Gründe, warum frei lebende Hunde für „Hundeforscher" interessant sein sollten, angefangen bei ihrer Anzahl, denn mit über 70 Prozent der Welthundepopulationen stellen sie eine große Gruppe dar. Dann ist die Vielfalt der Bedingungen, unter denen sie leben, wirklich bemerkenswert und außerdem könnten ihre soziale Organisation in Gruppen und Rudeln und ihre Beziehung zum Menschen ein weitaus besseres Modell der ursprünglichen „Proto-Hunde" sein als unsere Familienhunde, die bei uns zu Hause auf dem Sofa sitzen dürfen. Insbesondere beim Studieren von scheuen Populationen sind die Herausforderungen der Beobachtung ganz ähnlich zu den Problemen, mit denen sich Forscher beim Studieren „wilder Tiere" konfrontiert sehen. Dagegen bietet das Erforschen solch nahbarer Gruppen wie unserer sehr sozialen marokkanischen Population die Möglichkeit, eine Vielzahl von Verhaltenstests im Feld mit ihnen durchzuführen. Um unsere „Hunde" wirklich verstehen, die Entwicklung und ihre Erfolgsgeschichte nachvollziehen zu können, brauchen wir diese Forschung mit frei lebenden Hunden – und engagierte, begeisterte Forscher, die dadurch gleichzeitig zu Botschaftern dieser besonderen Tiere werden.

DANKE

Wir danken Friederike Range und Rachel Dale für wertvolle Kommentare zu früheren Versionen des Kapitels. Bei Friederike möchten wir uns auch für ihre wissenschaftliche und wirtschaftliche Unterstützung des Projekts von Anfang an bedanken! Rachel Dale danken wir für ihre wichtigen wissenschaftlichen Beiträge zu den Studien der Feldsaison 2018 bis 2019. Wir danken allen Studenten und Praktikanten für ihre aufschlussreichen Kommentare und ihre großartige Arbeit bei der Datenerhebung: Roberta Massimei, Larissa Darc, Luca Secker, Klaudia Tondos, Lizzy Baxter, Juliette Gratalon. Ohne sie wäre dies nicht möglich gewesen. Wir möchten uns auch bei den lokalen Behörden von Taghazout und Michèle Augsburger von „Le coeur sur la patte" bedanken, die unsere Forschung von Anfang an unterstützt haben, sowie bei Clara Caspani und Lorenzo Niccolini von „Stray Dogs International" und Lucy von „Marokko Animal Aid", die ihr lokales Fachwissen über die Tiere weitergegeben haben. Wir danken auch Amine Akli und Lilian Broekema für ihre Gastfreundschaft und Latifa Elasri für ihre Hilfe bei der Übersetzung der Fragebögen und der Durchführung von Interviews mit der lokalen Bevölkerung. Zum Schluss danken wir natürlich den Hunden, dass sie uns so nahe an sich herankommen lassen und dadurch die Forschung erst möglich gemacht haben.

VERHALTENSEINSICHTEN IN ZWEI WILDE HUNDERUDEL

— Von Günther Bloch

STREUNER IN STÄDTEN UND IM VERBORGENEN

Verhaltenserkenntnisse aus Freilandforschungen an verwilderten Hunden sind selten. Auch heute noch. Insbesondere Freilandstudien, die auf langfristigen Verhaltensbeobachtungen basieren. Das hat verschiedene Gründe. Direkte Verhaltensbeobachtungen sind aus der Mode gekommen. Zu zeitaufwändig, zu kostspielig. Zudem werden bereits begonnene Freilandforschungen an Wildhundepopulationen ständig durch menschliche Manipulation zunichte gemacht. Diese beeinhalten z. B. staatlich forcierte Hundetötungen und weitflächig angeordnete „Säuberungsaktionen". Letztlich ist in der heutigen Zeit kaum noch jemand bereit, ausreichende Geldmittel in die Verhaltensforschung sogenannter „Straßenhunde" zu investieren. Deren langfristige Erforschung ist fürwahr ein undankbarer Job. Nicht zuletzt auch deswegen, weil es in Deutschland Mode geworden zu sein scheint, bereits schon dann übereinander herzufallen und einander nicht mehr zuzuhören, sobald der Begriff „Hunderudel" zur Sprache kommt. „Hunde bilden keine Rudel." Pauschalierungen wie diese sind an der Tagesordnung.

STREUNER IN DEN STÄDTEN

Dabei könnte das variable Leben des „Rudeltiers Hund" konträrer nicht sein. Die wenigen Aussagen zu diesem Thema, die es gibt, sind häufig anekdotischer Natur. Geschichten vom Hörensagen. Nicht selten vorgetragen in belehrendem Unterton einschließlich moralischer Überhöhung. Und das, obwohl viele Erzählungen oftmals nur auf eher zufällig gemachten Begegnungen mit sogenannten „Streunern" basieren. Hundeindividuen, die man bestenfalls als kurzfristige Urlaubsbekanntschaften „kennengelernt" hat. Hundeindividuen, die sich, zumeist gut sichtbar für jedermann, in Innenstädten oder belebten Randlagen aufhalten. Selbstverständlich in Menschennähe.
Zur Beobachtung kommen demnach meistens jene clownhaft anmutenden Hundeindividuen im Bettlergewand, die aus Erfahrung gelernt haben, „Stadtmenschen" ganz gezielt auf sich aufmerksam zu machen. Hunde, die tagaus, tagein als Bettler unterwegs sind, fallen zwangsläufig recht schnell ins Auge. Kein Wunder. Solcherart Hundeindividuen richten ihr Alltagsleben bewusst in der Nähe zum Menschen ein. Man sieht sie häufig als Einzeltiere in den Straßen, wahlweise auch in kleineren Gruppenzusammenschlüssen unterschiedlicher Konstellation. Insbesondere sehr extrovertierte, erkundungsfreudige und tendenziell kontrollfreudige Hundeindividuen des Persönlichkeitstyps A scheinen in urbanen Lebensräumen mit viel menschlicher Präsenz mehr oder weniger omnipräsent zu sein.
Verwildert lebende Hundeindividuen des Persönlichkeitstyps B, die sich eher zurückhaltend unauffällig verhalten, bleiben da in der Regel deutlich mehr im Verborgenen. Trotzdem sind auch B-Typen in der Lage, sich erfolgreich als „aktive Bettler" durchzuschlagen (Bloch, 2007).

STREUNER IM VERBORGENEN

Unentdeckt bleiben hingegen häufig diejenigen Hunde, die sich zu Rudeln zusammenschließen und ihre Territorien abseits des Menschen etablieren. Nach diesen durchaus rudelstrukturiert organisierten Hunden haben wir gesucht. Lange Zeit gesucht. Einfach zu finden war das Pendant zum „Stadtstreuner" nicht.
Dieser Bericht konzentriert sich statt auf das Leben weltweit zweifellos zahlreich vorhandener Hundeeinzelgänger (und Kleingruppen) auf unsere Beobachtungen an „Hunderudeln". Hunderudel, die, wie wir als Augenzeugen sehen durften, insbesondere im Hinblick auf ihr Gefahrenabwehrverhalten sehr wohl „wolfsähnlich" lebten.

FELDSTUDIEN AN WOLF UND HUND

Um aussagekräftige Fakten zur langzeitlichen Darstellung von Verhaltensparallelen wild lebender „Wolfs- und Hunderudel" zusammentragen zu können, haben wir umfangreiche Feldstudien an Wolf und Hund durchgeführt. Unsere Feldstudien an kana-

GÜNTHER BLOCH

Der Kanidenverhaltensexperte, geboren 1953 in Köln, gründete im Jahr 1979 die Hunde-Farm „Eifel". Diese bestand aus einer Pension, Hundeschule und einer Abteilung Verhaltensforschung. Günther Bloch schulte von 1979 bis 2003 insgesamt knapp 32 000 Mensch-Hund-Teams. Als Freilandforscher leitete er über zwei Jahrzehnte hinweg mehrere komplett eigenfinanzierte Feldprojekte an frei lebenden Wölfen und Hunden: die „Bow Valley Wolf Behaviour Study" (1992–2014), das „Tuscany Dog Project" (2004–2007) und die „Native Dog Study" (2014–2016). Außerdem leitete er als Vizepräsident der „Gesellschaft zum Schutz der Wölfe" in der Slowakei ein Freilandprojekt an Wölfen und Herdenschutzhunden (1993–1996).
Günther und Karin Bloch leben seit 2010 endgültig in ihrer neuen Heimat Kanada. 2019 wurden sie mit großem Stolz kanadische Staatsbürger.

Bloch-Tours

Im Rahmen ihrer „Bloch-Tours" bieten sie spektakuläre Naturreisen in den kanadischen Rocky Mountains an. Auch spezielle Wolfsreisen unter dem Motto: „Unterwegs in Wolfsrevieren – Lernen vom Profi". Ausführliche Infos NUR per Telefon unter 001-403-632-9927 oder per E-Mail: Bloch-Tours@shaw.ca

dischen Timberwölfen und Tundrawölfen, finanziert über unser Kanidenverhaltenszentrum, die Hunde-Farm „Eifel", Abteilung Verhaltensforschung, begannen bereits im Jahre 1992. Die im Rahmen unserer „Bow Valley Wolf Behaviour Study" zusammengetragenen Untersuchungsergebnisse wurden zuletzt veröffentlicht in unserem Buch: „Die Pipestone Wölfe – Aufstieg und Fall zweier kanadischer Wolfsfamilien" (Bloch, G. & J.E. Marriott, Kosmos 2017).
Ab Ende 2004 haben wir auch einige zeitintensive Verhaltensvergleiche an wild lebenden Hunderudeln anstellen können. Diese Feldstudien an abseits des Menschen lebenden Hunderudeln wurden in zwei unterschiedlichen Lebensräumen durchgeführt. Ebenfalls selbst finanziert. Zunächst im Rahmen unseres „Tuscany Dog Project" in Italien (2004 – 2007), später im Rahmen unserer „Native Dog Study" in Kanada (2013 – 2016). Einige Vergleichswerte aus unseren Wolfs- und Hundestudien wurden zuletzt veröffentlicht in unserem Buch: „Mein Hundewissen – Wie ich zum Hundemensch wurde und was Sie daraus lernen können" (Bloch, G., Gräfe und Unzer 2019).

UNTERSUCHUNGSGEBIETE

Ziel unserer in Italien und Kanada vergleichend durchgeführten Verhaltensbeobachtungen an verwilderten „Hunderudeln" war es, Einblicke in deren Verhaltensökologie größtmöglich ohne Manipulation des Menschen zu erforschen. In der Regel gestalteten sich die Rahmenbedingungen für Freilandbeobachtungen an menschenscheuen Hunden grundsätzlich schwierig. Besonders deshalb, weil diese hauptsächlich in den frühen Morgenstunden und ab der Abenddämmerung aktiv waren.
Schon bei der Vorrecherche auf unsere im Mai 2005 begonnene Italienstudie im toskanischen „Naturpark von San Rossore" (Lebensraum 1) sahen wir oft eine größere Anzahl von Wildschweinen (*Sus scrofa*) und Rotfüchsen (*Vulpes vulpes*). Von da an versuchten wir, einen verhaltensökologischen Kontext zwischen der Präsenz von Wildschweinen und Füchsen und den im selben Gebiet aktiven Wildhunden herzustellen. Bei der Vorrecherche auf unsere im Januar 2014 begonnene Kanadastudie in einem Native-Reservat (Lebensraum 2) in der Provinz Alberta, sahen wir sowohl einige Rotfüchse als auch eine größere Anzahl von Kojoten (*Canis latrans*). Auch diesbezüglich versuchten wir von Anfang an, einen Zusammenhang zwischen der Präsenz von Füchsen und Kojoten und dem im Studiengebiet (*) beobachteten Hunderudel herzustellen.
(*) Nach den während unserer Freilandstudien an Wolf (Bow Valley Wolf Behaviour Study) und Hund (Tuscany Dog Project) gemachten schlechten Erfahrungen mit rücksichtslosen „Facebook-Gaffern" bitten wir um Ihr Verständnis, dass wir zu Standort und Wiedererkennungsmerkmalen unseres Untersuchungsgebietes in Kanada (Native Dog Study) keinerlei konkrete Angaben machen wollen.

SOZIALISATION AUF DIE EIGENE ART

Insgesamt haben wir zwei Hunderudel mehrjährig begleitet: ein Rudel in Lebensraum (1) und ein Rudel in Lebensraum (2). In beiden Lebensräumen konnten wir gleichermaßen protokollieren, dass Hundegemeinschaften vor allem dann „wolfsähnlich strukturiert" zusammenleben, wenn sie ihre Welpen abseits menschlicher Ansiedlungen in Erdbauten zur Welt brachten. Es fand eine Sozialisation auf die eigene Art statt. Eine Sozialisierung auf den Menschen fand nicht statt. Sogar diejenigen verwilderten Hunderudel, die so wie in Lebensraum 1 (italienische Toskana) von Menschen zu bestimmten Futterstellen gelockt werden, bevorzugten eindeutig ihre ihnen bekannten Artgenossen. Der Mensch blieb ihnen trotz regelmäßiger Nahrungsbereitstellung suspekt.

Dem in Lebensraum 2 lebenden Hunderudel (Native-Reservat im kanadischen Alberta) wurde keine Nahrung bereitgestellt. Diese Hunde ernährten sich primär von toten Huftieren entlang von Autobahnen und Straßen (Bloch, G. & E.H. Radinger, 2016).

Dieses Hunderudel, das sich hauptsächlich von „tierischen Verkehrsopfern" ernährte (Rehe, Hirsche, Elche), befand sich bereits mehr oder weniger in einem gänzlich verwilderten Status. **Top adaptiert zu sein an die vorherrschenden Lebensumstände, bedeutete bessere Überlebenschancen zu haben.** Gut an die spezifischen Ernährungsgegebenheiten angepasst zu sein und nach sehr ergiebigen Nahrungsquellen Ausschau zu halten, war allerdings auch mit Gefahren in Form von wehrhaften Nahrungskonkurrenten verbunden.

GEFAHRENERKENNUNG UND ABWEHR

Infolgedessen waren es beileibe nicht nur Nahrungsressourcen, die die verwilderten Hunde dazu veranlasst hatten, präferiert in Rudeln unterwegs zu sein. Unabhängig von der Ernährungsfrage ging es natürlich auch um Gefahrenerkennung und Abwehr. Als Einzeltier unterwegs zu sein, konnte lebensbedrohend sein.

In Lebensraum (1) waren es die vielen Wildschweinrotten, die die dortigen Hunde zur Rudelbildung zwangen. In Lebensraum (2) waren es in erster Linie die häufig präsenten Kojoten (*Canis latrans*), die einzeln umherstreifende Hunde töteten, wann immer sie einen von ihnen erwischten. Straff organisierte Hunderudel hatten während ihrer Revierstreifzüge hingegen deutlich weniger Probleme. Nicht nur während der Wanderungen in Rudelformation, sondern auch bei der Verteidigung eines Huftierkadavers war das kollektive Auftreten der Hunde in Rudelformation von großem Vorteil.

Bereits Frischlinge spürten die Futterdepots der „Pizza-Hunde" auf und leerten sie bis auf den letzten Krümel.

Nach Jahren intensiver Forschung wissen wir heute um die Wichtigkeit des sozialen Miteinanders.

VERWANDTSCHAFT

„Streunerhunde" leben zumeist in losen Lebensgemeinschaften. Im Gegensatz zu vielen Beobachtungen an dieser Form frei lebender Hunde in urbanen Lebensräumen schien die Lebensraumintelligenz der extrem ländlich lebenden „Wildhunde" in der Toskana und in Alberta mehr oder weniger zwangsläufig zu entsprechenden Rudelbildungen zu führen. Was die verwilderte Form des Haushundes angeht, so berichtete bereits eine ganze Reihe von Freilandforschern wie etwa Simona Cafazzo et al. (2010) von langfristig belegbaren Hundesozialstrukturen.

Nach Abschluss unserer insgesamt 8 637 Beobachtungsstunden mit visuellem Kontakt zu unseren „hundlichen Untersuchungssubjekten" in Italien (5 411) und Kanada (3 226), stimmen wir der Auffassung o. g. Wissenschaftler*innen zu. Die von uns observierten frei lebenden Hunde konnten mitnichten als „asoziale" Tiere bewertet werden, pauschal unfähig, „familienähnliche Rudel" zu formen. So waren die von uns untersuchten Hunde in Italien (n = 16) DNA-Analysen zufolge zu 81 Prozent miteinander verwandt. DNA-Analysen der observierten Hunde in Kanada: (n = 24) konnten leider nicht durchgeführt werden.

Im Vergleich (nicht in Gleichsetzung!) zu unseren Verhaltensbeobachtungen an frei lebenden Wolfsfamilien („Bow Valley Wolf Behaviour Study") sei nochmals verdeutlicht, dass deren „Familienbildung" neben einfachen Eltern-Nachwuchs-Systemen u. a. auch aus unterschiedlichen Zusammenschlüssen bestehen konnte. Einschließlich rudelfremder Tiere oder mehrfach reproduzierender

Mütter mit Nachwuchs (Bloch & Bloch, 2002; Bloch & Dettling, 2009; Bloch & Marriott, 2017).

KEIN ALLGEMEINGÜLTIGES RUDELKONZEPT!

Ein allgemeingültiges, „arttypisches" Rudelkonzept gab es daher weder für wilde Wölfe noch Hunde. Wir schließen uns daher der alten Definition von T. J. Daniels & M. Bekoff (1989) an, wonach ein Rudel eine Gruppe von Tieren ist, „die zusammen wandern, ruhen, nach Futter suchen oder jagen".

Was die Bildung von Hunderudeln anbelangt, so sei zu diesem kontrovers diskutierten Thema ausgeführt: „Eine Erkenntnis zog sich wie ein roter Faden durch alle unsere zeitintensiven Beobachtungen: **Je weiter abseits verwilderte Hunde ihr Territorium etabliert hatten, desto rudelstrukturierter, somit wölfischer, war ihre Lebensform.** Wer weit abseits des Menschen leben (wollte), der musste sich zu wohl funktionierenden Rudeln zusammenschließen." (Bloch, 2019).

Grob skizziert basierten die Sozialstrukturen aller von uns begleiteten, wild lebenden Hundeartigen auf sozialen und räumlich adaptiven Gruppenanordnungen sowie auf Interaktionsmustern und Beziehungsgeflechten unter Individuen und deren variablen Einflüssen (Bloch, 2010; Bloch, 2014). Verwilderte Haushunde in ihrer recht ursprünglichen Form zeigten uns immer wieder große interspezifische bzw. intraspezifische Flexibilität. Dennoch blieben rudeltypische Dominanzbeziehungen stets klar erkennbar.

NAHRUNG DURCH DEN MENSCHEN

Die Formung und Etablierung hundlicher Sozietäten stand offenbar in direktem Zusammenhang mit Quantität, Qualität und Verbreitung lokaler Nahrungsressourcen sowie organisierter Gruppenverteidigungsstrategien. Insgesamt wurde jedoch auch deutlich, dass verwildete Hundepopulationen (abgesehen von wenigen Ausnahmen, in denen sie sich selbstständig jagdlich ernährten) von der direkten oder indirekten Nahrungsbereitstellung durch den Menschen abhängig sind.

In Lebensraum 1 (Italien) wurden die dort beheimateten Hunde mit Essensresten örtlicher Restaurants und mit Schlachtabfällen umliegender Metzgereien versorgt.

In Lebensraum 2 (Kanada) waren die dort beheimateten Hunde auf sich alleine gestellt und suchten in regelmäßigen Zeitabständen nach toten Huftieren. Insgesamt wurden die Sozialsysteme der verwilderten Hunde also genau wie die aller anderen Wildkaniden auch von öko-ethologischen Beschränkungen moduliert. Daher finden sich in der einschlägigen Fachliteratur in Bezug auf Gruppengrößen auch stets variable Angaben von 2 – 15 Individuen. Auf lange Sicht weisen die wenigen Studiengruppen, die man in der Literatur findet, wohl deshalb selten stabile Sozialstrukturen auf, weil die untersuchten Hunde in Konflikt mit den Menschen kamen, die sie daraufhin größtenteils aus ihren Territorien entfernten. Außerdem wurden Informationen zum intraspezifischen Sozialverhalten wissenschaftlich bislang meist ignoriert, weil man verwilderte Hunde als „unnatürliche" Spezies ansah. Infolgedessen gibt es bislang nur eine kleine Studienanzahl zu ländlich und urban frei lebenden Hunden.

TUSCANY DOG PROJECT – LEBENSRAUM 1

Mit Beginn unseres Freilandprojekts in Italien, das innerhalb eines für die dort beheimateten Hunde geschützten Naturschutzgebietes stattfand, analysierten wir zunächst Daten zum gemeinsamen Wanderverhalten, zur Frage einheitlicher Wanderformationen sowie zu Arbeits- und Grundcharaktereinteilungen. Wir beziehen uns hier auf die Langzeit-Verhaltensobservationen an der „Großen Beobachtungsgruppe".

FAMILIENÄHNLICHE STRUKTUREN

Viele Erwachsene verfügten von vornherein über gewisse (formale) Führungskompetenzen. Sämtliche Welpen, Juvenile und subadulte Familienangehörige tendierten dazu, den Initiativen und Vorgaben der erfahrenen Alttiere zu folgen. Weiterführende Datenanalysen zum formalen und situativen Dominanzprofil der Hunde von San Rossore wurden in einem gesonderten Bericht veröffentlicht (Bloch, 2009). Deren Abwanderungswilligkeit aus der Sozialgemeinschaft über die Naturparkgrenzen hinaus schien wenig ausgeprägt zu sein. Somit konnten wir den seltenen Umstand nutzen, die komplexe Verhaltensökologie einer aus etlichen Generationen bzw. Altersgruppen zusammengesetzten und auf verwandtschaftlichen Bindungsbeziehungen fußende Hundesozietät zu dokumentieren. Die zu Projektbeginn 14-köpfige Beobachtungsgruppe wies eine über Jahre gewachsene, familienähnlich organisierte „Rudelstruktur" auf.

DATEN ZU WANDERFORMATIONEN

Die zusammengestellten Ereignisprotokolle beinhalteten u. a. täglich dokumentarisch gesammelte Feldnotizen zu allen Gruppenpositionen der Hunde während gemeinsamer Revierstreifzüge, um späterhin die Frage beantworten zu können, ob wild lebende Hunde überhaupt zusammen wandern und ob hundliche Wanderformationen im täglichen Alltagsgeschehen gleich bleiben respektive die Hunde in immer wieder zu beobachtenden Formationen unterwegs sind oder ob diese signifikant häufig von variablen Veränderungen gekennzeichnet waren.

DATEN ZUR GEFAHRENERKENNUNG

Außerdem konnten wir wertvolle Basisdaten zu alltäglichen Gefahrenerkennungs- und Abwehrszenarien von wild lebenden Hunden und deren Wach- und Alarmpositionen im Zusammenhang mit Alter und Persönlichkeitsprofil sammeln. Anhand methodisch einheitlich durchgeführter Grundcharaktertests zur „A-/B-Typ-Achse" wurde untersucht, ob wagemutige, spontan kontrollfreudige, extrovertierte und tendenziell etwas aggressivere Hundeindividuen (A-Typen) öfter die Position des aktiven Alarmgebers einnahmen als primär tendenziell reaktiv handelnde Wächter/Beobachter. Vertreter dieses abwartenden und introvertierten Grundcharakters (B-Typen) präferieren bekanntermaßen bewusst Zurückhaltung und treten signifikant seltener als aktive Alarmgeber in Erscheinung.

DATEN ÜBER DIE GRUPPEN-STELLUNG

„Last but not least" wurde in Überprüfung hundlicher Gruppenstellungen notiert, ob neben alters-, sozialstatus- und persönlichkeitsbedingten Leittierpositionen, Wächtern/Beobachtern und Alarmgebern de facto noch andere „Arbeitsstellungen" beobachtbar waren respektive nach der „Rudelstellungslehre" womöglich sogar sieben konstant nachweisbare „Rudelstellungen".

HYPOTHESEN

Der Feldforschungsbericht beschäftigt sich konkret mit drei in der Hundeszene sehr kontrovers diskutierten, nachfolgend genauer definierten Behauptungen respektive Gegenhypothesen.

Behauptung 1: Verwilderte Haushunde sind arttypisch bedingt grundsätzlich nicht in der Lage, auf verwandtschaftlichen Beziehungen basierende, familienähnlich strukturierte „Rudel" bzw. Alttier-Nachwuchs-Systeme zu etablieren.
Gegenhypothese 1: Verwilderte Haushunde sind grundsätzlich sehr wohl in der Lage, auf verwandtschaftlichen Beziehungen basierende, familienähnlich organisierte „Rudelstrukturen" mit langlebigen Bindungen zu etablieren.

Behauptung 2: „Optimal strukturierte Hunderudel" setzen sich aus stellungsfähigen Gruppenmitgliedern zusammen, die während gemeinsamer Streifzüge eine feste Wanderformation mit sieben vorbestimmten Positionen besetzen („vorderrangiger bis nachrangiger Leithund").
Gegenhypothese 2: Die Wanderformationen verwilderter Hundegruppen gestalten sich jederzeit hoch variabel. „Optimal strukturierte Hunderudel" mit sieben genetisch vorbestimmten Wanderpositionen und denselben Individuen an der Gruppenspitze und am Gruppenende sind unter Freilandbedingungen nicht beobachtbar.

Behauptung 3: In verwilderten „Hunderudeln" besetzen „stellungsfähige Mitglieder" gemäß ihrer genetischen Vorbestimmung die gleichen „Rudelstellungen"/„Arbeitspositionen" wie die des Wächters/Beobachters oder Alarmgebers.
Gegenhypothese 3: In verwilderten „Hunderudeln" sind fest vorbestimmte und gleichbleibende „Arbeitspositionen" nicht nachweisbar, wohl aber persönlichkeitsbedingte Verhaltenspräferenzen im Sinne der A-/B-Typ-Charakterisierung (tendenziell aktive oder reaktive Positionierung als Wächter/Beobachter oder Alarmgeber).

RUDELSTELLUNGSTHEORIE

Die Behauptung, sowohl wilde Hunde als auch Wölfe würden in 7 genetisch vorbestimmten Rudelstellungen zur Welt kommen, ist nichts als pure Spekulation. Laut Wikipedia ist die sogenannte „Rudelstellungslehre eine 2010 erfundene Pseudowissenschaft mit kommerziellem Hintergrund".
Auch die These von starren Wanderformationen und Verteidigungspositionen, einschließlich eines „Vorderen Leithundes" (VLH) und eines „Hinteren Leithundes" (NLH), konnte in der Praxis im Freiland nirgendwo bestätigt werden.

Im Gegenteil
Die Rudelstellungstheorie widerspricht der allgemeingültig anerkannten Erkenntnis, dass es sich bei Kaniden (Hundeartigen) um hoch flexible und adaptive Säugetiere handelt.

Nähere Infos unter WWW.rudelstellungen-klargestellt.de

Obwohl die Hunde gefüttert wurden, war ihnen das Zusammenleben unter Artgenossen wichtiger als der Mensch.

STUDIENGEBIET: LEBENSRAUM 1

Unsere Langzeitstudie wurde im „Parco Naturale Migliarino San Rossore Massaciuccoli", Toskana/Italien, zwischen dem 1. Mai 2005 und dem 31. Oktober 2007 durchgeführt. Der etwa 21 500 Hektar umfassende Naturpark, der zum allergrößten Teil an der Westflanke entlang der Eisenbahntrasse und der Autobahn A12 zwischen den Kleinstädten Viareggio im Norden und Pisa im Südosten gelegen ist, wurde im Jahr 1979 gegründet. Da in der ganzen Gegend der südwestlichen Toskana zwei unterschiedliche Klimazonen aufeinandertreffen, in der sich feuchte Luftmassen aus dem Norden mit trockenen, mediterranen Wetterbedingungen vermischen, gedeihen besonders Mischwälder prächtig.

LANDSCHAFT UND TIERWELT

Teilregionen des Parks sind der Öffentlichkeit unter ganz bestimmten Auflagen jederzeit zugänglich, andere Bereiche stehen unter striktem Naturschutz und dürfen nicht betreten werden. Das Landschaftsbild gestaltet sich ausgesprochen variabel: Extensive Marschlandschaften, kleine Auenwaldabschnitte, Mischwaldkulturen, umfangreiche Pinienbestände und eine von Nord nach Süd durchgängige Dünen- und Buschlandschaft vor der eigentlichen Strandregion wechseln sich ab. Eine fest geschlossene Schrankeneinrichtung sorgte dafür, jeglichen Verkehr für motorisierte Fahrzeuge in Richtung der teilgeschützten Dünen- und Buschregion (Macchia) weitestgehend zu verhindern. Ansonsten verlaufen durch den schon angesprochenen Mischwald im ungefähren Abstand von 500 – 1 000 Metern nur unbefestigte (5 – 6 breite) Waldwege, die je nach Jahressaison mehr oder weniger regelmäßig von allen möglichen Menschen zwecks Freizeitaktivitäten genutzt werden. Im Naturpark leben bis heute nicht nur über 200 verschiedene Vogelarten (einschließlich Flamingos im See von Massaciuccoli), sondern auch unzählige Reptilien (inklusive fünf verschiedener Schlangenarten), diverses Niederwild (Hasen & Kaninchen), Dachs (*Meles meles*), Baummarder (*Martes martes*), Rotfuchs (*Vulpes vulpes*), Rehwild (*Capreolus capreolus*), Damwild (*Dama dama*) und Schwarzwild (*Sus scrofa*) mit einer geschätzten Population von jeweils 1 500 Individuen sowie vereinzelt sogar Hirsch (*Cervus elaphus*) und Wolf (*Canis lupus*).

BEVÖLKERUNG UND HUNDE

Basierend auf unseren Untersuchungsergebnissen waren die Reviere einschließlich der von uns observierten verwilderten Hunde (*Canis lupus f. familiaris*) mit zwei von Tierschützern fest etablierten Futterstellen wiederum nur im sogenannten „Macchia di Migliarino C. di Marina" gelegen, wobei diesen Waldabschnitt im Süden die einzig in Richtung Strand verlaufende asphaltierte Straße durchtrennt. Hier galt zwar ein vorgeschriebenes Tempolimit von 50 km/h, das jedoch zumeist missachtet wurde. Die regionale Bevölkerung war zum allergrößten Teil über die Präsenz der drei primär im Wald frei lebenden Hundegruppen informiert und berichtete uns über regelmäßige Begegnungen zwischen Mensch und Hund (Bloch, 2005). Die Hunde hielten sich in erster Linie innerhalb ihres eigentlichen Kernreviers (in der Nähe zur Hauptstraße) auf, wo sie bis auf unregelmäßige Begegnungen an und um die Futterstandorte unter sich blieben.

KOLLEKTIVE GEFAHRENABWEHR

„Typisch" für Kanidenrudel ist neben Revierstreifzügen im Verbund vor allem auch eine gemeinsame Verteidigung von Nahrungsressourcen. Das Gesamtterritorium der „Großen Beobachtungsgruppe", das um ein vier Quadratkilometer großes Kernrevier in der Nähe der Futterstandorte gelegen war, wurde sowohl gegenüber Fremdhunden als auch gegenüber Rotfüchsen massiv verteidigt (Bloch 2006).
Die Lebensraumanpassung der „Großen Beobachtungsgruppe" beschränkte sich bei Weitem nicht nur auf das direkte Umfeld der beiden Futterstellen. Nach Norden wurde das Revier der Hunde durch einen Kanal, nach Osten durch eine Eisenbahnstrecke, nach Süden durch einen Fluss und im Westen durch die Küste begrenzt. Innerhalb des Kernreviers hatten die Hunde insgesamt fünf (in unmittelbarer Nähe zu dichtem Gebüsch gelegene und beste Rückzugsmöglichkeiten

Hündin Lilly vor einem der Erdbauten, in denen die Welpen zur Welt kamen.

bietende) Erdbauten gegraben, in denen sämtliche Welpen zur Welt kamen, sodass diese schon sehr frühzeitig aufgrund mangelnder Prägung jeglichen Kontakt mit Menschen mieden. Unter den gegebenen Lebensumständen kamen den Hunden naturgemäß ihre exzellenten Geländekenntnisse zugute, die sie in akuten Gefahrensituationen nutzten, um rasch ein Brombeergestrüpp anzusteuern und sich darin zu verkriechen. Bei direkter Präsenz von Wildschweinen oder Menschen verharrten sie hier mitunter über Stunden (Bloch, 2006). Wie umfassend sich lebensraumprägende Verwilderungstendenzen in Richtung Rudelbildung von Haushunden auswirken können, zeigte sich sehr eindrucksvoll, da selbst die Futterressourcen bereitstellenden Tierschützer trotz intensivem Bemühen niemals in der Lage waren, die Hunde anzufassen. Auch wir Verhaltensbeobachter brauchten fast ein komplettes Jahr, bis uns die Studiensubjekte sichtlich entspannt duldeten und sich an unsere tägliche Anwesenheit gewöhnt hatten (Bloch, 2007).

HUNDE IM STUDIENGEBIET

Dieser Feldforschungsbericht konzentriert sich auf Basisinformationen zur Hauptbeobachtungsgruppe. Diese setzte sich mit Abschluss der Vorfeld-Recherche Ende April 2005 aus zehn Rüden und vier Hündinnen zusammen (Geschlechts-Ratio: 2,5:1). Alle Hunde konnten wir individuell identifizieren anhand von Fellfarbe und Muster, Körpergröße und Form, Grundcharakter und typischen Verhaltenseigenschaften. Geschlecht und Alter wurden anhand typischer Verhaltenscharakteristika und körpersprachlicher Signalgebungen einschließlich Markierverhalten bestimmt („high & low postures"). Die beiden auffällig dominanten Phänotypen waren entweder ein etwas unterschiedlich rötlich gefärbter, zwischen 25 und 35 kg schwerer, lang gestreckter „Collie-Typ" mit langer Schnauze und Kipp- oder Hängeohren oder ein zumeist tricolor-gefärbter, kompakter und hochbeiniger Typ mit braunen oder gelblichen

Es dauerte fast ein Jahr, bis sich die frei lebenden Hunde an die Präsenz der Forscher gewöhnt hatten.

Augen und langstockhaarigem Fell. Zudem war eine weniger signifikante Anzahl an schwarz-gelblich gefärbten Individuen beobachtbar. Außer „Alex“ (von der „Kleinen Beobachtungsgruppe“) war oder wurde während der gesamten Studienzeit kein einziger Hund sterilisiert oder kastriert. Somit konnten wir innerhalb der gesamten Hundepopulation von San Rossore mehrfach Begegnungen und Fortpflanzungsbemühen zwischen zeugungsfähigen Mitgliedern von insgesamt drei Beobachtungsgruppen dokumentieren. Unter den Rüden fanden zum Teil kämpferisch heftige Auseinandersetzungen statt, wobei sich letztlich immer ein bestimmter Rüde („Nerone“) während der Hochranz einschließlich sämtlicher Zeugungsakte statusbedingt durchsetzte. Mangelnde Abwanderung führte häufig zu Inzuchtverpaarungen, bot aber gute Möglichkeiten, Strukturveränderungen in Hundegruppen mit mehreren trächtigen Weibchen zu analysieren (Bloch, 2007).

UNTERSUCHUNGS-MATERIAL

Während der gesamten Studienzeit nutzten wir einen Geländewagen. Für genaue Ortsbestimmungen benutzten wir spezielle topografische Landkarten und zwei transportable GPS-Geräte. Radiotelemetrie-Equipment, hier im Speziellen zwei Receiver, Omni-Antennen und Handantennen, stand zur Verfügung, um die besenderten Hunde zu lokalisieren. In der Nähe der Höhlenkomplexe hatten wir diverse selbst gebaute Verstecke. Die Nutzung von Ferngläsern gehörte ebenso zum Standardprogramm wie ein Diktafon. Kontinuierlich wurde foto- und videografiert. Für Feldnotizen und Ereignisprotokolle verwendeten wir verschieden vorgefertigte Verhaltensbögen. Für die Persönlichkeitstests nutzten wir ein Holzgerüst und eine orangenfarbene Warnweste.

METHODIK

Zur Telemetrierung mit cirka 200 Gramm schweren Radiohalsbändern betäubte die Veterinärin Dr. Cecilia Ambrogi vom Auto aus insgesamt sechs Hunde mittels Narkosegewehr. Alle Hunde wurden vermessen, gewogen und Blutproben entnommen für anschließende DNA- und Parasitenbefunde im Labor der Stadt Lucca. Ab dem 1. Juni 2005 führten wir zur Standortbestimmung besenderter Tiere täglich kontinuierliche Peilmessungen durch. Diese wurden auf speziellen topografischen Landkarten zugeordnet und in vorgefertigte Ereignisprotokolle übertragen. Ab Beginn der Vorfeld-Recherche sammelten wir Kotproben von allen Hundeindividuen ein. Diese wurden individuell gekennzeichnet, um sie später im DANN-Labor der Universität Göttingen auswerten zu lassen. Um Detailfragen zur komplexen Verhaltensökologie der Hunde zu beantworten, führten wir sieben Tage die Woche ab etwa einer Stunde vor Sonnenaufgang bis etwa eine Stunde nach Sonnenuntergang direkte Verhaltensbeobachtungen durch. Zusätzliche Telemetriemessungen in Nachtschichten lieferten wertvolle Kenntnisse zu nächtlichen Aktivitäten der Hunde. Ethologische Fachbegriffe für Verhaltensauflistungen übernahmen wir aus dem Wolf-Ethogramm, Ethology Series No. 3 des Eckhard Hess Institute of Ethology (Klinghammer et al., 2001). Mit Projektbeginn protokollierten wir alle Verhaltenseinsichten nach der Ad-libitum-Methode (beliebige/spontane Beobachtung, Altmann, 1974), um:

- alle Gruppenmitglieder zu identifizieren,
- mit den Gegebenheiten des Untersuchungsgebiets und hundlichen Wandergewohnheiten vertraut zu werden,
- die zu observierenden Tiere an unseren Geländewagen zu gewöhnen bzw. sie mit unserer Präsenz vertraut zu machen und
- weitere Datensammlungsmethoden zu etablieren.

BEOBACHTUNG DER HUNDE

Um möglichst lückenlos nachzuvollziehen, wer, wo, was und wann machte, folgten wir den Hunden unter Einhaltung eines Respektabstandes von mindestens 150 bis 200 Metern zu Fuß, wann immer diese Streifzüge durch ihr Territorium unternahmen. Videografiert wurde hauptsächlich nach der „Fokus-Scan-Methode“, besonders bei der Aufzeichnung von beziehungsrelevanten Protokollierungen (konzentrierte Fokussierung auf das Verhalten einzelner Tiere, nach Altmann, 1974). Wann immer die Hundegruppe innerhalb uneinsehbarer Geländeabschnitte unterwegs war, nutzten wir unser Telemetrie-Equipment, um sie so schnell wie möglich wieder direkt beobachten zu können. Aufgefundene Höhlenstandorte, Rendezvousplätze, neu gegrabene Erdbauten, Lieblingsruheplätze und Anhöhen und regelmäßig genutzte Zufluchtgebüsche wurden mittels eines transportablen GPS-Gerätes aufgezeichnet, notiert und analysiert. Waren die Hunde in Straßennähe oder auf Wegen unterwegs, folgten wir ihnen mit unserem Geländewagen. Anschließend parkten wir unser Auto am Straßenrand, stellten stets den Motor ab und ließen die Hunde bis zu einem unübersichtlichen Geländeort vorauslaufen. Hielten sie sich auf der Straße oder in offenen Waldlichtungen auf, observierten und videografierten wir sie weiterhin aus dem Auto.

ÜBERPRÜFUNG DER GRUNDCHARAKTERE

Für die Grundcharakterüberprüfung stellten wir in unmittelbarer Nähe zu den Futterstellen ein Holzgerüst mit einer orangefarbenen Verkehrswarnweste auf. Unter Berücksichtigung einer Variabilitätsskala von 0 bis 10 (Meter/Sekunden) maßen wir unter Zuhilfenahme einer Stoppuhr, ob und/oder wie schnell die einzelnen Hunde eine Distanz von zehn Metern in Richtung Warnweste überbrückten. Vertreter des draufgängerischen Grundtyps A traten erheblich forscher auf, erkundeten die neue Reizquelle (Warnweste) sehr spontan und mitunter sogar bellend und ggf. angriffsbereit. Hunde des abwartenden Grundtyps B neigten hingegen zunächst zur Zurückhaltung, hielten Distanz zur neuen Reizquelle (Warnweste), verhielten sich weder spontan erkundungsfreudig noch angriffslustig (Näheres unter Bloch, 2007).

Mit Hilfe einer Warnweste wurde getestet, ob die Welpen eher zu den scheuen oder wagemutigen Vertretern gehörten.

VERHALTENSOBSERVATIONSMETHODIK

Unsere langzeitlich ausgerichtete Beobachtungsstudie begann bereits Anfang April 2005 mit ersten Vorgesprächen mit administrativ verantwortlichen Verwaltungsstellen in Pisa, in Lucca, im Naturparkbüro und mit der zuständigen Veterinärin C. Ambrogi, gefolgt von ersten sporadischen Hundesichtungen im Naturpark von San Rossore. Nachdem wir typische Rudelbewegungsmuster der Hunde auf speziellen Landkarten nachgezeichnet hatten, sammelten wir Basisinformationen zum Aktiv- und Inaktivverhalten der Hunde in Intervallen von

Lilly begrüßt Bello in typischer Kanidenmanier über Schnauzenkontakt.

15 Minuten. Insofern konnten wir im Nachhinein genau analysieren, wie viel Zeit jedes Hundeindividuum in den verschiedenen Revierzonen verbrachte: im Innenrevier in der Nähe der Futterstellen und der Beobachtungshügel, im Grenzverlauf des Außenreviers, an Höhlen-, Ruhe-, Spiel- und Nahrungsstätten. Hier veröffentlichtes Datenmaterial wurde gemäß dem Einleitungstext und der Studienmethodik in drei verschiedenen etho-ökologischen Zusammenhängen ausgewertet:

1. bezüglich der Frage, ob verwilderte Hunde eine kollektiv organisierte „Rudelbildung" mit langlebig sozioemotionalen Bindungsbeziehungen erarbeiten können,
2. bezüglich der Frage, ob verwilderte Hundegruppen während revierbezogener Streifzüge Wanderformationen mit festen „Rudelstellungen" an der Gruppenspitze und am Gruppenende einnehmen und
3. bezüglich der Frage, ob fest fixierte „Arbeitsstellungen" existent sind.

STUDIENRESULTATE

Zwischen dem 1. Mai 2005 und dem 31. Oktober 2005 verbrachten wir im Studiengebiet insgesamt 892 Feldforschungstage. Dies entspricht bei einem errechneten Mittelwert von 10,5 Aufenthaltsstunden pro Tag 9 450 Feldforschungsstunden im Studiengebiet. Basierend auf statistischen Erhebungen hatten wir bei unserer Arbeit während 5 411 Beobachtungsstunden und somit zu 57,26 % der Zeit visuellen Kontakt zu der „Großen Beobachtungsgruppe". Innerhalb der rund dreijährigen Studie führten wir rund 57 500 Telemetriemessungen durch. Nach unserer Kalkulationsgrundlage umfasste die Gesamtreviergröße (Innen- und Außenrevier) der „Großen Beobachtungsgruppe" im Sommer 15,1 Quadratkilometer. Während der kühleren Wintermonate umfasste das Revier sogar über 20 Quadratkilometer. Mit 62 % hielten sich die Hunde am häufigsten in ihrem ungefähr 3,9 Quadratkilometer großen, dicht bewaldeten Kernrevier um Futterstellen, Teiche, Bäche und kollektiv genutzte Lieblingsbeobachtungshügel auf,

verteidigten ihr gesamtes Territoriun aktiv gegen Fremdhunde und Rotfüchse.
Die nachfolgend veröffentlichten Daten (hier in Tabellenform) und in einfachen Häufigkeitszählungen zusammengestellten Informationen führen anschaulich vor Augen, dass verwilderte Haushunde im Umfeld ausreichender Nahrungsressourcen kanidentypisch enge Bindungsbeziehungen unterhalten, bei ihren unterschiedlich langen Revierstreifzügen etliche verschiedene Wanderformationen einnehmen und gruppeninterne Rollenverteilungen in Wächter und Alarmgeber offensichtlich auf persönlichkeitsgebundenen Wurzeln fußen. Außer einem Rüden und einem Weibchen aus zwei der drei unterschiedlichen Gruppen, verließ kein anderer Hund sein angestammtes Territorium. Im Heimatrevier verbleiben zu wollen, hatte vermutlich mit der stark verankerten Lebensraumprägung und mit der routinebedingten Futterhabituation der Hunde zu tun.

GROSSE BEOBACHTUNGSGRUPPE (2005 BIS 2007)

Zwecks präziser Zuordnung jedes im Naturpark von San Rossore dauerhaft lebenden Hundes gaben wir nach mehrwöchiger Vorfeldrecherche allen Hundeindividuen einen Namen. Nach einer Phase der zeitintensiven Vorbereitung fingen wir unter aktiver Mithilfe der Veterinärin Dr. Cecilia Ambrogi nach und nach sechs Hunde ein (fünf Rüden und eine Hündin), um sie mit mindestens drei Jahre lang aktiven Radiohalsbändern zu besendern, namentlich: Vecchione (10 Jahre), Daniele (9 Jahre), Lilly (8 Monate), Bello (4 Jahre), Fox (3 Jahre) und Bellino (7 Monate). Nachfolgend eine Gesamtauflistung aller Gruppenmitglieder im April 2005 mit Name, Geschlecht, Alter, Tod (Monat/Jahr), Sozialstatus (Senior = Alttier ab 9 Jahre, Alttier = 2 – 9 Jahre, Subadult = 1 – 2 Jahre, Juvenil ½ – 1 Jahr) und Individuen ausgestattet mit Peilsender (Monat/Jahr).

Kurzanalyse

Der Gruppenumfang, der größtenteils aus formal dominanten Leittieren, verschiedenen reproduzierenden Hündinnen und deren Nachwuchs bestand, variierte in den Jahren 2005 bis 2007 zwischen elf und maximal 14 Mitgliedern. Dies entsprach einem statistischen Mittelwert von 12,6 Individuen. Die individuell eindeutig zuzuordnenden Kotproben-DNA-Analysen konnten unter den Hunden einen Verwandtschaftsgrad von bis zu 92,3 Prozent nachweisen.

Fazit

Nach Analyse des Gruppenumfangs mit insgesamt 16 klar identifizierten Hundeindividuen aus den Jahren 2005 bis 2007 (n = 38) kamen wir zu der Schlussfolgerung, dass der langzeitliche Besatz abseits menschlicher Ansiedlungen verwildert lebender Hunde in einem „familiär strukturierten" Rudel durchaus nachgewiesen werden kann. Nicht nachzuweisen war hingegen eine nach „vRS"-Lehre (siehe S. 191) „optimal" strukturierte Gruppengröße mit sieben Mitgliedern, und dies während der gesamten Studienzeit. Bestätigung fand jedoch die Existenz eines langzeitlich agierenden Leitpaars mit ranghöchstem Sozialstatus. Sieben vorbestimmte Rudelstellungen waren hingegen nicht beobachtbar. Die „Große Beobachtungsgruppe" bestand im Jahr 2005 zu 85,7 Prozent aus miteinander verwandten Gruppenmitgliedern, im Jahr 2006 zu 92,3 Prozent und schließlich 2007 zu 81,8 Prozent. Aufgrund der Tatsache, dass nur drei von 16 verschiedenen Individuen nicht miteinander verwandt waren (18,6 %), wies die Hauptbeobachtungsgruppe eine familiäre Gruppenstruktur auf.

1. Behauptung/Gegenhypothese zur Sozialbeziehungsstruktur

☞ GROSSE BEOBACHTUNGSGRUPPE 2005

April 2005: 14 Mitglieder (10 Rüden, 4 Hündinnen)

NAME	GESCHLECHT	ALTER	TOD	SOZIALSTATUS	PEILSENDER
Vecchione	Rüde	10 Jahre	–	Senior	Mai 05
Daniele	Rüde	9 Jahre	–	Senior	Mai 05
Eurecia	Hündin	8 Jahre	–	Leitfähe	–
Nerone	Rüde	7 Jahre	–	Leitrüde	–
Salvo	Rüde	6 Jahre	–	Alttier	–
Paurosa	Hündin	6 Jahre	Aug 05	Alttier	–
Junior	Rüde	5 Jahre	–	situativ Beta	–
Maya	Hündin	5 Jahre	Dez 05	Alttier	–
Picasso	Rüde	4 Jahre	–	situativ Beta	–
Bello	Rüde	4 Jahre	–	Alttier	Okt. 05
Ringo	Rüde	4 Jahre	–	Alttier	–
Fox	Rüde	3 Jahre	–	Alttier	Okt. 05
Snoopy	Rüde	2 Jahre	–	Subadult	–
Lilly	Hündin	½ Jahr	–	Juvenil	Juli 05

Auskunft zur Gruppengröße, zum prozentualen Verwandtschaftsanteil und zur langzeitlich status- und altersgebundenen Sozialstruktur der „Großen Beobachtungsgruppe" (2005 bis 2007).

GROSSE GRUPPE	APR. 05	APR. 06	APR. 07
Anzahl	14	13	11
verwandt/nicht	12/2	12/1	9/2
Leittiere/Anzahl	2	2	2
Alttiere/Anzahl	10	9	8
Subadulte/Anzahl	1	1	1
Juvenile/Anzahl	1	1	–

Gruppengröße und soziale Organisation der „Großen Beobachtungsgruppe" zum 30. April eines jeden Jahres einschließlich aller mind. ½-jährigen juvenilen Junghunde (n = 38).

2. Behauptung/Gegenhypothese zur Wanderformation und zu „vorderrangigen und nachrangigen Leithund-Positionen

☞ GROSSE BEOBACHTUNGSGRUPPE 2006

April 2006: 13 Mitglieder (11 Rüden, 2 Hündinnen)

NAME	GESCHLECHT	ALTER	TOD	SOZIALSTATUS	PEILSENDER
Vecchione	Rüde	11 Jahre	Juni 06	Senior	Mai 05
Daniele	Rüde	10 Jahre	–	Senior	Mai 05
Eurecia	Hündin	9 Jahre	–	Leitfähe	–
Nerone	Rüde	8 Jahre	–	Leitrüde	–
Salvo	Rüde	7 Jahre	–	Alttier	–
Junior	Rüde	6 Jahre	–	situativ Beta	–
Picasso	Rüde	5 Jahre	–	situativ Beta	–
Bello	Rüde	5 Jahre	Juni 06	Alttier	Okt. 05
Ringo	Rüde	5 Jahre	Nov. 06	Alttier	
Fox	Rüde	4 Jahre	–	Alttier	Okt. 05
Snoopy	Rüde	3 Jahre	–	Alttier	
Lilly	Hündin	1½ Jahre	–	Subadult	Juli 05
Bellino	Rüde	½ Jahr	–	Juvenil	Sept. 06

Auskunft zur Gruppenleitung (Hundeindividuen an der Gruppenspitze) und Nachhut (Hundeindividuen am Gruppenende) der Hauptbeobachtungsgruppe während gemeinsamer Revierstreifzüge (2005 bis 2007).

GROSSE GRUPPE	2005		2006		2007		TOTAL	
	PGS	PGE	PGS	PGE	PGS	PGE	PGS	PGE
Vecchione	15 x	48 x	4 x	18 x	0 x	0 x	19 x	66 x
Daniele	12 x	39 x	9 x	33 x	3 x	22 x	24 x	94 x
Eurecia	168 x	2 x	149 x	1 x	111 x	4 x	428 x	7 x
Nerone	48 x	1 x	55 x	3 x	39 x	6 x	142 x	10 x
Salvo	29 x	5 x	19 x	22 x	11 x	16 x	59 x	43 x
Paurosa	0 x	19 x	0 x	0 x	0 x	0 x	0 x	19 x
Junior	11 x	9 x	6 x	23 x	0 x	9 x	17 x	41 x
Maya	0 x	0 x	0 x	0 x	0 x	0 x	0 x	0 x
Picasso	37 x	12 x	40 x	12 x	33 x	11 x	110 x	35 x

Bello	19x	29x	11x	19x	0x	0x	30x	48x
Ringo	10x	33x	6x	28x	0x	0x	16x	61x
Fox	0x	44x	1x	49x	0x	38x	1x	131x
Snoopy	41x	3x	58x	4x	38x	3x	137x	10x
Lilly	7x	2x	22x	15x	16x	17x	45x	34x
Bellino	0x	2x	13x	1x	24x	0x	37x	3x
Snoopina	0x	0x	0x	0x	2x	6x	2x	6x
Total	**397**	**248**	**393**	**228**	**277**	**132**	**1067**	**608**

Einfache Häufigkeitszählung zum Wanderverhalten aller namentlich aufgeführten Mitglieder (n = 16), deren Positionierung an der Gruppenspitze (n = 1 067) und am Gruppenende (n = 608) in den Jahren 2005 bis 2007. Kürzel für die Position Gruppenspitze „PGS", für die Position am Gruppenende „PGE".

Kurzanalyse

Leitrüde „Nerone" hielt sich in der Gruppenspitzenposition in 13,3 % der Fälle auf (n = 142), Leitweibchen „Eurecia" in 39,8 % der Fälle (n = 428) und somit mit Abstand am häufigsten. Von den männlichen Alttieren führten „Picasso" in 10,3 % der Fälle (n = 110) und „Snoopy" sogar in 12,8 % der Fälle (n = 137). Neben „Eurecia" leitete von den Weibchen hin und wieder nur noch Tochter „Lilly" die Gruppe, und zwar in 4,2 % der Fälle (n = 45). Jungrüde „Bellino" besetzte in 3,5 % der Fälle die Gruppenspitze (n = 37). Am Gruppenende war der rangniedrigste Rüde „Fox" in 21,5 % der Fälle am häufigsten zu finden (n = 131), gefolgt von den beiden Senioren „Daniele" (n = 94) und Vecchione (n = 66) in 15,5 % bzw. 10,9 % der Fälle. Das Leitpaar „Nerone" und „Eurecia" hielt sich mit 1,6 % (n = 10), respektive 1,2 % der Fälle (n = 7) auffällig selten am Ende einer Wanderformation auf.

Fazit

Nach Analyse der Führungsposition der „Großen Beobachtungsgruppe" während gemeinsamer Revierwanderungen in den Jahren 2005 bis 2007 kommen wir zu der Schlussfolgerung, dass die Führung des langzeitlich beobachteten Hunderudels sehr variabel erschien, auch wenn diese in „Eureci" ganz klar eine charismatische Gruppenleiterin hatte, die viele wichtige Entscheidungen traf. Basierend auf insgesamt 1 067 visuellen Kontaktaufnahmen mit 16 identifizierten Hundeindividuen konnten wir keine fest besetzte Gruppenspitzenposition dokumentieren. Die Nachhut der Hauptbeobachtungsgruppe wurde ebenfalls nicht von ein und demselben Rüden oder einer Hündin eingenommen. Die „vRS"-Behauptung, optimal strukturiert lebende „Hunderudel" würden immer von einem sogenannten „Vorderen Leithund (VLH)" angeführt und am Gruppenende hielte sich stets ein „nachrangiger Leithund (NLH)" auf, war zu keinem Zeitpunkt nachweisbar. Stattdessen konnten wir nicht nur die Gegenhypothese einer völlig flexiblen Gruppenführung eindeutig belegen, sondern auch, dass die beiden Leittiere oftmals aus der Gruppenmitte heraus als Initiatoren fungierten („central leadership"), was praktisch bedeutete, dass das Reproduktionspaar aus der Mitte heraus sämtliche Richtungswechsel und gruppenrelevanten Entscheidungen vorgab (Bloch, 2009).

3. Behauptung/Gegenhypothese zur Rollenverteilung, zu rudeltypischen Arbeitspositionen und Grundcharaktertypen

GROSSE BEOBACHTUNGSGRUPPE 2007

April 2007: 11 Mitglieder (8 Rüden, 3 Hündinnen)

NAME	GESCHLECHT	ALTER	TOD	SOZIALSTATUS	PEILSENDER
Daniele	Rüde	11 Jahre	Okt. 07	Senior	Mai 05
Eurecia	Hündin	10 Jahre	Juli 07	Leitfähe	–
Nerone	Rüde	9 Jahre	–	Leitrüde	–
Salvo	Rüde	8 Jahre	–	Alttier	–
Junior	Rüde	7 Jahre	–	situativ Beta	–
Picasso	Rüde	6 Jahre	–	situativ Beta	–
Fox	Rüde	5 Jahre	Aug. 07	Alttier	Okt. 05
Snoopy	Rüde	4 Jahre	–	Alttier	–
Lilly	Hündin	2½ Jahre	–	Alttier	Juli 05
Bellino	Rüde	1½ Jahre	–	Subadult	Sept. 06
Snoopina	Hündin	6 Jahre	–	Alttier	–

Auskunft zur Grundcharakterbestimmung aller Mitglieder und deren status- und persönlichkeitsgebundener Gruppenstellung bzw. „Arbeitsposition" außerhalb von Paarungszeiten (2005 bis 2007).

NAME	GRUNDCHARAKTER (A-/B-TYP)		STATUSBEDINGTE GRUPPENSTELLUNG	„ARBEITSPOSITION" WÄCHTER (%)	„ARBEITSPOSITION" ALARMGEBER (%)
Vecchione	–	B-Typ	Senior	83 x (93,3 %)	6 x (6,7 %)
Daniele	–	B-Typ	Senior	59 x (95,2 %)	3 x (4,8 %)
Eurecia	–	B-Typ	Leithündin	126 x (72,4 %)	48 x (27,6 %)
Nerone	–	B-Typ	Leitrüde	100 x (91,7 %)	9 x (8,3 %)
Salvo	A-Typ	–	Alarmgeber	38 x (20,4 %)	148 x (79,6 %)
Paurosa	–	B-Typ	Keine	–	–
Junior	–	B-Typ	Wächter	131 x (87,3 %)	19 x (12,7 %)
Snoopina	–	B-Typ	Wächter	79 x (90,8 %)	8 x (9,2 %)
Picasso	A-Typ	–	Alarmgeber	20 x (10,4 %)	172 x (89,6 %)

Maya	–	B-Typ	Keine	–	–
Bello	–	B-Typ	Wächter	159 x (89,8 %)	8 x (10,2 %)
Ringo	A-Typ	–	Alarmgeber	19 x (17,6 %)	89 x (82,4 %)
Fox	–	B-Typ	Wächter	129 x (92,1 %)	11 x (7,9 %)
Snoopy	A-Typ	–	Alarmgeber	33 x (14,2 %)	199 x (85,8 %)
Lilly	A-Typ	–	Alarmgeber	14 x (14,3 %)	84 x (85,7 %)
Bellino	A-Typ	–	Alarmgeber	42 x (22,6 %)	144 x (77,4 %)
Total	**6 x**	**10 x**		**1 033 x**	**958 x**

Einfache Häufigkeitszählung zur A-/B-Grundcharakterbestimmung aller namentlich aufgeführten Mitglieder (n = 16) und deren Gruppenstellung als Senior, Leittier bzw. deren „Arbeitsposition" als Wächter (n = 4) und Alarmgeber (n = 6).

Wächter = insgesamt abwartend bellendes Individuum mit Primärintention zum Beobachtungssitzen, Stehen, Liegen.

Alarmgeber = insgesamt spontan bellfreudiges Individuum mit Primärintention zum aggressiv gestimmten Kontroll- und Angriffsverhalten.

Kurzanalyse

Von insgesamt sechszehn Hundeindividuen charakterisierten wir 37,5 % (n = 6) als A-Typen, respektive 62,5 % als B-Typen (n = 10). Die sechs A-Typen traten insgesamt (n = 1 002) nur in 16,6 % der Fälle als Wächter auf (n = 166), aber zu 83,4 % als Alarmgeber (n = 836). Die zehn B-Typen traten insgesamt (n = 978) jedoch in 88,5 % der Fälle als Wächter (n = 866) und nur zu 11,5 % als Alarmgeber (n = 112) auf. Die einzigen Individuen, die mit 27,6 % bzw. 22,6 % stärkere Mischmotivationen als Wächter und Alarmgeber zeigten als alle anderen Gruppenmitglieder, waren Leithündin „Eurecia" und Jungrüde „Bellino".

Fazit

Rückblickend betrachtet, verhielten sich die von uns als „Alarmgeber" charakterisierten A-Typen deutlich spontaner, lautstärker und aktiver bei der Gefahrenabwehr als die von uns als „Wächter" klassifizierten B-Typen, die sich tendenziell zunächst stark zurückhielten und sich durch konzentriertes Beobachtungsverhalten offensichtlich in erster Linie der Gefahrenerkennung widmeten. Dennoch waren zu keinem Zeitpunkt starr fixierte, konstant besetzte Wach- oder Alarmpositionen belegbar, da sowohl A- als auch B-Typen häufig im Kollektiv auftraten. Nach einer Phase der Gefahrenabwägung, des taktischen Geplänkels und gemeinsamen Chorbellheulens beteiligten sich auch die beiden Leittiere gelegentlich aktiv an der Gruppenverteidigung, insbesondere im interspezifischen Bereich der Territoriumsabgrenzung gegenüber fremden Artgenossen und Rotfüchsen (Bloch, 2006).

NATIVE DOG STUDY – LEBENSRAUM 2

Die Vorrecherche unseres Hundefreilandprojekts in Kanada in einem nicht näher spezifizierten Native-Reservat am Rande der Rocky Mountains in der kanadischen Provinz Alberta fand bereits im Spätherbst 2013 statt. In demselben Native-Reservat hatten wir zwischen Januar und Dezember 2008 schon einmal Verhaltensbeobachtungen, hauptsächlich zum Wander- und Fressverhalten der Hunde, durchgeführt. Für diesen Bericht analysierten wir allerdings Daten zu den gleichen Fragestellungen 1 bis 3 wie für die „Pizza-Hunde" in Lebensraum 1. Die nachfolgenden Angaben beziehen sich ausnahmslos auf unsere direkten Verhaltensobservationen an dem „Foothill-Hunderudel". Da keiner der Hunde mit einem Peilsender ausgestattet werden durfte, konnten auch keine Telemetriedaten gesammelt werden.

Auch in diesem Hunderudel verfügten die Alttiere von vornherein über gewisse formale Führungskompetenzen. Auch die in Lebensraum 2 beobachteten Welpen, juvenilen und subadulten Rudelmitglieder tendierten dazu, den Initiativen und Verhaltensvorgaben der erwachsenen Alttiere zu folgen. Da während der gesamten Untersuchungszeit keiner der Hunde aus dem Studiengebiet abwanderte, konnten wir das zu Projektbeginn aus sechs Individuen bestehende „Foothill-Hunderudel" langfristig begleiten.

STUDIENGEBIET: LEBENSRAUM 2

Unsere Observationsstudie wurde in einem nicht eingezäunten Native-Reservat in Alberta/Kanada zwischen dem 1. Januar 2014 und dem 31. April 2016 durchgeführt. Das etwas mehr als 350 Quadratkilometer umfassende Reservat, das in einem hügeligen Gebiet am westlichen Rand der Rocky Mountains gelegen ist, darf von Außenstehenden grundsätzlich nur nach vorheriger Genehmigung durch den Native-Ältestenrat betreten werden.

LANDSCHAFT UND TIERWELT

Die Landschaft besteht zum überwiegenden Teil aus einer Graslandfläche, unterbrochen von Mischwald und kleinen Marschabschnitten. Durch das gesamte Reservat verlaufen einige nicht asphaltierte Wege und sowohl entlang der westlichen als auch nördlichen Flanke des Reservats verlaufen zwei Highways.

Im Reservat leben verschiedene nicht näher spezifizierte Vogelarten einschließlich Fischadler und Weißkopf-Seeadler. Trotz starker Bejagung durch die örtliche Native-Population haben erstaunlicherweise bis heute alle für diese Region typischen Beutegreifer wie Wolf (*Canis lupus*), Grizzly (*Ursus arctos*), Schwarzbär (*Ursus americanus*), Berglöwe

Zwei Streunerwelpen im Sozialspiel. Von klein auf folgen die Welpen den Verhaltensvorgaben der Alttiere.

(*Felis concolor*), Luchs (*Lynx canadensis*), Kojote (*Canis latrans*) und Rotfuchs (*Vulpes vulpes*) überlebt. Alle genannten Beutegreifer kommen im Reservat, mit Ausnahme von Kojote und Fuchs, allerdings nur sehr sporadisch vor.

Nach Abschluss unserer Vorrecherche, wurden im Untersuchungsgebiet für die dort verwildert lebenden Hunde weder Futterstellen angelegt, noch gab es dort eine Müllhalde, wo sich die Tiere ggf. von Abfällen ernähren können. Nach ersten Zählungen bestand der örtliche Gesamthundebestand aus 44 Individuen. Von diesen waren 17 in mehreren Rudeln organisiert, was einem recht hohen Anteil von 38,64 % entsprach. Die restlichen Hundeindividuen hielten sich vornehmlich in Siedlungsnähe der dort beheimateten Menschen auf – zumeist in überschaubaren Zweier- oder Dreiergruppen. Verglichen mit unseren Erkenntnissen aus dem Jahr 2008 hatte sich der Hundebestand im Native-Reservat nicht nennenswert verändert. Im Dezember 2008 hatten wir dort insgesamt 46 Hundeindividuen gezählt.

LEBENSRAUMPRÄGENDE ANPASSUNG

Innerhalb des Hundereviers nutzten die Tiere (wie schon 2008) in mehreren Buschwerkgruppen insgesamt drei verschiedene Erdbauten. Die Standorte dieser Höhlenkomplexe, in denen regelmäßig die Präsenz von Welpen beobachtet werden konnte, waren allesamt mindestens drei Kilometer von der nahe gelegensten menschlichen Ansiedlung entfernt. Im Vergleich zu 2008 war nur ein neuer Erdbau hinzugekommen. Ansonsten nutzten die Hundefähen exakt dieselben Höhlen wie ihre Vorgängerinnen im Jahr 2008.

Die Lebensraumanpassung des nun von uns begleiteten „Foothill-Hunderudels“ beinhaltete als „kulturelle Besonderheit“ der uns bekannten „Native-Hunde“ erneut eine starke Konzentration auf tote Huftiere. Die Hunde suchten in regelmäßigen Zeitabständen, als Einheit unterwegs, im Schnitt dreimal pro Woche gezielt nach Reh-, Hirsch- und Elchkadavern. Innerhalb ihres Reviers hatte die Hauptbeobachtungsgruppe ein fest etabliertes Wegenetz angelegt, deren Hauptpfade strahlenförmig in Richtung der bereits erwähnten Autobahnen führten. Auch das hatten wir Jahre zuvor schon dokumentiert. Bei direkter Präsenz von Kojoten oder Menschen verharrten die Hunde in unmittelbarer Nähe zu einem Beutetierkadaver in dichtem Gebüsch, das ihnen nicht nur gute Rückzugsmöglichkeiten bot, sondern gleichzeitig auch als beliebte Ruhe- und Schlafplätze diente. Vor allem an heißen Sommertagen, in denen das Quecksilber nicht selten Temperaturen von 35 Grad Celsius anzeigte.

HUNDE IM STUDIENGEBIET

Zu Studienbeginn bestand das „Foothill-Hunderudel" aus sechs Mitgliedern und setzte sich aus vier Rüden und zwei Hündinnen zusammen. Sämtliche Hunde verhielten sich gegenüber Menschen extrem scheu und hielten große Fluchtdistanzen zu ihnen ein. Verhaltensbeobachtungen waren nur mit Fernglas möglich.
Alle Hunde konnten wir (wie in Italien) identifizieren anhand ihrer Fellfarbe und Muster, ihrer Körpergröße und Form, ihres Grundcharakters und individualtypischer Verhaltensweisen. Auch Geschlecht und Alter wurden wieder anhand typischer Verhaltenscharakteristika und körpersprachlicher Signalgebungen bestimmt einschließlich Markierverhalten. Der auffällig dominante Phänotyp der abseits der Menschen lebenden Hunde war schwarz-bräunlich gefärbt. Die Rüden waren geschätzte 30 bis 35 Kilogramm schwer, die Hündinnen in etwa zehn Prozent leichter. Alle Hunde hatten lange Schnauzen und Kipp- bzw. Hängeohren. Alle Hunde waren hochbeinig, hatten gelbliche oder bräunliche Augen.
Ihr Fell war ausnahmslos langhaarig und mit Ausnahme der Sommermonate zwischen Juni und September mit sehr dichter Unterwolle ausgestattet.
Keines der Mitglieder des „Foothill-Hunderudels" wurde während der gesamten Studienzeit sterilisiert oder kastriert. Während der Werbezeit und Hochranz kam es, im Gegensatz zu unseren Erfahrungen aus der Italienstudie, zwischen den Rüden zu keinen ernsthaften Kampfeshandlungen. Der Vater („Jackson") setzte sich gegenüber seinem gesamten Nachwuchs problemlos durch und paarte sich stets alleinig mit der Leitfähe („Fee"). Somit kam es, ebenfalls im Gegensatz zu Italien, innerhalb des „Native-Hunderudels" zu keinerlei Inzuchtverpaarungen.

Günther Bloch mit seinem Leika-Rüden Timber in Bow Valley, Kanada.

UNTERSUCHUNGS-MATERIAL

Während der Freilandstudie nutzten wir verschiedene Geländewagen. Für sämtliche Standortbestimmungen, insbesondere zur besseren Einschätzung aufgefundener Huftierkadaver, nutzten wir erneut ein transportables GPS-Gerät. Zuvor hatten wir selbst angefertigte Landkarten wetterfest in Plastikfolie einschweißen lassen.
Da es uns nicht erlaubt war, Foto- oder Filmaufnahmen zu machen, beschränkten wir uns auf die Erstellung schriftlicher Feldnotizen und Ereignisprotokolle. Sämtliche Persönlichkeitstests wurden, wie schon zuvor über Jahre hinweg in unserer Wolfsstudie („Bow Valley Wolf Behaviour Study"), über das Auslegen von Bananenschalen durchgeführt (Bloch & Marriott, 2016).

UNTERSUCHUNGS-METHODIK

Zur individuellen DNA-Bestimmung sammelten wir Kotproben aller zuvor genau identifizierten Rudelmitglieder. Diese wurden anschließend entsprechend gekennzeichnet und datiert, um sie kurze Zeit später in einem Labor auswerten zu lassen. Die Verhaltensbeobachtungen im Native-Reservat führten wir fünf Tage die Woche durch. An Wochenenden genehmigten wir uns eine kleine Auszeit. Wie zuvor in Italien begann unsere Feldarbeit kurz vor Sonnenaufgang und dauerte bis etwa eine halbe Stunde nach der Abenddämmerung. Ethologische Fachbegriffe für unsere Verhaltensauflistungen übernahmen wir aus unseren Ethogrammen aus der Italienstudie. Auch im Native-Reservat protokollierten wir alle Verhaltenseinsichten mit Projektbeginn nach der Ad-Libitum-Methode (spontane/willkürliche Beobachtung). Im Gegensatz zu unserer Italienstudie folgten wir dem „Foothill-Hunderudel" nicht zu Fuß, sondern ausnahmslos mit unserem geländegängigen Fahrzeug. Dabei hielten wir in den ersten drei Monaten unserer Forschungstätigkeit einen Respektabstand von mindestens 300 Metern ein. Nach Gewöhnung der Hunde an unseren SUV, hielten wir grundsätzlich einen Mindestabstand von 100 Metern ein.

BEOBACHTUNG DER HUNDE

Tauchte das Rudel in Straßennähe auf oder war am Rande des Native-Reservats entlang einer der beiden Autobahnen unterwegs, folgten wir ihm im Schritttempo in gebührendem Abstand. Sobald das „Foothill-Hunderudel" ein totes Reh, einen toten Hirsch oder Elch aufgefunden hatte, parkten wir unser Auto weit abseits des Straßenrandes in einer Mulde. Dann stellten wir den Motor ab und observierten die Hunde und ggf. auch andere an einem Kadaver auftauchende Tiere kontinuierlich unter Verwendung von Ferngläsern oder eines „Diascope".

ÜBERPRÜFUNG DER GRUNDCHARAKTERE

Für die Grundcharakterüberprüfung aller Hundeindividuen legten wir zunächst eine Bananenschale auf einem der Hundepfade aus. Dann fuhren wir anschließend mit unserem Geländewagen in etwa 300 Meter rückwärts und postierten unser Auto dort mit abgestelltem Motor. Unter Berücksichtigung einer Skala von 0 bis 10 (Meter/Sekunden) maßen wir wieder unter Zuhilfenahme einer Stoppuhr, ob und/oder wie schnell die einzelnen Hunde eine Distanz von zehn Metern in Richtung der zuvor ausgelegten Bananenschale überbrückten. Vertreter des Grundtyps A traten, wie schon in unseren Wolfs- und Hundestudien zuvor, erheblich forscher auf und erkundeten die ihnen bis dahin unbekannte Reizquelle (Bananenschale) spontan. Bellverhalten

konnten wir im Gegensatz zu den Mitgliedern der „Großen Beobachtungsgruppe" in Italien in Richtung der dort aufgestellten Warnweste bei den „Foothill-Hunden" und deren Annäherung an eine Bananenschale nicht registrieren.
Hundeindividuen des abwartenden Grundcharaktertyps B verhielten sich erwartungsgemäß kein einziges Mal spontan erkundungsfreudig.

VERHALTENSOBSERVATIONSMETHODIK

Wann immer wir dem Rudelbewegungsmuster der Hunde folgten oder diese vom Auto aus an Huftierkadavern beobachteten, sammelten wir Basisinformationen zu deren Aktiv- und Inaktivverhalten in Zeitintervallen von 30 Minuten. Wie schon in Italien, so konnten wir auch jetzt wieder vor Ort bestimmen, wie viel Zeit jedes Hundeindividuum in den bereits während der Italienstudie definierten Revierzonen verbrachte. Spezifisch kam bei der Beobachtung des „Foothill-Hunderudels" wie schon im Jahr 2008 im selben Reservat hinzu, wo und welche toten Huftiere die Hunde auffanden und wie deren Fressverhalten einzuschätzen war. Nähere Angaben können in unserem Buch „Der Mensch-Hund-Code" nachgelesen werden (Bloch, G. & E.H. Radinger, 2017). Übernommen wurden aus der Italienstudie auch die drei grundsätzlichen etho-ökologischen Fragestellungen (siehe S. 197).

STUDIENRESULTATE

Zwischen dem 1. Januar 2014 und dem 31. April 2016 verbrachten wir im Native-Reservat insgesamt 623 Feldforschungstage. Dies entspricht bei einem errechneten Mittelwert von 10,5 Aufenthaltsstunden pro Tag rund 6 542 Feldforschungsstunden im Studiengebiet. In dieser Zeit hatten wir über 3 226 Stunden visuellen Kontakt zu den Hunden, somit zu 49,3 %. Dieser hohe Wert ist einerseits mit der weitestgehend offenen und somit gut einsehbaren Landschaftsstruktur zu erklären. Andererseits mit den langen Aufenthaltszeiten des „Foothill-Hunderudels" an Reh-, Hirsch- und Elchkadavern. Die von den Hunden innerhalb des 350 Quadratkilometer umfassenden Reservats genutzte Gesamtreviergröße betrug 29,8 Quadratkilometer, im Winter sogar 33,1 Quadratkilometer. Das Kernrevier des Rudels umfasste 5,2 Quadratkilometer.

FOOTHILL-HUNDERUDEL (2014 BIS 2016)

Wie in allen unseren Freilandstudien, gaben wir nach genauer Erkundung sämtlichen uns bekannten Hundeindividuen einen Namen.
Zu Projektbeginn im Jahr 2014 bestand das „Foothill-Hunderudel" wie schon erwähnt aus vier Rüden und zwei Hündinnen: dem Elternpaar „Jackson" und „Fee". Das Alter des Leitrüden schätzten wir auf 5 Jahre, das der Leitfähe auf vier Jahre. Zum Rudel gehörten des Weiteren das etwa zweijährige männliche Alttier „Joe", die ebenfalls zwei Jahre alte Hündin „Sarah" sowie die beiden einjährigen Brüder „Duane" und „Gregory".

Kurzanalyse

Der Gruppenumfang des „Foothill-Hunderudels", das stets aus demselben formal dominanten Elternpaar und dessen Nachwuchs bestand, variierte in den Jahren 2014 bis 2016 zwischen sechs und maximal acht Mitgliedern. Die Welpensterblichkeit war extrem hoch und lag im Jahr 2016, vermutlich aufgrund extrem ungünstiger Witterungsverhältnisse, sogar bei 100 Prozent. Nach den individuell eindeutig zuzuordnenden Kotproben-DNA-Analysen waren bis auf den Leitrüden alle anderen Rudelmitglieder miteinander verwandt.

1. Behauptung/Gegenhypothese zur Sozialstruktur des „Foothill-Hunderudels"

☞ FOOTHILL-HUNDERUDEL 2014

Januar 2014: 6 Mitglieder (4 Rüden, 2 Hündinnen)

NAME	GESCHLECHT	ALTER	SOZIALSTATUS
Jackson	Rüde	5 Jahre	Leitrüde
Fee	Hündin	4 Jahre	Leitfähe
Joe	Rüde	2 Jahre	Alttier
Sarah	Hündin	2 Jahre	Alttier
Duane	Rüde	1 Jahr	Subadult
Gregory	Rüde	1 Jahr	Subadult

Auskunft zur Gruppengröße, zum prozentualen Verwandtschaftsanteil und zur langzeitlich status- und altersgebundenen Sozialstruktur des „Foothill-Hunderudels" (2014 bis 2016).

FOOTHILL-RUDEL	JAN. 14	JAN. 15	JAN. 16
Anzahl	6	8	8
Verwandt/Nicht	5 / 1	7 / 1	7 / 1
Leittiere/Anzahl	2	2	2
Alttiere/Anzahl	2	4	4
Subadulte/Anzahl	2	–	2
Juvenile/Anzahl	–	2	–

Gruppengröße und soziale Organisation des „Foothill-Hunderudels" zum 01. Januar eines jeden Jahres einschließlich aller mindestens ½-jährigen Junghunde.

Fazit

Nach Analyse des Gruppenumfangs mit insgesamt acht klar identifizierten Hundeindividuen aus den Jahren 2014 bis 2016 schlussfolgern wir, dass der langzeitlich konstante Besatz des „Foothill-Hunderudels", das nicht nur abseits menschlicher Ansiedlungen lebte, sondern sich außerdem auch komplett eigenständig ernährte, eine „familiär strukturierte" Sozialrangordnung aufwies. Außer der Leitfähe „Fee", konnte sich keine andere Hündin des Rudels erfolgreich fortpflanzen. Eine nach „vRS"-Lehre „optimal" strukturierte Gruppengröße mit sieben Mitgliedern war während der gesamten Studenzeit erneut nicht nachweisbar. Bestätigung fand jedoch nicht nur die Existenz eines langzeitlich agierenden Leitpaars mit ranghöchstem Sozialstatus, sondern sogar die erfolgreiche Verhinderung jeglichen Fortpflanzungserfolges rangniedriger Hündinnen durch die Leitfähe. Das Rudel bestand im Jahr 2014 zu 83,3 % (n = 6) aus miteinander verwandten Mitgliedern und in den Jahren 2015 und 2016 zu jeweils 87,5 % (n = 8). Da das Rudel ausnahmslos aus Elterntieren und deren Nachwuchs bestand, konnte eine familiäre Sozialstruktur nachgewiesen werden.

2. Behauptung/Gegenhypothese zur Wanderformation und zu „vorderrangigen und nachrangigen" Leithund-Positionen

FOOTHILL-HUNDERUDEL 2015

Januar 2015: 8 Mitglieder (5 Rüden, 3 Hündinnen)

NAME	GESCHLECHT	ALTER	SOZIALSTATUS
Jackson	Rüde	6 Jahre	Leitrüde
Fee	Hündin	5 Jahre	Leitfähe
Joe	Rüde	3 Jahre	Adult
Sarah	Hündin	3 Jahre	Adult
Duane	Rüde	2 Jahre	Adult
Gregory	Rüde	2 Jahre	Adult
Sam	Rüde	½ Jahr	Juvenil
Jacky	Hündin	½ Jahr	Juvenil

Auskunft zur Gruppenleitung (Hundeindividuen an der Gruppenspitze) und Nachhut (Hundeindividuen am Gruppenende) während gemeinsamer Revierstreifzüge (2014–2016).

FOOTHILL-RUDEL	2014		2015		2016		TOTAL	
	PGS	PGE	PGS	PGE	PGS	PGE	PGS	PGE
Jackson	29x	1x	31x	0x	25x	0x	85x	1x
Fee	23x	2x	22x	1x	20x	2x	65x	5x
Joe	14x	4x	10x	2x	10x	5x	34x	11x
Sarah	9x	4x	7x	5x	7x	5x	23x	14x
Duane	12x	3x	14x	2x	13x	1x	39x	6x
Gregory	10x	6x	8x	8x	10x	6x	28x	20x
Sam	4x	11x	9x	7x	3x	9x	16x	27x
Jacky	1x	16x	1x	22x	0x	16x	2x	54x
Total	**102x**	**47x**	**102x**	**47x**	**88x**	**44x**	**292x**	**138x**

Einfache Häufigkeitszählung zum Wanderverhalten aller namentlich aufgeführten Gruppenmitglieder (n = 8), deren Positionierung an der Gruppenspitze (n = 292) und am Gruppenende (n = 138) in den Jahren 2014–2016. Kürzel für die Position Gruppenspitze „PGS", für die Position am Gruppenende „PGE".

Kurzanalyse

Leitrüde „Jackson", ein erfahrener und ausgesprochen umsichtig agierender Hundevater, hielt sich in der Gruppenspitzenposition des „Foothill-Rudels" mit 29,1 % aller beobachteten Fälle (n = 85) in den Jahren 2014 bis 2016 am häufigsten auf, Leitfähe „Fee" mit 22,3 % (n = 65) am zweithäufigsten und deren älteste Tochter „Sarah" in 7,9 % der Fälle (n = 23).

Von den männlichen Alttieren führte „Joe" eine Wanderformation insgesamt in 11,6 % der Fälle (n = 34), sein jüngerer Bruder „Duane" sogar in 13,4 % der Fälle (n = 39). Die jüngeren Mitglieder führten das Rudel seltener an. „Sam" in 5,5 % der Fälle (n = 16), seine mit Abstand rangniedrigste Schwester „Jacky" tauchte allenfalls sehr sporadisch für kurze Zeit an der Gruppenspitze auf, insgesamt nur zu 0,7 % (n = 2).

Stattdessen war die hochsensible „Jacky" erwartungsgemäß extrem häufig in der Nachhut zu finden, konkret in 39,1 % aller dokumentierten Fälle (n = 54). Leitrüde „Jackson" war am Gruppenende während der gesamten dreijährigen Studienzeit nur ein einziges Mal zu finden, Leitfähe „Fee" immerhin zu 3,6 % (n = 5). Allerdings war sie während drei Beobachtungen hochträchtig.

Fazit

Nach Analyse aller beobachteten Gruppenspitzenpositionen während gemeinsamer Revierstreifzüge des „Foothill-Hunderudels" in den Jahren 2014 bis 2016 schlussfolgern wir, dass dessen ältestes und ranghöchstes Tier, Leitrüde „Jackson", am häufigsten in die „Rudelführerrolle" schlüpfte. Dennoch gestaltete sich die Führung der vielen Wanderformationen höchst variabel. Basierend auf insgesamt 292 Dokumentationen mit visuellem Kontakt zu allen acht identifizierten Hundeindividuen konnte keine fest besetzte Gruppenspitzenposition festgestellt werden. Am Gruppenende der Beobachtungsgruppe hielten sich ebenfalls nicht ein und derselbe Rüde oder nur eine bestimmte Hündin auf. Da sich interessanterweise ausgerechnet die rangniedrige „Jacky" am häufigsten am Gruppenende der Wanderformation befand, erschien uns der „vRS"-Begriff „nachrangiges Leittier" als besonders fragwürdig.

Die „vRS"-Behauptung, optimal strukturiert lebende „Hunderudel" würden stets von einem sogenannten „Vorderrangigen Leithund" (VLH) angeführt und am Gruppenende hielte sich „zwecks optimaler Verteidigung" vornehmlich ein „nachrangiger Leithund" (NLH) auf, kam zu keinem Zeitpunkt zur Beobachtung. Stattdessen konnten wir die Gegenhypothese einer sehr flexiblen Gruppenführung und/oder Leitung belegen. Wie bei der „Großen Beobachtungsgruppe" in Italien, so fiel uns auch bei den Wanderungen des „Foothill-Rudels" in Kanada oft auf, dass deren Leitpaar „Jackson" und „Fee" aus der Gruppenmitte heraus als Entscheidungsinitiatoren fungierten (Central Leadership).

Die Führung der vielen Wanderformationen gestaltet sich auch bei frei lebenden Hunden sehr variabel.

3. Behauptung/Gegenhypothese zur Rollenverteilung, zu rudeltypischen Arbeitspositionen und Grundcharakter-Typen

FOOTHILL-HUNDERUDEL 2016

Januar 2016: 8 Mitglieder (5 Rüden, 3 Hündinnen)

NAME	GESCHLECHT	ALTER	SOZIALSTATUS
Jackson	Rüde	7 Jahre	Leitrüde
Fee	Hündin	6 Jahre	Leitfähe
Joe	Rüde	4 Jahre	Adult
Sarah	Hündin	4 Jahre	Adult
Duane	Rüde	3 Jahre	Adult
Gregory	Rüde	3 Jahre	Adult
Sam	Rüde	1½ Jahre	Subadult
Jacky	Hündin	1½ Jahre	Subadult

Auskunft zur Grundcharakterbestimmung aller Mitglieder und deren status- und persönlichkeitsgebundene Gruppenstellung/„Arbeitsposition" außerhalb von Paarungszeiten (2014 bis 2016).

NAMEN	GRUNDCHARAKTER (A/B-TYP)		STATUS-BEDINGTE GRUPPEN-STELLUNG	„ARBEITS-POSITION" WÄCHTER (%)	„ARBEITS-POSITION" ALARM-GEBER (%)
Jackson	–	B-Typ	Leitrüde	39 x (79,6 %)	10 x (20,4 %)
Fee	A-Typ	–	Leitfähe	26 x (63,4 %)	15 x (36,4 %)
Joe	A-Typ	–	Wächter	21 x (38,9 %)	33 x (61,1 %)
Sarah	–	B-Typ	Wächter	12 x (63,2 %)	7 x (36,8 %)
Duane	A-Typ	–	Wächter	18 x (46,2 %)	21 x (53,8 %)
Gregory	–	B-Typ	Alarmgeber	19 x (79,2 %)	5 x (20,8 %)
Sam	A-Typ	–	Alarmgeber	21 x (45,7 %)	25 x (54,3 %)
Jacky	–	B-Typ	Keine	0 x	2 x (100 %)
Total	**4 x**	**4 x**		**156 x**	**118 x**

Einfache Häufigkeitszählung zur A-/B-Grundcharakterbestimmung aller identifizierten Gruppenmitglieder (n = 8) und deren Gruppenstatus als Leittier, Alttier, Subadulte oder Juvenile respektive deren „Arbeitsposition" als Wächter (n = 156) und Alarmgeber (n = 118).

Definition von Wächter und Alarmgeber wurden aus der Hundestudie in Italien übernommen (siehe S. 203).

Kurzanalyse

Von den acht Gruppenmitgliedern des „Foothill-Rudels“ charakterisierten wir 50 % als A-Typen (n = 4) und 50 % als B-Typen (n = 4). Die vier A-Typen traten insgesamt (n = 182) in 47,3 % der beobachteten Fälle als Wächter auf (n = 86) und zu 52,7 % als Alarmgeber (n = 94). Dieses relativ ausgewogene Verhältnis überraschte. Die vier B-Typen traten dann insgesamt (n = 113) wieder erwartungsgemäß zu 78,8 % (n = 70) als eher zurückhaltende Wächter auf und zu 21,2 % (n = 24) als aktive Alarmgeber.

Fazit

Die Behauptung, Hunderudel würden bei der Gruppenabsicherung grundsätzlich vorbestimmte Verteidigungsstellungen einnehmen, konnte widerlegt werden. Allerdings verhielten sich Hundepersönlichkeiten des von uns als „Alarmgeber“ charakterisierten A-Typs bei der Gefahrenerkennung insgesamt deutlich spontaner und lautstärker als die von uns als „Wächter“ klassifizierten B-Typen. Letztere hielten sich tendenziell mit der Einleitung direkter Aktionen eher zurück und konzentrierten ihr Orientierungsverhalten offensichtlich in erster Linie auf die Gefahrenerkennung.

Bei der Gefahrenabwehr gegenüber Kojoten wirkte das „Foothill-Rudel“ unter der Führung ihres Leitrüden „Jackson“ allerdings stets besonders aufmerksam. Wann immer Kojoten auftauchten, vor allem in der Nähe von Huftierkadavern, traten die Hunde bei der Verteidigung dieser Nahrungsressource extrem flexibel auf. In solchen Situationen traten sowohl A- als auch B-Typen gemeinsam auf und versuchte Kojoten im Kollektiv zu vertreiben. Dennoch waren zu keinem Zeitpunkt starr fixierte oder etwa konstant besetzte Wach- oder Alarmpositionen belegbar. Nach einer unterschiedlich langen Phase der jeweiligen Gefahrenabwägung, des taktischen Geplänkels und auch gemeinsamen Chorbellens und Heulens beteiligten sich in einigen wenigen Fällen sogar beide Elterntiere.

An direkten Angriffen auf nahrungskonkurrierende Kojoten nahm A-Typ-Leitfähe „Fee“ in der Norm nicht aktiv teil, wohl aber an der Gruppenverteidigung bei der Territoriumsabgrenzung gegenüber fremden Artgenossen und Rotfüchsen.

DISKUSSION

Wenngleich der Begriff Hunderudel in der Hundeszene sicher auch zukünftig grundsätzlich unterschiedlich bewertet werden wird, so schlagen wir dennoch vor, eine deutliche Unterscheidung vorzunehmen zwischen „Hundestreunern“, die sich primär in Menschennähe ansiedeln und größtenteils als „Bettler“ in Erscheinung treten, und „verwilderten Hunden“. Nach unseren Freilanderfahrungen leben Letztere eher wolfsähnlich rudelstrukturiert zusammen und etablieren ihre Territorien abseits menschlicher Ansiedlungen.

HUNDESTREUNER

„Hundestreuner“ sind weltweit relativ einfach auffindbar, sind zahlenmäßig deutlich in der Mehrheit und haben sich an eine von Menschen dominierte Umwelt gut angepasst. Die Fluchtdistanzen umhersteunender Hunde gegenüber Menschen schienen nach unseren Beobachtungen individuell zwar deutlich zu variieren, hinderten die Hunde aber nicht daran, bewusst in Menschennähe leben zu wollen.

VERWILDERTE HUNDE

Die beiden von uns observierten verwilderten Hunderudel in Italien und Kanada zeigten hingegen generell stark ausgeprägtes Meideverhalten gegenüber Menschen. Inwiefern die beobachtete Meidung von Menschen ggf. repräsentativ für verwildert lebende Hunderudel ist, die schon im

Sowohl in Italien als auch in Kanada etablierten die verwilderten Hunde langzeitlich stabile Bindungsbeziehungen.

Welpenalter abseits menschlicher Einflussnahme aufwachsen, sollte zwecks quantitativer Klärung in weiteren Freilandstudien überprüft werden. Offen blieb auch die Beantwortung der Frage, wie sich Hunde organisieren, die in der Nähe offener Müllhalden leben. (Hierzu haben jedoch andere Forscher gearbeitet, die ihre Ergebnisse in diesem Buch vorstellen, z. B. Roberto Bonanni, S. 35 ff., Anindita Bhadra, S. 103 ff.).
Nochmals auf die im Einleitungstext formulierte „Rudel-Definition" von T. J. Daniels & M. Bekoff (1989) zurückkommend, bleibt außerdem nach wie vor unklar, ob und in welchem Umfang wilde Hunderudel tatsächlich gemeinsam zielgerichtet zur Jagd aufbrechen. Diesbezüglich konnten wir keine datengestützten Belege sammeln. Auch zu diesem Thema wären nach unserer Auffassung weitere langzeitliche Freilandstudien an Hunderudeln durchaus wünschenswert.

BILDUNG VON RUDELN

Aufgrund der Vergleichsmöglichkeiten der beobachteten Hunderudel in Italien und Kanada konnten wir feststellen, dass sich die Gruppenmitglieder der von uns begleiteten „Großen Beobachtungsgruppe" in Italien trotz Fütterung durch Tierschützer zu einem Rudel zusammenschlossen. Auch die Gruppenmitglieder des „Native-Hunderudels" in Kanada, die sich fast ausnahmslos von toten Huftieren ernährten, waren so gut wie immer als Einheit unterwegs.
Da de facto fast ausnahmslos alle verwilderten Hundepopulationen in irgendeiner Form direkt oder indirekt durch den Menschen zur Verfügung gestellte Nahrungsressourcen nutzen, schlagen wir vor, in themengebundene Publikationen zukünftig möglichst konkrete Informationen über Qualität und Quantität entsprechender Nahrungsquellen einfließen zu lassen (in %). Diesbezügliche Daten sähen wir als konstruktiven Ansatz für weiterführende „Vergleichsdebatten" zur komplexen Verhaltensökologie von verwilderten Haushundsozietäten. Auch wenn die „theoretische Unfähigkeit zur Rudelbildung" für zahlreiche in Hausständen lebende Hunde „typisch" sein mag, so kann diese hypothetisch allgemeingültige „Regel" definitiv nicht auf alle verwildert lebenden Hunde übertragen werden. Einer der grundsätzlichen Fehler war und ist, frei lebende Hunde mit Haushunden gleichzusetzen. Dies führt in der Konsequenz schon alleine deshalb geradewegs ins Leere, weil eine solche Gleichmacherei von gleichen Fortpflanzungsvoraussetzungen ausgeht. Verwildert lebende Hunde stehen aber unter einem wesentlich stärkeren natürlichen Auslesedruck als Haushunde (Bloch, 2019).

STABILE BINDUNGEN ZU ARTGENOSSEN

Die in unseren Studiengebieten im italienischen San Rossore und in einem kanadischen Native-Reservat unter den dort etho-ökologisch vorherrschenden Lebensbedingungen geborenen Hunde zeigten keine intuitive Menschenbevorzugung gegenüber Artgenossen. Stattdessen etablierten sie langzeitlich stabile Bindungsbeziehungen. Simona Cafazzo und ihre Arbeitsgruppe (2010) kommen zu ähnlichen Schlussfolgerungen. Somit stellen wir neben der bereits angesprochenen „Ernährungsfrage" die Dringlichkeit zur Diskussion, zukünftig sowohl möglichst viele Vergleichsdaten zur standörtlichen Lagebestimmung hundlicher Geburtsstätten zu sammeln (natürliche Erdbauten, Höhlen in Menschennähe usw.) als auch DNA-Datenmaterial zwecks möglicher Verwandtschaftsbestimmungen. Umfangreiche Literaturrecherchen legen den Schluss nahe, dass mit Ausnahme theoretischer Überlegungen derzeit auch erschreckend wenig verhaltensökologisch orientierte Freilandstudien und Fachveröffentlichungen zur Gruppenleitung und Rollenverteilung bzw. zu Gruppenformationen und Persönlichkeitseinschätzungen vorhanden sind.

ZUSAMMENFASSUNG

Die von uns langzeitlich begleiteten Hunderudel glichen in vielerlei Hinsicht familiär strukturierten Sozialgemeinschaften anderer Wildkaniden. Kontinuierlich durchgeführte Verhaltensbeobachtungen ließen eine A-/B-Charakterisierung in Verbindung mit der Frage nach bestimmten Gruppenpositionen und Aufgabenverteilungen als realitätsnah und sinnvoll erscheinen. In diesem Zusammenhang verweisen wir ebenfalls auf die Tatsache, dass wir in unserer Freilandstudie an wild lebenden Timberwölfen („Bow Valley Wolf Behaviour Study") eindeutig nachweisen konnten, dass auch der Wolf bisweilen zu einer erstaunlichen Adaptation an den Menschen in der Lage ist (Bloch & Gibeau, 2011).

Die gesamten Untersuchungsresultate unseres „Tuscany Dog Project" und unserer „Native Dog Study" zugrunde legend, besetzten und verteidigten die dokumentierten verwilderten Hunderudel ein gemeinsames Territorium, formten eine körpersprachlich betonte („high & low postures), status-, alters- und persönlichkeitsgebundene Hierarchie und teilten Nahrungsressourcen. Das Hunderudel in Italien wurde primär mit Hausmannskost- und Schlachtabfällen gefüttert. Das Hunderudel in Kanada überlebte komplett ohne jegliche direkte Nahrungsbereitstellung durch den Menschen. Wild lebende Hunde können alle Lebensformen abdecken. Im Laufe der Forschungszeit in zwei unterschiedlichen Lebensräumen haben wir Einzelkämpfer kennengelernt, Bettler, weniger gut organisierte Hundegruppen und hervorragend organisierte Hunderudel (Bloch, 2019).

Welpen, die das erste Jahr überleben, wachsen in den Gruppenverband hinein.

KONFLIKTE ZWISCHEN STREUNERN IN MOSKAU

— Von Andrey Poyarkov

„KRIEGERISCHE" AUSEINANDERSETZUNGEN

Das Thema „Krieg" ist eines der dringendsten Themen für die gesamte Menschheit (Gat, 2008) – dieser Aussage wird wahrscheinlich kaum jemand widersprechen. Zu verstehen, wie Kriege entstehen und über lange Zeit aufrechterhalten werden, also ein Verständnis der Kriegsgesetze, ist eine grundlegende und wichtige Herausforderung unserer Zeit (Bowles, 2009; Gat, 2009). Dabei könnte eventuell ein Blick auf Konflikte in der Tierwelt helfen, denn es ist gut möglich, dass menschliche Kriege Analogien (= ähnliche Funktion) und möglicherweise sogar Homologien (= gemeinsamer Ursprung in der Evolution) unter verschiedenen Tierarten haben (Tinbergen, 1968; Wrangham und Glowacki, 2012). In meinem Kapitel möchte ich die Muster und Strukturen langfristiger Konflikte zwischen Rudeln streunender Hunde betrachten, die in den 80er-Jahren des 20. Jahrhunderts in Moskau auf dem Gebiet des Hauptgebäudes der staatlichen Moskauer Universität lebten. In gewisser Weise haben diese lang andauernden Konflikte Ähnlichkeiten mit denen von ursprünglichen menschlichen Stammesgesellschaften (Gat, 1999; Fergusson, 2000; Calder, 2019). Deshalb ist es wahrscheinlich nicht wirklich nötig, aber ich habe das Wort „Krieg" trotzdem im Folgenden in Anführungszeichen gesetzt.

In früheren Arbeiten habe ich bestimmte Kennzeichen der Moskauer Streuner-Populationen des späten 20. und frühen 21. Jahrhunderts bereits beschrieben (Poyarkov, 1989; Poyarkov, et al., 2011a und b). Dabei konnte ich als wichtigste Kennzeichen dieser Populationen eine sehr hohe Bevölkerungsdichte sowie eine Vielzahl für verschiedene Verhaltensvarianzen finden. Außerdem konnte ich wie die Forscher in den Kapiteln vor mir unterschiedliche Umweltanpassungen der einzelnen Gruppen und sogar unterschiedliche morphologische Merkmale feststellen (Poyarkov, 2017). In dieser Arbeit werde ich mich mit der Beschreibung langfristiger Konflikte zwischen den Hunderudeln befassen (siehe hierzu auch das Kapitel von Roberto Bonanni, S. 65). Damit stellt dieses Kapitel keine tiefgreifende wissenschaftliche Analyse dar, aber es führt dem Leser einen interessanten Bestandteil des Alltags frei lebender Hunde vor Augen, dem bisher weniger Beachtung geschenkt wurde.

ANDREY POYARKOV

Andrey Poyarkov hat 1976 im Fachbereich Zoologie an der Moskauer Universität sein Diplom gemacht und 1992 mit seiner Doktorarbeit zur „Sozialen Organisation von streunenden Hunden" abgeschlossen. Mehr als vierzig Jahre Feldforschungserfahrung in verschiedenen Regionen der früheren UdSSR und des heutigen Russlands, in osteuropäischen Ländern sowie der Mongolei und China liegen mittlerweile hinter ihm. Er ist heute ein international renommierter Spezialist im Bereich Populationsstrukturen, soziale Organisation und Verhaltensökologie von Kaniden und großen Katzenarten (besonders Schneeleoparden). Gemeinsam mit chinesischen Forscherkollegen hat Andrey 2007 damit begonnen, die Genetik von Hunden und deren Verwandten zu untersuchen. Im Rahmen seiner Forschungen hat er mehr als 50 wissenschaftliche Artikel veröffentlicht.

Ein Leben für die Forschung

Heute arbeitet Andrey Poyarkov als Leiter der Forschungsgruppe für Säugetierverhalten und Verhaltensökologie am Severtsov-Institut für Ökologie und Evolution der Russischen Akademie der Wissenschaften und ist Mitglied der „Russian Theriological Society" (Russische Gesellschaft für Säugetierkunde) der „Canid Specialist Group" (CSG), die der „Species Survival Commission" (SSC) in der IUCN, der „International Union for Conservation of Nature", angeschlossen ist. Die CSG ist die weltweit führende Gruppe mit wissenschafltlicher und praktischer Expertise für alle Kanidenarten. Die Mission dieser Organisation und Andreys persönliches Anliegen ist der Erhalt der wilden Kanidenarten in ihren schützenswerten, ursprünglichen Lebensräumen. Auch deshalb engagiert er sich als wissenschaftlicher Sekretär in der staatlichen Kommission für seltene Säugetierarten (Kommission, welche die „Rote Liste" gefährdeter Arten herausgibt).

AGGRESSIONEN

Aggressionen zwischen Gruppen einer Art sind ein weitverbreitetes Phänomen in der Tierwelt. Die Liste der Arbeiten zu diesem Thema ist sehr umfangreich, und ohne den Anspruch auf Vollständigkeit zu erheben, werde ich einige dieser Werke erwähnen: Aggressionen zwischen Gruppen werden bei vielen Raubtierarten beobachtet, wie Löwen (Spong, Creel, 2004; Yiu et al., 2017; 2018), Hyänen (Kruuk, 1972; Frank 1986), Erdmännchen (Mares et al., 2011), Mungos (Cant et al., 2002; Gilchrist und Otali, 2002), Wölfen (Mech, 1970; 1977; 1979), Afrikanischen Wildhunden (Flinn, 2006), Äthiopischen Wölfen (Sillero-Zubiri und Macdonald, 1998) Streunern (Poyarkov, 1986; Bonanni et al., 2010; 2011; 2017). Weitverbreitete gruppenübergreifende

Konflikte sind bei Primaten beschrieben worden (Nunn, 2000), insbesondere bei Schimpansen (Wilson et al., 2004; 2012; 2014; Watts et al., 2006; Boesch et al., 2008; Mitani et al., 2010), Schwarz-Weißen Stummelaffen (*Colobus*, Harris, 2006), Grünen Meerkatzen (*Chlobocerus*, Cheney, Seyfarth, 1987), Klammeraffen (*Ateles*, Campbell, 2006), Kapuzineraffen (*Cebinae*, Crofood, 2013), Weißbüschelaffen (*Callithrix jacchus*, Lazaro-Perea, 2001), Kattas (*Lemur Catta*, Nunn & Deaner, 2004), und neben vielen weiteren dürfen hier auch die Kriege menschlicher Gesellschaften nicht vergessen werden (Durham, 1976; Irwin, 2000). Wir können angesichts dieser überwältigenden Vielzahl von Studien sagen, dass es bei der großen Mehrheit von Tierarten, die in sozialen Gruppen leben, zu Konflikten zwischen den verschiedenen Gruppen kommen kann.

STRUKTURELLE MERKMALE

Trotz der großen Vielfalt und Komplexität der gruppeninternen Konflikte lassen sich mehrere grundlegend wichtige strukturelle Merkmale identifizieren. Bei vielen Arten können Individuen zwischen Fremden, Nachbarn und Mitgliedern ihrer Gruppen unterscheiden. Dachse fällen diese Unterscheidung z. B. nur mit Hilfe von Geruchsmarkierungen (Palphramand, Weiß, 2007), was meiner Meinung nach ein guter Hinweis dafür ist, wie gut die am Konflikt beteiligten Tiere in der Lage sind, ihre Gegner zu identifizieren. Gleichzeitig wird die Frage nach der Abhängigkeit der Intensität der Reaktion vom Bekanntheitsgrad von grundlegender Bedeutung. Manche Forscher meinen, dass es für Tiere einen Unterschied macht, ob es sich bei dem rivalisierenden Gegenüber um den Nachbarn oder einen echten Fremden handelt. In einem Übersichtsartikel zu diesem Thema schreiben Charlotte Christensen und Andrew N. Radford (2018): **„Das territoriale Verhalten ist im gesamten Tierreich weit verbreitet, wobei die Reaktionen auf unspezifische Eindringlinge je nach Ökologie, Lebensgeschichte und sozialen Faktoren unterschiedlich sind."** Das bedeutet: Es gibt kein Schema, wie sich Tiere gegenüber anderen konkurrierenden oder unbekannten Individuen ihrer Art verhalten. Die Reaktion ist immer abhängig von der allgemeinen Versorgungslage im Territorium, wahrscheinlich dem Fruchtbarkeitsstatus des anderen Geschlechts im Gebiet, den Lebenserfahrungen des Individuums und der Verfügbarkeit von wichtigen Ressourcen wie Geschlechtspartnern.

NACHBARN UND FREMDE

Es gibt immer mehr Hinweise auf Unterschiede in der Reaktion auf Nachbarn und Fremde bei in Gruppen lebenden Arten (also Arten, in denen sich drei oder mehr Individuen ein Gebiet teilen). Auch innerhalb einer Spezies scheint es Unterschiede in der Heftigkeit der Reaktion zu geben, die auf diese beiden Typen von Eindringlingen gezeigt werden.

Wenn wir uns mit sozial lebenden Arten beschäftigen, ist es wichtig zu wissen, dass das eigene Territorium für solche Gruppen meist eine große Bedeutung hat. Christensen und Radford (2018) betonen, dass „bei der Reaktion der Gruppe deshalb nicht nur die unterschiedliche Herkunft der Eindringlinge beachtet werden muss (Nachbar/Fremder), sondern auch die verschiedenen Persönlichkeiten innerhalb der Gemeinschaft, deren Motivationen und Interessen sich bei der Gebietsverteidigung unterscheiden und dadurch die gesamte Reaktion der Gruppe beeinflussen können." Und später schreibt das Autorenduo: „Die am häufigsten genannte Erklärung für die Reaktionsunterschiede gegenüber Fremden/Nachbarn durch Gebietsinhaber ist, dass diese beiden Eindringtypen ein anderes Bedrohungsniveau darstellen (Temeles, 1994).

Lieber-Feind-Effekt

Nachbarn könnten aus zwei Hauptgründen weniger bedrohlich sein.

- Erstens, weil bekannt ist, dass sie an einer regulären Grenze vorhanden sind, während Einbrüche von Fremden räumlich und zeitlich unberechenbarer sind (Jordan et al., 2007).
- Zweitens, weil potenzielle Ressourcenverluste durch Nachbarn geringer sein können als durch Fremde; so besitzen Nachbarn in Zeiten der Jungenaufzucht z. B. bereits ein Territorium und suchen daher nur nach Paarungsmöglichkeiten, während Fremde zusätzlich versuchen könnten, das Revier dauerhaft zu übernehmen (Wilson, 1975).

In solchen Fällen wird eine geringere Reaktion auf Nachbarn erwartet im Vergleich zu Fremden; ein Unterschied, der als „Lieber Feind- Effekt" bezeichnet wird („Dear-Enemy-Effekt" (DE); Fisher, 1954).

Böser-Nachbar-Effekt

Im Gegensatz dazu gibt es Situationen, in denen Nachbarn eine größere Bedrohung darstellen können als Fremde, da potenzielle Verluste durch sie die durch Fremde übersteigen. Zum Beispiel, wenn schwankende Nahrungsmengen in Ernährungsgebieten die Angriffe durch Nachbarn fördern (Temeles, 1990), oder wenn vorübergehende Fremde weniger motiviert sind, ins Revier einzudringen als Nachbarn. In diesen Fällen wird eine stärkere Reaktion auf den Nachbarn erwartet im Vergleich zum Fremden; ein Unterschied, der als „Böser-Nachbar-Effekt" (NN = Nasty Neighbour) bezeichnet wird (Müller und Manser, 2007).
Eine vorläufige Überprüfung des Themas ergab, dass das DE-Phänomen das häufigste Szenario bei einzeln oder als Paar lebenden Arten sein könnte (Temeles, 1994, zitiert von Christensen und Radford, 2018), und der NN-Effekt kann bei in Gruppen lebenden Arten vorherrschen (Müller und Manser, 2007; Newey et al., 2010, zitiert von Christensen und Radford, 2018).
In diesem Text haben wir es mit langfristigen gruppenübergreifenden Konflikten zu tun, also mit dem „Nasty-Neighbour-Effekt", der sich hier deutlich und stark zeigen wird.

SOZIALE ORGANISATION

Doch bevor wir die Beobachtungen vertiefen, macht es Sinn, sich kurz Zeit zu nehmen und die soziale Organisation bei Wölfen und streunenden Hunden im Hinblick auf die Beziehungen zwischen den Gruppen zu betrachten.
Wie schon von den anderen Autoren beschrieben, tritt beim Wolf das Rudel als häufigste Form der sozialen Organisation auf (Murie, 1944; Naumov, 1967; Mech, 1970). Dieses Rudel besteht in den meisten Fällen aus Mitgliedern der gleichen Familie (Murie, 1944). Diese Familie besteht aus einem erwachsenen Zuchtpaar, den Welpen dieses Geburtsjahres und „großen Geschwistern", die ungefähr ein Jahr alt und noch nicht geschlechtsreif sind. Oft gibt es in diesen familiären Rudeln auch andere geschlechtsreife, erwachsene Wölfe, die nicht an der Fortpflanzung teilnehmen. Bei diesen Individuen handelt es sich häufig um Tiere, die mit einem der anführenden Wölfe verwandt sind (Van Ballenberghe, 1983). In den meisten Rudeln herrscht Monogamie vor, eine Verpaarung mit mehreren Mitgliedern des Rudels wurde in Gruppen mit einer großen Anzahl von Wölfen (15 bis 22 Individuen) beobachtet (Harrington et al., 1982; Mech, Nelson, 1989).

Streunerhunde leben häufig in einer sozialen Organisation, mit klarer Kommunikation zwischen den Angehörigen.

TERRITORIALITÄT BEI WÖLFEN

Das Phänomen der Territorialität von Wölfen wurde bereits in den ersten wissenschaftlichen Arbeiten vor über hundert Jahren beschrieben (Sabaneev, 1877; 1930; Murie, 1944; Pimlott, 1960; 1961). Im Normalfall versuchen Wölfe benachbarter Rudel, direkte Zusammenstöße zu vermeiden. Das hat dazu geführt, dass Wölfe die Kommunikation auf Distanz besonders hoch entwickelt haben; so „markieren" sie ihr Territorium über weite Distanzen mit Hilfe der Stimme (Harrington, Mech, 1983) und der Duftmarkierung (Peters, Mech, 1975; Harrington, Asa, 2001). David Mech (1977; 1979; 1994) hat in seinen Arbeiten das Phänomen der Pufferzonen zwischen benachbarten Wolfsrudeln beschrieben. Er konnte beobachten, dass es keine starren Grenzen gab, an denen die Wölfe sofort kehrtmachen, sondern eine Zone der Überschneidung, in der man sich hin und wieder auf die gegenseitige Existenz und den Übergang ins andere Territorium aufmerksam macht, aber sich ungern lange aufhält, aus Angst, tatsächlich dem Nachbarn zu begegnen.

01 Zwei sich bekannte Gruppen treffen aufeinander.

Konflikte in der Pufferzone

Die Frequenz des Markierens nimmt hingegen zu, je mehr man sich dem Kern des Territoriums nähert. Dieses Verhalten führt dazu, dass sich in den „Pufferzonen" zwischen zwei Wolfsterritorien die Beutetiere der großen Räuber bevorzugt aufhalten und vermehren können. Doch diese Struktur kann sich mit einer Verschlechterung der ökologischen Situation, also z. B. Futterknappheit, auflösen: Dann sind beide Rudel nicht nur gezwungen, mehr in der Pufferzone zu markieren, sondern dort auch vermehrt zu jagen, was die Wahrscheinlichkeit des Zusammentreffens und damit von Konflikten zwischen den Gruppen erhöht. David Mech schreibt, dass in solchen Konflikten die Wölfe oft ihre kämpferischen Seiten zeigen. In bestimmten Situationen werden die gängigen Muster der Territorialität bei Wölfen also durchbrochen, was zu Konflikten zwischen den Gruppen führt.

KONFLIKTE BEI STREUNERN

Auch zwischen benachbarten Gruppen streunender Hunde kann es zu Konflikten kommen. Roberto Bonanni und Koautoren (Bonanni et al., 2010a, b; 2011, 2017) haben dieses Phänomen beobachtet und beschrieben. Bei einer Untersuchung von gruppeninternen Konflikten konnte die italienische Forschergruppe mehrere grundlegend wichtige Gesetze feststellen. Die Vorgehensweisen der frei lebenden Hunde in Konfliktsituationen mit ihren Nachbarn lassen sich in aller Kürze wie folgt zusammenfassen:

- Frei lebende Hunde sind in der Lage, die „Kopfstärke" der Gegner einzuschätzen.
- Kleinere Gruppen treten geschlossener auf.
- Bei großen Gruppen steigt die Wahrscheinlichkeit, dass ein Individuum der Gruppe eine aggressive Interaktion initiiert.
- Tiere mit höherem Rang konnte man daran erkennen, dass sie bei Begrüßungszeremonien von der größten Anzahl der Gruppenmitglieder aktiv mit Beschwichtigungssignalen kontaktiert wurden.

Die Ergebnisse bestätigen die oft geschilderte Auffassung, dass Gruppen entstehen, weil Individuen mit niedrigem Rang oder einem jungen Alter von einer engen Beziehung zu einem älteren, erfahrenen und damit wertvollen Sozialpartner profitieren. So wird die Rangfolge innerhalb der Gruppen nicht durch aggressives Auftreten der „Anführer", sondern durch beschwichtigendes Verhalten von „unten nach oben" etabliert.
Grundsätzlich lässt sich beim Vergleich zum Wolf feststellen, dass sich frei lebende Hunde in städtischer Umgebung viel toleranter und

02 *Es kommt zu leichten Anspannungen.*

03 *Die Hunde verhalten sich zunehmend deeskalierend.*

weniger aggressiv gegenüber fremden oder benachbarten Artgenossen verhalten (unsere unveröffentlichten Daten). Dies könnte daran liegen, dass im Zuge der Domestikation Fähigkeiten wie Zahmheit und weniger Angst vor neuen Situationen selektiert wurden.

GENETISCHE VERÄNDERUNGEN

Der russische Zoologe Dmitry Konstantinovich Belyaev hat mit seinen Studien an Silberfüchsen (1969; 1972; 1974; 1979; 1983; Trut, 1999) zeigen können, dass während der Domestikation wahrscheinlich besonders auf eine verringerte Aggressivität gegenüber dem Menschen selektiert wurde, was zu einer größeren Offenheit, Toleranz und Zahmheit und der Entstehung weiterer kommunikativer Fähigkeiten geführt haben könnte. Aktuell werden die hinter diesen Eigenschaften wirkenden physiologischen Mechanismen untersucht (Trut et al., 1972). Demnach werden die Verhaltensveränderungen insbesondere durch Umgestaltungen im Adrenalinsystem und damit in der Stressreaktion/-empfindlichkeit bedingt. Auch in der Genetik haben sich die Forscher auf Spurensuche für die Veränderungen im

04 *Die Situation lockert sich durch spielerische Elemente auf.*

Auch bei Hunden können sich Konflikte mit Nachbarrudeln mit der Zeit verschärfen.

Verhalten begeben. So konnten genetische Marker identifiziert werden, die für das reduzierte Furchtverhalten bei Hunden verantwortlich sind (Trut et al., 2013). Bei Füchsen konnte z. B. eine Region auf dem 12. Chromosom festgestellt werden, die am engsten mit dem zahmeren Verhalten in Verbindung zu stehen scheint. Dieses Ergebnis wird umso bedeutungsvoller durch die Tatsache, dass es auch bei Hunden eine homologe Region auf dem fünften Chromosom gibt. Dieser Genabschnitt wird als Region beschrieben, die für den evolutionären Übergang zu einem primitiven Hund verantwortlich ist.

KONFLIKTE ZWISCHEN DEN STREUNERRUDELN

Doch trotz der erhöhten Toleranz gegenüber Fremden und Nachbarn im Territorium kommt es auch bei Hunden zu lang anhaltenden, teilweise gewaltsamen Konflikten zwischen den einzelnen Rudeln. Diese Konflikte scheinen innerhalb einer Population nach bestimmten Gesetzen und Mustern aufzutreten. In diesem Text soll es um die Beschreibung dieser Gesetze gehen. Dabei kann ich nicht auf die dahinterliegenden evolutionären, genetischen und physiologischen Mechanismen und Ursachen dieser Konflikte eingehen. Der Fokus liegt hier auf der reinen Beschreibung der Verhaltensmuster und Interaktionen bei Konflikten zwischen Gruppen streunender Hunde, die wir in den 80er-Jahren des 20. Jahrhunderts auf ihren Territorien in Moskau, in der Nähe der Moskauer Universität, erleben und beobachten konnten.

MOSKAUS STREUNENDE HUNDE

Unter Beobachtung stand eine Fläche von etwa sechs Quadratkilometern, auf der während dieser Zeit Streunerhunde in hoher Anzahl und Dichte anzutreffen waren. Die wichtigste Methode der Beobachtung war zuallererst die Registrierung der Hunde, also die individuelle Erkennung. Dann mussten die Gruppenzugehörigkeit der einzelnen Hunde, die häufigsten Routen der Gruppen und ihre Bewegungsmuster erfasst werden. Dazu kam die Beobachtung des Verhaltens als Gruppe wie auch des Verhaltens der einzelnen Hunde. Das Verhalten und die Lautäußerungen von einzelnen Individuen oder aber ganze Gruppenaktivitäten wurden mit Hilfe von Notizen und einem tragbaren Tongerät kontinuierlich aufgezeichnet. Die Beobachtungen erfolgten mindestens zweimal pro Woche über mehrere Stunden, in besonders interessanten Perioden jeden Tag über vier bis sechs Stunden. Ausnahmen bildeten Phasen, in denen keine Beobachtungen gemacht werden konnten, weil wir Feldforschung in anderen Regionen des Landes betreiben mussten. Einige dieser Feldforschungen werden aber im Laufe des Textes erwähnt werden. In einigen Fällen konnten zusätzliche Informationen über einen bestimmten Hund aus Gesprächen mit den Eigentümern der Gebiete oder Gebäude (Garagen, Baustellen, Werkstätten, Lagerhallen), in denen manche Hunde lebten, gewonnen werden.

HINWEISE ZUR METHODIK

Da sich die überwiegende Mehrheit der streunenden Hunde deutlich voneinander unterscheiden ließ, erhielt jeder der beobachteten Hunde einen Spitznamen, unter dem er in den Tagebucheinträgen und im Diktierapparat kenntlich gemacht wurde. Die meisten Hunde lebten in sozialen Gruppen, in der Größenordnung von einem Paar bis zu acht erwachsenen Hunden. Auch jede soziale Gruppe erhielt ihren eigenen Namen, um sie in den schriftlichen oder in den Sprachnotizen schnell erkennbar zu machen. Diese Vergabe von Namen statt Nummern war von großer praktischer und methodischer Bedeutung für uns, denn für einen Beobachter ist es sehr viel leichter, sich einen Namen zu merken als die Seriennummer eines Tieres oder einer sozialen Gruppe. Leider konnte ich zu diesem Zeitpunkt noch kein Video machen, deshalb waren die Namen während der Beobachtung und Auswertung des Materials, besonders bei intensiven Interaktionen, hilfreich, wenn nicht genügend Zeit zur Fixierung des Geschehens blieb und viele Nuancen der Tierinteraktion ansonsten verlorengegangen wären. Durch die Verwendung des Namens wurde methodisch gesehen natürlich die Individualität des beobachteten Tieres zusätzlich hervorgehoben. Damit aus den Mengen des Materials Schlüsse gezogen werden können, ist die Bildung spezieller Kategorien erforderlich. Besonders die jeweilige Situation, in der ein Individuum oder eine Gruppe ein bestimmtes Verhalten oder eine bestimmte Interaktion zeigt, wird dabei zu einer sehr wichtigen und dadurch häufig verwendeten Kategorie.

ENTSTEHUNG VON „KRIEGEN“

Im Zuge unserer Beobachtungen konnten wir die notwendigen Bedingungen für das Entstehen langfristiger Konflikte identifizieren. Die erste Voraussetzung ist die Anwesenheit eines Territoriums und das damit einhergehende geäußerte territoriale Verhalten auf beiden Seiten der Rudel. Die zweite wichtige Konfliktbedingung ist das Vorhandensein einer wertvollen Ressource an einem zentralen Ort des Geschehens: Das kann eine Hündin im Östrus sein oder ein begehrter Zufluchtsort oder das Gebiet als solches. Besonders interessant ist, dass ein üppiges Vorhandensein von Nahrungsquellen für Rudel streunender Hunde in städtischen Umgebungen nicht die Ursache für Konflikte ist. Diese Beobachtung steht im Einklang mit den Erkenntnissen von Roberto Bonanni (siehe S. 65).

VORAUSSETZUNG 1

HOHE POPULATIONSDICHTE

Eine meiner Meinung nach wichtige Voraussetzung für das Entstehen langfristiger Konflikte zwischen Rudeln streunender Hunde ist eine hohe Bevölkerungsdichte vor Ort. Die Populationsdichte der frei lebenden Hunde in Moskau betrug in der beschriebenen Zeit im Durchschnitt für das gesamte Stadtgebiet etwa 30 bis 35 Hunde pro Quadratkilometer und war damit sehr hoch. Als meine Kollegen und ich eine Zählung der streunenden Hunde in Moskau durchführten, erhielten wir Zahlen, die für einige Bereiche der städtischen Umwelt wie z. B. Industriegebiete sogar noch höher waren und 60 bis 65 Individuen pro Quadratkilometer betrugen (Poyarkov et al., 2011 a, b). So war die Hundedichte in der von uns untersuchten Siedlung sehr hoch, aber die „Kriege“ zwischen verschiedenen Hundegruppen entstanden nur an bestimmten Orten der Gesamtsiedlung. Diese bestimmten Orte waren immer dadurch gekennzeichnet, dass die Haupttreffpunkte der Konfliktgruppen in unmittelbarer Nähe zueinander lagen. Oft waren sie nur 100 bis 200 Meter voneinander entfernt.

VORAUSSETZUNG 2

NÄHE VON RENDEZVOUSPLÄTZEN

Diese „Rendezvousplätze“ frei lebender Hundegruppen sind ein wichtiger Bestandteil des Gebietes einer Gruppe. Sie werden als Treff- und Ruheplatz genutzt und befinden sich nicht immer im geometrischen Zentrum des Reviers. Nur während der Läufigkeit der Hündinnen wird der Rendezvousplatz weniger häufig frequentiert, stattdessen hält sich die Gruppe für eine oder zwei Wochen in einem größeren Habitat auf. Rüden einer Gruppe können in diesen Zeiten das eigene Gebiet verlassen und schließen sich der Gruppe des Östrusweibchens an.
Durch die Nähe der Rendezvousstandorte zueinander, kommt es zur fast konstanten Anwesenheit der Nachbarn und die Möglichkeit, den Konflikt zu vermeiden und sich aus der Interaktionszone zurückzuziehen, wird reduziert.

Die Rendezvoussites haben für die Hunde eine sehr große Bedeutung: Sie fühlen sich dort „psychologisch wohl", es ist für sie ein zentraler Ort der Ruhe und des Schutzes. Hier wird gespielt, gemeinsam geruht und sich sozial ausgetauscht. Für die Gruppe ist dieser Ort deshalb viel mehr als nur ein beliebiger Platz, es ist das wichtigste soziale Zentrum, sozusagen die „Heimat" der Gruppe.

AUS ALLER WELT – „KRIEGE" ZWISCHEN ERZFEINDEN

Langfristige Konflikte kommen nicht nur bei den frei lebenden Streunern vor. Unabhängig von der Verträglichkeit eines Hundes gibt es genug Hundebesitzer, die damit zu kämpfen haben, dass ihr Hund und ein anderer Hund sich zu Erzfeinden erklärt haben. Fast immer leben diese Erzfeinde in unmittelbarer Nähe bzw. Nachbarschaft. Natürlich kommt es vor, dass zwei Hunde sich einfach nicht „riechen" können, dagegen kann man dann auch wenig machen. Bei Nachbarshunden liegt aber meist ein anderer Grund vor. Wenn diese Hunde nicht von Anfang an die Gelegenheit hatten, sich auf neutralem Boden unangeleint kennenzulernen (insofern das Sozialverhalten der beiden Parteien dies zulässt), entstehen Spannungen. Schließlich haben sie den anderen immer vor Augen bzw. vor der Nase. Sie sind sich gegenseitig immer präsent, haben aber nie wirklich freien Kontakt zueinander. Aus diesen Spannungen kann regelrechter Hass erwachsen.

Stimmungsübertragung

Auch hier spielt Stimmungsübertragung eine Rolle. Nämlich genau dann, wenn sich die jeweiligen Besitzer auch nicht leiden können. Wenn sich die Hunde dann mal beim Gassigehen begegnen, rasten beide Parteien völlig aus. Wie schon beschrieben, können das auch Persönlichkeiten sein, die ansonsten mit allen anderen Hunden gut zurechtkommen. Sind Feindschaften entstanden, dann ist es sehr schwierig, daraus Freundschaften zu machen. Bei Rüden hat man eventuell noch eine Chance, doch bei Hündinnen ist es meist aussichtslos.

Konflikte hinterm Zaun

Tierpfleger in Tierheimen oder Hundepensionen kennen ähnliche Situationen. Zwei Hunde befinden sich jeweils in einem Auslauf, getrennt durch einen Zaun. Sie sehen sich, sie riechen sich, aber können nicht wirklich durch den Zaun so interagieren, wie sie möchten. Dazu kommt, dass jeder sich durch die Trennung sicher fühlt. Spannungen entstehen und schnell kommt es zu gegenseitigem Angekeife. Es sieht aus, als würden sich die Hunde hassen. Wenn man diese Hunde dann unter allen Regeln der Vorsicht (Tierpfleger sollten wissen, was sie tun!) in einem neutralen Auslauf zusammensetzt, kann es sein, dass sämtliche Spannungen durch eine ungehinderte Kommunikation abgebaut werden und die Hunde miteinander spielen oder sich zumindest nicht mehr unsympathisch finden. Wenn Sie also einen neuen Hund bekommen, ist es immer von Vorteil, wenn dieser Hund und die benachbarten Hunde sich in Ruhe außerhalb ihrer Grundstücke kennenlernen dürfen und so von Anfang an positiv miteinander vergesellschaftet werden.

VORAUSSETZUNG 3

PSYCHISCHE STÄRKE DER GRUPPE

Die zweite, nicht weniger wichtige Voraussetzung für das Entstehen eines langfristigen Konflikts ist das Vorhandensein „starker Gruppen“. Damit sind die psychologische Stärke und ein hohes Selbstvertrauen der Leittiere der Gruppe gemeint. Diese Beschreibung einer Gruppe ist im Rahmen von Feldbeobachtungen formal schwer darzustellen und zu messen, wird aber vom Beobachter subjektiv leicht erfasst. Zumindest können die Beobachter immer gut vorhersagen, wie der Konflikt ausgehen wird, anhand des Selbstvertrauens, mit dem bestimmte Teilnehmer in der Interaktion auftreten. Gute Marker für psychologische Stärke sind charakteristische offensive Verhaltensweisen (ausführlich beschrieben z. B. bei Schenkel, 1947; Fox, 1971).

Asymmetrie der Interaktion

Warum ist die psychische Stärke der Leittiere als Voraussetzung eines langfristigen Konfliktes für uns sehr wichtig?
Langfristige Konflikte unterscheiden sich deutlich vom üblichen Aggressionsverhalten. Sind die Kräfte der Interaktionsteilnehmer nicht gleich, wird der Gewinner der Auseinandersetzung schnell genug bekannt gegeben. Die Interaktion ist im Wesentlichen immer asymmetrisch, es gibt einen Gewinner und einen Verlierer. Die Interaktion stoppt schnell genug und die Asymmetrie der Parteien wird festgestellt. Interessanterweise werden die Ergebnisse der jeweiligen Interaktion scheinbar von den Teilnehmern abgespeichert, denn in ähnlichen Situationen mit gleichen Hunden passt sich das Verhalten den vorherigen Ergebnissen an. So ist die Interaktion beim erneuten Aufeinandertreffen von Anfang an dadurch gekennzeichnet, dass der Gewinner als dominantes Individuum anerkannt wird. Diese Asymmetrie der Interaktion schafft die Sicherheit der zukünftigen Ergebnisse und vermeidet Verletzungen. Doch im Falle eines „Krieges“ sind zwei oder mehr Parteien nicht geneigt, ein ausgeprägtes Verhalten der Unterwerfung zu zeigen, sondern im Gegenteil, sie zeigen zumindest anfangs ein selbstbewusstes Verhalten mit ausgeprägten Anzeichen von Dominanz und Selbstvertrauen, was man am offensiven Auftreten auf beiden Seiten erkennen kann. Während der Beobachtungszeit wurden wir Zeuge von „Kriegen“, an denen sogar drei der vier Gruppen von Hunden fast gleichzeitig beteiligt waren (siehe S. 236). Dabei trafen normalerweise zwei Gruppen aufeinander, die Anzahl der an solchen Konflikten beteiligten Hunde konnte dabei je Gruppenstärke der Konfliktparteien mehr als zwölf Individuen betragen.

AGGRESSIONEN UND LANGFRISTIGE KONFLIKTE

Im Gegensatz zu den beschriebenen normal verlaufenden, aggressiven Interaktionen treten langfristige, selbsttragende Konflikte nach bestimmten Gesetzmäßigkeiten auf und unterscheiden sich in einer Reihe von wesentlichen Parametern erheblich von anderen Arten von Konflikten.

UNTERSCHIED 1

GESTEIGERTES AGGRESSIONS-POTENZIAL

Das Erste, was bei der Beobachtung eines solchen Konflikts ins Auge fällt, ist ein sehr hohes Maß an Aggression und die Beseitigung der üblichen unter Hunden geltenden „Tabu-Mechanismen" wie Beißhemmung oder Reaktion auf Unterwerfungssignale. Während normaler Interaktionen haben streunende Hunde mehrere Mechanismen, die Aggression begrenzen können, sodass Rüden z. B. normalerweise kein hohes Maß an Aggression gegenüber Hündinnen aufweisen und auch erwachsene Hunde gegenüber Welpen und Subadulten eine geringere Angriffstendenz zeigen. Dies bedeutet nicht, dass Rüden niemals aggressiv gegenüber Hündinnen und Erwachsene gegenüber Welpen auftreten können. Solche Aggressionen können recht häufig beobachtet werden, sind aber meist auf Abbruchsignale mit Bewegung (In-den-Weg-Stellen, Überrennen, Überstellen) oder ohne Bewegung (Drohfixierung, Knurren, Lefzenheben) beschränkt.
Das Objekt der Aggression kann dabei festgehalten oder überstellt werden, aber weitere beschädigende Aktionen werden unterlassen. Es handelt sich also um normales Aggressionsverhalten, das dazu dient, Interessenkonflikte und Rangpositionen zu klären oder Heranwachsende zu erziehen. Oft zeigt dabei der Verlierer des Konfliktes sofort Beschwichtigungsverhalten (Maullecken, Blickabwenden, runde Körperhaltung, Auf-den-Boden-Werfen) und signalisiert durch dieses unterwürfige Auftreten die Anerkennung des höheren Status des „Angreifers". Während eines „Krieges" werden all diese aggressionshemmenden Mechanismen beseitigt. Ich habe gesehen, wie Hündinnen, Welpen und Junghunde von Rüden nicht nur getötet, sondern auch zerrissen wurden. Mir kommt es dabei so vor, dass für diese Art des Fehlens jeglicher hemmenden Aggressionsregulatoren ein sehr hohes Maß an Erregung der Konfliktparteien vorhanden sein muss.

Hier wird entspannt aber deutlich eine höhere …

UNTERSCHIED 2

DAUER VON „KRIEGEN"

Der zweite entscheidende Unterschied zwischen „Krieg" und konventionellen aggressiven Interaktionen ist das Zeitintervall, in dem diese Ereignisse auftreten. Herkömmliche aggressive Wechselwirkungen haben eine Dauer von mehreren Minuten bis zu zehn Minuten, selten mehr. Langfristige Konflikte können mehrere Monate, in manchen Fällen sogar mehrere Jahre andauern. Dieser Unterschied ist wichtig, sodass ich diese Kriege sogar „langfristig" nenne. An dieser Stelle ist es notwendig zu klären, wie man die Dauer einer Verhaltensinteraktion festhalten kann.

Dauer einer Verhaltensinteraktion

Für übliche Aggression sowie andere Verhaltenshandlungen kann ziemlich genau ein Marker für den Beginn und ein Marker für das Ende der Interaktion festgestellt werden. Dann, nach dem Ende der realen Interaktion in der Aggression, gibt es eine Pause, und die folgende Zeit wird nicht mehr als Teil der aggressiven Interaktion betrachtet. Doch natürlich wirken die Handlungen in den beteiligten Individuen noch nach; aggressive Handlungen wirken sich auf das Stressniveau aus, insbesondere ausgedrückt durch den erhöhten Gehalt an Glukokortikoiden im Blut und in den Metaboliten des Tieres (Creel et al., 1996; 1997; Sands, Creel, 2004). Konnte in der ersten Konfliktsituation die Korrelation der Kräfte nicht eindeutig festgestellt werden, können die aggressiven Wechselwirkungen nach einer Pause wieder aufgenommen werden. Doch obwohl hier ein neuer Anfangs- und Endmarker für die Interaktion gesetzt werden kann, handelt es sich eigentlich um eine Fortsetzung der vorherigen aggressiven Interaktion. Doch egal, wie wir die Dauer dieser Interaktionen bewerten, beträgt ihre Zeitspanne nicht mehr als ein paar Stunden, da innerhalb dieses Zeitrahmens die Beziehung normalerweise bestimmt und dadurch asymmetrisch wird (Maynard Smith, Parker, 1976). In der Folge der Auseinandersetzung wurde die Hierarchie aufgebaut, dadurch können zukünftige Konflikte und damit Stress vermieden werden.

... Rangposition kommuniziert, die vom unten liegenden Hund ohne Diskussion anerkannt wird.

Gemeinsame, koordinierte Aktionen

Im Gegensatz zu diesen gewöhnlichen Handlungen ist der selbsttragende, langfristige Konflikt zwischen Hundegruppen ein Phänomen anderer Ordnung. Da es sich bei den kommunizierenden Parteien um Rudel mit mehreren Individuen handelt, geht die Komplexität der Interaktion auf eine höhere Ebene. Neben den Vektoren der Aggression gegen Gegner spielt hier vor allen Dingen die Fähigkeit zu gemeinsamen, koordinierten Aktionen eine entscheidende Rolle. Diese Loyalität äußert sich in gegenseitiger Unterstützung und sorgt für einen starken Auftritt als Gruppe. Oftmals gibt es sofortige Hilfe und Verteidigung eines Individuums bei aktiver Aggression durch Mitglieder einer anderen Gruppe.

Doch durch diese Komplexität der Interaktionen wird eine Asymmetrie zwischen den Gruppen verhindert. Dazu kommt, dass die direkte Interaktion zwischen den Gruppen oft mehrere Stunden andauert, da sie sehr komplexe psychische Druckprozesse (Bedrohungen, aggressive Vokalisierung, aktive Bewegungen, demonstrative Markierungen) und direkte aggressive Interaktionen (Bisse, Kämpfe etc.) beinhalten kann. In der Regel trennen sich die Konfliktparteien nach langen, angespannten Kampfzeiten und ruhen sich aus, aber das bedeutet nicht das Ende des Konflikts.

Der Anführer dieses Konfliktes tritt dem Adressaten selbstbewusst entgegen, der daraufhin den Rückzug antritt (Fotos oben). Der linke Hund zeigt offensive Drohsignale (Ohren und Rute nach vorne geworfen, Maul kurz), das Gegenüber reagiert eher defensiv (Foto unten).

Anhaltende Auswirkungen

Die Teilnehmer der Interaktion sind durch die Ereignisse gekennzeichnet und die Erinnerung an das Geschehen scheint ihren psychologischen Zustand zu beeinflussen. Diese Folge einer aggressiven Auseinandersetzung zwischen den Gruppen ist bei der Beobachtung gut sichtbar: Die Hunde erscheinen weiterhin erregt, zeigen sich aktiv und konzentrieren sich aufmerksam auf die Bereiche ihres Gebietes, in denen es möglich wäre, dass die „Feinde" bald wieder auftreten. Obwohl die betroffenen Gruppen sich ansonsten den „normalen Lebensaktivitäten" wie Nahrungssuche und Fortpflanzung widmeten, schien es für sie ein zentrales Motiv zu geben, das sozusagen sinnstiftend für die Gruppe zu sein schien: der Kampf gegen den Feind. Daher können wir sagen, dass in diesem Fall der Konflikt nicht mit den direkten Interaktionen endete, sondern weiterging. Solch eine Reihe von aggressiven Interaktionen zwischen Gruppen konnte mehr als einen Monat andauern und hielt sich in einigen Fällen sogar über zwei bis drei Jahre hinweg. Im letzten Extremfall verschwand ein solcher Konflikt vielleicht kurzfristig, aber nur, um bei der nächsten Gelegenheit wieder aufzuflammen.

Man kann also festhalten, dass „Kriege" viel komplexer und auf einer anderen Ebene anzusiedeln sind als normale Konflikte zwischen einzelnen Tieren. Sie stellen einen Prozess dar, der Angriffe beinhaltet, die jedoch sofort eskalieren und dadurch in ihrer Wirkung viel intensiver und gefährlicher für die beteiligten Tiere sein können.

STARTPOSITIONEN FÜR ANGRIFFE

Ein weiteres wichtiges Merkmal, das einen langfristigen Konflikt von einer konventionellen Aggression unterscheidet, ist seine viel größere räumliche Ausdehnung bei gleichzeitiger Festlegung von Gebietsgrenzen oder von Orten emotionaler und strategischer

Bedeutung. Um das Bild etwas zu vereinfachen, können wir sagen, dass der Konflikt nicht an bestimmte Standorte gebunden ist. **„Kriege" haben, wie andere gruppenübergreifende Konflikte auch, eine klare räumliche Lokalisierung. Meist treten sie im Bereich von sich überschneidenden Gruppenabschnitten oder an der Schnittstelle von Territorien auf.**
Dies ist verständlich, da es sich bei der Ursache des Streits zwischen den Gruppen meist um den Anspruch auf einen Teil des Territoriums handelt. Allerdings konnten wir im Fall von Hundegruppenkriegen beobachten, dass sich die Hunde am Anfang bevorzugt auf bestimmten Positionen versammelten, von denen aus sie ihre Angriffe auf die gegnerische Gruppe starteten. Diese Orte haben wir „Startpositionen" genannt.

STRATEGISCH GÜNSTIGE ORTE

Eine typische Startposition lag z. B. in unmittelbarer Nähe einer Konfliktzone und von ihrem Punkt aus war das mögliche Auftreten der „Feinde" gut und frühzeitig sichtbar. Auf diese Weise sammelten sich Hunde der jeweiligen Gruppe in einer strategisch vorteilhaften Ausgangsposition und zeigten beim Warten auf den Gegner viel Geduld – die Wartezeit konnte mehrere Stunden betragen. Durch die Startposition und das Warten auf den Gegner wurde der Beginn einer Interaktion durch eine Gruppe bestimmt. Dabei verließ ein Vertreter der Gruppe beim Anblick der Gegner die Startposition und begann, sich in Richtung der Feinde zu bewegen – er oder sie war damit der Initiator der Interaktion. Eine solche Aktion wurde von einer verstärkten und betont demonstrativen Kennzeichnung des umkämpften Gebietes begleitet. Hunde hinterlassen dabei nicht nur Geruchsmarkierungen (Urinieren mit erhobenem Bein oder Markieren mit Kot), sondern hinterlassen auch optische Markierungen durch Aufkratzen des Bodens.

ANGRIFFSFORMATIONEN

Bei der Annäherung an die feindlichen Hunde kann es zu unterschiedlichen Formen des Auftritts als Gruppe kommen: Meist läuft man gemeinsam mit aggressiven Lautäußerungen auf die Gegner zu. Dabei wird die Angriffsbereitschaft durch zackige Sprünge nach oben unterstrichen. Eine weitere gängige Technik ist das schnelle Laufen in einer sehr engen Formation. Dabei liegen die Körper der Individuen einer Gruppe sehr nah beieinander, wodurch die Hunde in engem Kontakt miteinander stehen. Die „Feinde" reagieren auf die sich nähernde Gruppe ihrerseits mit aggressivem Entgegenlaufen, Bellen, Knurren und ebenfalls einer aktiven Imprägnierung ihrer Startposition mit Geruchs- und optischen Markierungen.
Wir konnten kurz vor solchen aggressiven Auseinandersetzungen auch Verhaltensweisen beobachten, die wahrscheinlich dazu dienen, den jeweiligen Gruppenzusammenhalt zu stärken: So reiben sich die Hunde aneinander, drücken sich aneinander, zeigen gegenseitiges Mundwinkellecken („Licking Intentions") und es sind vermehrt Jaul-Laute zu hören. Diese Form der Stimmungsübertragung ist typisch für viele Gruppen von streunenden Hunden und gehört oft zum Auftakt des Konfliktes.

FOLGEN LANGFRISTIGER „KRIEGE"

Langfristige Konflikte können mehrere Folgen haben. Die extremste Folge ist sicher, das gegnerische Rudel zu besiegen. Dies geschieht, wenn insbesondere die Gruppenleiter schwer verletzt oder getötet werden. Die „führungslose", verbleibende Gruppe verlässt dann in der Regel ihr Territorium und bewegt sich in einem nomadischen

Lebensstil durch die angrenzenden Gebiete oder schließt sich anderen Streunergruppen (jedoch nicht an die Gruppe der Gegner) an. Meist endet schlicht der Konflikt, weil die Gruppe nicht mehr aktiv ist. Eine häufigere Folge einer endgültigen Entscheidung nach einem Kampf ist die Veränderung der Grenzen von Territorien. Die Gewinnerseite des Konflikts erhält nach dem positiven Ausgang dadurch Zugang zu einem Teil des Territoriums ihrer Feinde. Doch es kann auch zu Situationen kommen, in denen es zwar einen klaren Gewinner des Konfliktes gibt, doch es sind danach keine sichtbaren Ergebnisse und Veränderungen in der Anordnung oder Reviergröße der konkurrierenden Gruppen erkennbar.

HAUPTAUSLÖSER FÜR „KRIEGE"

Weiter vorne habe ich beschrieben, dass die Voraussetzungen für den Ausbruch eines „Krieges" zwischen konkurrierenden Gruppen eine starke psychische Präsenz der Leittiere und eine ungefähre Gleichheit des Kräfteverhältnisses der Gruppen sein können. Doch auch „Geschichten des echten Lebens" können dafür sorgen, dass ein Nachbarschaftsstreit eskaliert. Dafür gibt es zwei Hauptauslöser, die Hunde emotional enorm triggern können. Der erste ist die Läufigkeit. Dabei lockt eine läufige Hündin aus einer starken Gruppe Rüden an, die in das Territorium der „Gastgeberin" eindringen und versuchen, sich mit ihr zu verpaaren. Das führt natürlich nicht zu Begeisterung bei den Rüden ihres Rudels und so kommt es zusätzlich zu den gruppeninternen Konflikten, zu Auseinandersetzungen mit den fremden Konkurrenten, die im Verlauf ungehemmter und aggressiver sein können. Normalerweise finden zum Deckzeitpunkt zwischen den interessierten Rüden einer Gruppe Kämpfe in Form von ritueller Aggression statt, die sogenannten „Kommentkämpfe", bei denen Beschädigungen vermieden werden. Stattdessen versuchen die beiden Gegner, die psychische Stärke und die Intensität des Interesses des jeweils Anderen zu ermitteln. Doch neben diesem „Wettbewerb" der Rüden miteinander bleibt auch die Tatsache, dass einzelne Rüden in das fremde Gebiet eingedrungen sind, anscheinend in Erinnerung. So kann es nach dem Abschluss der Läufigkeit zu einem starken Kampf kommen. Übrig bleibt ein Gefühl der Feindseligkeit, der Wut auf diejenigen, die eingedrungen sind. Oder auf der Seite der Eindringlinge das Gefühl der Unvollständigkeit ihrer „Mission".
Der zweite Auslöser kann die territoriale Expansion sein. Hier versuchen die Gruppen, ihr Gebiet zu erweitern, indem sie gezielt in den gegnerischen Bereich eindringen und die Grenzen aktiv infrage stellen.

ESKALATION

Ein weiteres wichtiges Merkmal von „Hunderudelkriegen" ist die Tendenz zur Eskalation. Ich nannte diese Konflikte bereits „selbsttragend" und wollte damit auf diese Eigenschaft hinweisen. Treten selbstbewusste Hundegruppen mit starkem innerem Zusammenhalt miteinander in Streit, dann verschärft sich durch das Aufeinanderprallen einer ähnlich hohen Angriffs- und Konfliktbereitschaft das Ausmaß der Auseinandersetzung. Dazu kommt, dass sich durch den Langzeitkonflikt die Gegner an die Ergebnisse der vorangegangenen Kämpfe womöglich erinnern, was das ausgeprägte und spezifische Feindbild weiter verschärft. Für jede der Konfliktparteien ist es deshalb eine große Motivation, den Gegner zu unterwerfen oder zu vernichten. Das Ende oder der Rückgang der Spannung im Konflikt tritt entweder ein, wenn eine Partei deutlich verliert oder wenn die Möglichkeit, den Konflikt fortzusetzen, durch Störung von außen vorerst verloren geht.

„KRIEGS"-GESCHICHTEN

Um das Beschriebene besser zu veranschaulichen, werde ich im Folgenden eine kurze Beschreibung mehrerer „Kriege" geben, die ich beobachten konnte.
In der ersten Episode handelt es sich um einen „Krieg" zwischen gleich drei Gruppen. In der Tabelle werden die Individuen und ihre Gruppenzugehörigkeit dargestellt.
Die erste Gruppe bestand aus drei Hunden: dem erwachsenen Rüden „Sir", der erwachsenen Hündin „Pusha" und dem subadulten Sohn „Onok" von „Pusha", der zum Zeitpunkt des Krieges ein Jahr und drei Monate alt war.
In der zweiten Gruppe befanden sich zwei erwachsene Rüden („Pan" und „ChB 2"), die erwachsene Hündin „Katyka" und ihr subadulter Sohn R2.
Die dritte Gruppe bestand aus dem erwachsenen Rüden „Pegash" und seiner erwachsenen Partnerin „Brovka", dem ein Jahr und einen Monat alten Rüden „Vandal" und zwei jungen Hündinnen, die „Pestray 1" und „Pestray 2" genannt wurden.

☞ TEILNEHMER DES „1. KRIEGSTAGES" AM 02.12.1981

NAME DES HUNDES	NAME DES RUDELS	ALTER	GESCHLECHT
Sir	1	4 Jahre	männlich
Pusha	1	3,5 Jahre	weiblich
Onok	1	1 Jahr, 3 Monate	männlich
Pan	2	ca. 3 Jahre	männlich
Katyka	2	ca. 4 Jahre	weiblich
R2	2	1,5 Jahre	männlich
ChB 2	2	3 Jahre	männlich
Pegash	3	2 Jahre	männlich
Vandal	3	1 Jahr, 1 Monat	männlich
Brovka	3	3 Jahre	weiblich
Pestray 1	3	1 Jahr	weiblich
Pestray 2	3	1 Jahr	weiblich

1. EPISODE AM 02.12.1981

Der Ursprung des Konflikts war die Festlegung, welche Gruppe die dominante Gruppe des Gebietes sein sollte und der Kampf zwischen Gruppe 1 und 3 um das Territorium. In den ersten Momenten der Beobachtungen trafen sich alle drei Gruppen in einem Abstand von etwa 100 – 150 Metern in dem Bereich, in dem sich die Ecken ihrer Standorte überschnitten. Hundegruppe 1 attackierte dabei erfolgreich die Hunde der 3. und 2. Gruppe und zwang damit beide Gruppen dazu, sich aus der Ausgangsposition zurückzuziehen. Zuerst wandte sich Gruppe 1 dabei gegen Gruppe 3. Dazu wurde ein vereinter und gleichzeitiger Angriff gestartet, bei dem die drei Hunde eine geschlossene Formation bildeten, in der sich die Schultern fast berührten, und wie bei ritterlichen Kriegern mit lautem Gebrüll und unter hohem Tempo im Galopp Gruppe 3 angegriffen wurde. Nach diesem eindrucksvollen Auftakt rannte Gruppe 3 circa 30 Meter zurück und begann, von dort aus oft und böse in Richtung Gruppe 1 zu bellen. Zu einem direkten Kontakt war es nicht gekommen, nach dem Bellen machte sich der dominante Rüde des Rudels „Sir" auf den Weg zu einer Stelle, an der er ausruhen konnte. Die Hündinnen zogen sich auf die Rendezvousplätze der Gruppe zurück. Doch die beiden Rüden von Gruppe 3 verharrten am Durchgang zur Startposition von Gruppe 2 und begannen, durch Geruchsmarkierungen und Scharren ihre Motivation deutlich zu machen.

Zusammenhalt macht den Unterschied

Zu diesem Zeitpunkt bewegten sich die Hunde von Gruppe 1 bereits wieder in Richtung der Ausgangsposition von Gruppe 2. Für Gruppe 2 war es sehr charakteristisch, an den Startpositionen auf die Gegner zu warten, von wo aus sie im Voraus zu sehen waren. Die Hunde von Gruppe 2 konnten so ihre Gegner rechtzeitig wahrnehmen und begannen, aggressiv zu bellen. Wieder attackierte Gruppe 1 einvernehmlich und reibungslos als zusammenhängende Gruppe und trieb die Hunde von Gruppe 2 in deren Startposition. Nachdem „Sir", der dominante Rüde von Gruppe 1, den Baum auf dem Rasen markiert hatte, begann er mit dem Rückzug. Doch schon nach etwa einer Minute griffen die Hunde wieder an. Dieses Mal wieder geschlossen, doch auch sehr aggressiv. Mit einem Lauf trieben sie die Hunde von Gruppe 3 aus deren Startposition und markierten anschließend aktiv die Orte, auf denen sie sich im Zuge ihres Angriffs bewegten. Danach zogen sie sich zunächst auf ihre Ausgangsposition und dann auf ihren Rendezvousplatz zurück. „Sir" hinterließ dabei eine Spur sehr hoch gesetzter Markierungen inklusive starker optischer Markierungen durch intensives Scharren. Die Hündin aus Gruppe 1 („Pusha") markierte ebenfalls im Dreibeinstand mit angehobenem Hinterbein und scharrte anschließend intensiv, um auf ihre Markierung zusätzlich optisch hinzuweisen. Trotz ihrer geringeren Kopfstärke konnte Gruppe 1 auf diese Weise eindeutig beide kämpferischen Interaktionen für sich entscheiden. In dieser Interaktion zeigte also die kleinste Gruppe den stärksten Zusammenhalt. Ein ähnliches Muster wurde von Roberto Bonanni und Koautoren beschrieben (Bonanni et al., 2010a).

2. EPISODE AM 17.12.1981

Gegen Mitternacht kamen drei der vier Hunde von Gruppe 2 an ihre Startposition und begannen zu spielen. Ein paar Minuten später gingen sie gemeinsam zu ihrem Rendezvousplatz. Bald darauf hörte ich ein heftiges Bellen, genau gegenüber dem neuen Rendezvousplatz von Gruppe 2, denn sie wurden von den Hunden aus Gruppe 1 angegriffen. Die Hunde von Gruppe 2 bellten daraufhin heftig, zogen sich aber fast bis zu ihrem Rendezvousplatz zurück. Offensichtlich griff Gruppe 1 also erneut an und dominierte auch wieder das Geschehen. Nach 15 Minuten beendete sie ihre Attacke und zog sich zurück. Danach griffen die drei Mitglieder eine weitere (vierte) Gruppe an, die aus zwei erwachsenen Rüden bestand, und zwangen sie, sich auf ihren Treffpunkt zurückzuziehen und von dort aus sich und ihre Schutzräume zu verteidigen.

Konfrontation von Gruppe 2 und 3

Gegen halb sechs Uhr morgens befanden sich alle Hunde von Gruppe 2 wieder auf ihrer Startposition. Sie setzten sich hin und warteten. Bald darauf erschienen die Hunde von Gruppe 3 auf der Bildfläche. Sie kamen mit der üblichen Intention aus ihrem Gebiet und näherten sich. Die Hunde von Gruppe 2 formierten sich und gingen in den Angriff über, unterstrichen von aggressivem Bellen. Gruppe 3 um den dominanten Rüden „Pegash" wich daraufhin zurück und wechselte in die Ausgangsposition von Gruppe 1. „Pegash" näherte sich allein den Hunden von Gruppe 2. „Pan" und „ChB 2", die zwei erwachsenen Männchen dieser Gruppe, sprangen ihm daraufhin warnend mit hohen Sprüngen („Delfinsprung") angriffslustig entgegen, woraufhin „Pegash" zunächst zurückwich. Aber sobald sie anhielten und sich umdrehten, ging er zum Angriff über und sprang ihnen mit dem gleichen „Delfinsprung" hinterher. Nachdem er ein wenig gelaufen war, hielt er an. Beide Gruppen bewegten sich daraufhin etwas weiter. „Pegash" zog sich in die Ausgangsposition der ersten Gruppe zurück und startete von dort aus wieder einen energischen Angriff. Die Hunde von Gruppe 2 zeigten sich beeindruckt und zogen sich fast bis zu ihrer Ausgangsposition zurück. Doch eines der Männchen („ChB 2") hielt die Position am nächsten zu „Pegash" und es gelang ihm sogar, ihn allmählich in den Rückzug zu zwingen. Um „Pegash" zu helfen, eilten ihm der subadulte „Vandal" und zwei der Hündinnen aus seiner Gruppe zu Hilfe. Gemeinsam bellend rannten sie aggressiv voran. Daraufhin begannen die Hunde aus Gruppe 2 mit einer Zeremonie, die den Gruppenzusammenhalt unterstützt: Sie drückten die Schultern aneinander und leckten sich gegenseitig das Gesicht. „Pan", das Leittier von Gruppe 2, unterstützte dann aktiv „ChB 2", auch „Katyka" und „R2" schlossen sich an. Dann begannen sich die Hunde von Gruppe 3 zu bewegen. Schließlich befanden sich beide Gruppen auf verschiedenen Seiten der Straße und bewegten sich in Richtung des direkten Durchgangs zum Rendezvousplatz von Gruppe 2. „Pegash", der die Startposition als Erster passierte, zeigte deutlich seine Freude über die Besitznahme und begann damit – unterstützt von seiner Gruppe –, aktiv das Gebiet zu markieren. Der stärkere Zusammenhalt hatte deutlich dazu beigetragen, dass Gruppe 3 diesen Konflikt für sich entscheiden konnte. Schließlich lief „Pegash" ohne großen Widerstand durch Gruppe 2 den Gang hinunter zu deren Rendezvousplatz und hinterließ ungefähr 40 Meter davor als deutliche Botschaft einen großen Haufen Exkremente. Die Hunde der Gruppe 2 hielten sich im Rest ihres Gebietes auf. Danach ging „Pegash" zurück zu seiner Gruppe. Doch „Pan" und „ChB 2" reagierten schließlich doch auf die Eindringlinge, indem sie „Pegash" zusammen zurückschoben und ihn dadurch zum Rückzug zwangen. Diese Interaktion dauerte etwa 15 Minuten, in deren Verlauf „Pan" und „ChB 2" ihren Kontrahenten „Pegash" vom Weg zum Rendezvousplatz verdrängten.

Psychologisches Kräftemessen

Genau hier begann die Konfrontation der Gruppen, bei der jede Seite durch drei bzw. vier Hunde repräsentiert wurde. Dabei gab es keine beschädigenden Kämpfe, alles wurde auf „psychologischer Ebene" durch agonistisches Auftreten geklärt. „Pegash" und seine Gruppe griffen dabei wiederholt die Gegner am Einlass zum Zugang zum Rendezvousplatz an – schließlich befand sich „Pegash" in einem unbekannten Gebiet, aber er handelte weiterhin selbstbewusst und aggressiv. Seine Gruppe unterstützte ihn dabei und war direkt bei ihm. Wieder gab es einen Kampf zwischen den Fraktionen, aber ich konnte ihn nur hören. Nach mehreren Stunden hartnäckiger Konfrontation konnte „Pegash" den Widerstand von Gruppe 2 nicht endgültig brechen, aber der Vorteil und die Initiative waren auf seiner Seite. Interessanterweise hatten sich die Hunde während dieser Episode nie auf einen echten Beschädigungskampf eingelassen. Aber die psychologische Konfrontation war für beide Gruppen sehr kräftezehrend und stressbehaftet. Dies zeigte sich deutlich bei Gruppe 2: Alle Hunde atmeten schwer, gähnten oft und sahen deprimiert aus.

Konflikte unter Hunden werden häufig über agonistische Verhaltensweisen gelöst, die über Mimik, Blicke, Geräusche oder Körperstellungen Informationen übermitteln und verhindern, dass es zu Beschädigungen kommt.

3. EPISODE AM 30.12.1981

Nachts gegen halb zwölf wurde ich wieder Zeuge des anhaltenden Konfliktes zwischen den drei Gruppen. Die Anstifter waren dieses Mal wieder die Hunde aus Gruppe 1. Sie hatten sich vor dem Rendezvousplatz der Gruppe 2 versammelt und starteten den Angriff. „Pan" und „ChB 2" reagierten zur Verteidigung verzweifelt bellend, wurden aber auf ihren Rendezvousplatz zurückgedrängt. Innerhalb der nächsten 40 Minuten attackierten „Sir", „Pusha" und „Onok" weitere vier Mal die Hunde von Gruppe 2. Beim dritten Angriff drängten sie alle Mitglieder, also „Pan", „ChB 2", „R2" und „Katyka", weit zurück. Hier trat ohne Frage Gruppe 1 erneut viel stärker auf, obwohl sie ein Hund weniger war. Nach Mitternacht kamen dann „Pegash" und „Vandal" von Gruppe 3, richteten ihren Angriff ebenfalls in Richtung der Startposition von Gruppe 2 und bellten dabei. Die drei Rüden von Gruppe 2 drehten sich sehr schnell in die Startposition. „Pegash" und „Vandal" eilten bellend in den Angriff, „Pan", „ChB 2" und „P2" konnten den Angriff abwehren, woraufhin sich „Pegash" und „Vandal" zurückzogen. Die drei Rüden von Gruppe 2 hielten sich für weitere 15 Minuten auf ihrer Startposition auf, bevor sie sich auf den Rendezvousplatz zurückzogen. Möglicherweise war diese Attacke eine der letzten Interaktionen, bei denen „Pegash" versuchte, die Hunde von Gruppe 2 anzugreifen.

EINFLUSS DES FÜHRUNGSSTILS

Bereits am 7. Januar 1982 sah ich, wie „Pan", „R2", „Katyka" und „ChB 2" einen Teil des ehemaligen Territoriums von Gruppe 3 umgingen und sich anschließend dort für lange Zeit aufhielten. „Pegash" hatte die Konkurrenten gesehen, hatte sie aber seit Tagesanbruch nur angebellt. „Vandal" zeigte keine Nähe zu „Pegash", sondern blieb an einem anderen Ort und verschwand dann sogar vorübergehend aus dem Gebiet, das ich beobachtete. Gruppe 2 übernahm daraufhin das erfasste Gebiet an dieser Stelle, patrouillierte und markierte es regelmäßig und aktiv. Ich vermute, dass der Grund für die Niederlage von Gruppe 3 um „Pegash" im unterschiedlichen Führungsstil und in der unterschiedlichen Struktur der beiden Gruppen gesehen werden kann.

„Pan", der Freundliche

„Pan" war ein sehr milder und freundlicher Leiter seiner Gruppe. Seine Führung wurde von keinem Gruppenmitglied angezweifelt, obwohl oder gerade weil er nie durch offensives Auftreten gegenüber den untergeordneten Rüden „ChB 2" oder „P2" seinen Status deutlich machen musste. Darüber hinaus ermutigte und unterstützte er seine Kameraden sogar in allen Interaktionen zwischen den Gruppen immer sozial, indem er ihnen ihre Gesichter leckte, sich mit der Schulter an sie drückte und gemeinsam mit ihnen parallel Passagen jaulte, währenddessen die Gruppenmitglieder weiter gegenseitig in engem Körperkontakt standen und sich das Gesicht leckten. „Pans" Verhalten wirkte sich positiv auf die Atmosphäre in der Gruppe aus, die Hunde verhielten sich häufig zueinander freundlich und fröhlich.

„Pegash", der Strenge

„Pegash" hingegen war ein sehr strenger Führer. Seine Dominanz war sofort offensichtlich, denn sie manifestierte sich besonders intensiv während der Fütterung, als er „Vandal" z. B. zu Boden drückte und sogar auf den Rücken drehte. In Stresssituationen hatte er zusätzlich die Aggression auch an seinen Gruppenmitgliedern ausgelassen. Dieses aggressive Auftreten von „Pegash" hat Gruppe 3 geteilt. Es scheint mir, dass „Vandal" mit Zunahme der Intensität des „Krieges" einfach aufgehört hat, „Pegash" zu unterstützen, sodass dieser keinen Rückhalt mehr durch seine Gruppe erfahren hat und dadurch das Gebiet aufgeben musste.

EINFLUSS DER WITTERUNG

Interessanterweise hörte der Angriff der ersten auf die zweite Gruppe plötzlich auf. Eine Rolle dabei spielte ironischerweise der Schnee. Im Januar 1982 war die Schneedecke ziemlich hoch, und die Passage, auf der die erste Gruppe den Angriff auf die zweite Gruppe startete, war nur ein schmaler Pfad, der von den Anwohnern ausgetreten worden war. Dieser Umstand behinderte den geschlossenen Auftritt der ersten Gruppe: Als sie die Attacke nach ihrem erfolgreichen Muster auf dem schmalen Pfad starten wollten, waren zwei der drei Hunde gezwungen, auf den schwergängigen Schnee auszuweichen, und blieben stecken. Dadurch wurden der enge Zusammenhalt und die Geschwindigkeit des Auftritts der ersten Gruppe gebrochen, die ja bislang immer eine wichtige psychologische Rolle bei der Einschüchterung der Gegner gespielt hatten. Die Geschlossenheit und Geschwindigkeit hatten bei den „Feinden" immer für Angst und Schrecken gesorgt und es ihnen schwer gemacht, eine richtige Entscheidung zu treffen und damit ebenfalls geschlossen zu reagieren. Danach hörten die Angriffe der ersten Gruppe auf die zweite jedenfalls auf, obwohl die moralische Überlegenheit auf ihrer Seite blieb. Die dritte Gruppe verlor in dieser Konfliktserie am stärksten.

KONFLIKTFORSCHUNG

In nur zwölf Jahren Beobachtung von 1980 bis 1991 gab es mindestens fünf ähnliche, langfristige Konflikte. Es ist möglich, dass die tatsächliche Zahl höher sein könnte, da Beobachtungen nicht das ganze Jahr über durchgeführt wurden, da ich auf Geschäftsreisen war, manchmal lange. Insgesamt verbrachte ich etwa die Hälfte meiner Zeit außerhalb Moskaus und konnte deshalb die streunenden Hunde nicht konstant beobachten. Dennoch sind selbst fünf langfristige Konflikte eine sehr bedeutende Zahl, da sie allein bei der Aufsicht eines kleinen Gebietes von etwa sechs Quadratkilometern beobachtet werden konnten. Der Konflikt der drei Gruppen, die ich hier im Detail beschrieben habe, war vielleicht die harmloseste von allen Auseinandersetzungen. Es wurde kein Hund getötet, obwohl eines der Mitglieder der dritten Gruppe („Vandal") diese vorübergehend verlassen hat.

KONFLIKTE MIT TÖDLICHEM AUSGANG

Der längste und gewalttätigste Konflikt fand im Industriegebiet in der Nähe der Metro University statt, wo zwei sehr starke und kopfstarke Gruppen mit sieben bis acht Hunden auf jeder Seite aufeinandertrafen. Dieser Konflikt dauerte lange Zeit an, ließ dann nach und flammte wieder mit neuer Kraft auf. Er endete mit der vollständigen Niederlage einer der Konfliktparteien, währenddessen starben mindestens vier Hunde, darunter die dominante Führung der einen Gruppe. Die übrig gebliebenen Hunde verließen dann die Gruppe, sie löste sich auf. Etwa ein Jahr später bildete sich an dieser Stelle eine neue Gruppe, die ausschließlich aus neuen Hunden bestand und keinen hohen sozialen Status erreichen konnte. Ein weiterer „Krieg" fand in einem anderen Teil des Industriegebietes statt. Im Verlauf dieser lang anhaltenden Auseinandersetzungen wurden Hunde auf beiden Seiten der Konfliktparteien getötet. Es begann mit der Erweiterung von drei erwachsenen Rüden aus einer vierköpfigen Gruppe (drei Rüden, eine Hündin, welche die Mutter von zwei der drei Rüden war). Gegenstand der Erweiterung war eine große Gruppe (neun Hunde), die überwiegend aus Jungtieren bestand. Der Grund für die Expansion war der Östrus, also die Läufigkeit eines der Weibchen in der großen Gruppe. Die Läufigkeit war also der Auslöser des Konflikts, der aber bis weit nach dem Ende der Hitze anhielt. Mindestens drei

Gemeinsames Bellen kann verbindend wirken und Gegner beeindrucken.

Hunde wurden in seinem Verlauf getötet, darunter ein Welpe, eine junge Hündin und ein Junghund. Als der anführende Rüde selbst getötet wurde, hörten sofort alle Angriffe auf die Nachbarn auf. Dieser Rüde wurde von den Gegnern attackiert, als er in einer ungünstigen Position dabei erwischt wurde, wie er versuchte, unter einem Zaun hindurchzukriechen. Den Moment des Tötens hatte ich nicht gesehen, aber die Spuren des Übergriffs ließen darauf schließen, was passiert war. So konnte ich das Blut, die Haare am Zaun entdecken und den verstümmelten Körper neben dem Zaun inspizieren.
Zwei „Kriege" verliefen relativ fragmentiert, doch hier konnte ich kontinuierlich Aufzeichnungen machen, sodass die Tötung von Hunden, die häufigen Kämpfe und die Verletzungen der Teilnehmer gut dokumentiert werden konnten. Interessanterweise trat der letzte dieser Konflikte zwischen zwei matriarchalischen Gruppen auf, die von Weibchen dominiert und geführt wurden. An sich ist das Phänomen der matriarchalischen Gruppen nicht häufig, schon deshalb nicht, weil das Geschlechterverhältnis in der Population der streunenden Hunde signifikant auf die männliche Seite verlagert wurde. Es gab jedoch solche Gruppen und die Tatsache, dass zwei solcher Gruppen sehr nahe beieinanderlagen, ist ein seltenes Phänomen.

GRÜNDE FÜR LANGZEITKONFLIKTE

Im Gegensatz zu herkömmlichen gruppeninternen Konflikten ist „Krieg" ein seltenes, aber unter bestimmten Bedingungen ganz natürliches Phänomen. Zweifellos handelt es sich dabei um ein sehr „kostspieliges" Verhalten für alle betroffenen Teilnehmer, denn es werden Verletzungen und sogar Tötungen riskiert. In diesem Zusammenhang stellen sich viele interessante Fragen:

— Wie kommt es zur Entscheidung für oder gegen die Teilnahme an einem „Krieg"?
— Welche Faktoren tragen zum Beginn eines solchen Verhaltens bei?

Einige der Faktoren wurden zu Beginn dieses Textes aufgelistet. Dazu gehören ein großes Selbstvertrauen, eine hohe soziale Position der Leithunde und ein hoher Grad an Zusammenhalt der Teilnehmer während des langfristigen Konfliktes. Die Bedeutung dieser psychischen „Überlegenheit" des Kriegsanführers für die Entscheidung eines Konfliktes entspricht der Abhandlung von William Divale aus den 1970er-Jahren zum Thema Langzeitkonflikte bei Dorfbevölkerungen (Divale, W.T. & M. Harris, 1976). Der zweite wichtige Grund für das verstärkte Auftreten eines Konfliktes ist die starke Verdichtung der Teilnehmer in einem begrenzten Umweltraum. Interessanterweise waren Nahrungsquellen niemals die Ursache für „Kriege" zwischen Rudeln von streunenden Hunden.

Ohne starke Gruppe im Rücken ist es schwer, siegesgewiss aufzutreten.

MOTIVATIONSKOMPLEXE

Der israelische Konfliktforscher Azar Gat schreibt, dass „basierend auf anthropologischen Beobachtungen des Verhaltens von immer noch existenten oder erst kürzlich aufgelösten Jäger-Sammler-Gesellschaften körperliche und reproduktive Wettbewerbe“ für Kriege verantwortlich seien. Weitere Motive wie Dominanz, Rache, Bedürfnis nach Sicherheit durch Ressourcenerweiterung und „Kampflust“ seien aus diesem somatischen und sexuellen Wettstreit entstanden, der wie bei der restlichen Tierwelt einen evolutionären Ursprung habe. Anstatt als einzelne Bedürfnisse klar voneinander getrennt zu sein, würden demnach „alle Motive zu einem Motivationskomplex kombiniert“ (Gat, 2009). Die Entstehung eines Motivationskomplexes scheint auch mir von grundlegender Bedeutung für den Ursprung von Langzeitkonflikten zu sein, doch die Aussage über den Vorrang körperlicher und reproduktiver Ursachen bedarf meiner Meinung nach weiterer Rechtfertigung und Untersuchung.

DAS „SCHIMPANSEN-MODELL“

Eine sehr interessante Reihe von Arbeiten über Primaten, vor allem über Schimpansen (Wilson et al., 2004; Watts et al., 2006; Mitani et al., 2010), ist hierzu ebenfalls veröffentlicht worden. Richard Wrangham und Luke Glowacki berichteten, dass „die Selektion eher die Tendenz gefördert hat, Mitglieder benachbarter Gruppen nur dann zu töten, wenn der Mord sicher durchgeführt werden konnte (Wrangham & Glowacki, 2012). Nach dieser Idee sind Schimpansen und Menschen im Kampf gleichermaßen risikoscheu. Wenn also festgestellt wird, dass Menschen im Krieg dazu neigen, sich selbst aufzuopfern, ist das ein Ergebnis kultureller Systeme, die auf Belohnung, Bestrafung und Nötigung basieren und nicht auf evolutionär bedingter Anpassung an ein höheres Risiko. Um das „Schimpansen-Modell“ zu testen, haben wir uns die Kämpfe zwischen Gruppen von Schimpansen und nomadischen Jägern und Sammlern angesehen, die mit anderen nomadischen Jägern und Sammlern als Nachbarn leben. Es ist nicht bekannt, ob die Menschen spezifische psychologische Anpassungen an den „Krieg“ entwickelt haben. Aber moderne Untersuchungen deuten darauf hin, dass das Schimpansen-Modell ein geeigneter Ausgangspunkt für die Analyse der biologischen und kulturellen Evolution von „Kriegen“ ist. Die lang anhaltenden Konflikte unter Gruppen von streunenden Hunden können darauf hindeuten, dass Raubtiere eine Ausnahme von diesem allgemeinen Grundsatz bilden, obwohl die grundsätzliche Aussage zweifellos richtig ist. Ich möchte betonen, dass sich die Untersuchung des Phänomens der Langzeitkonflikte erst in der Anfangsphase der Entwicklung befindet. Es ist deshalb äußerst wichtig, weitere Beispiele für „Kriege“ und Konflikte in der Tierwelt zu sammeln und im Sinne der Verhaltensbiologie korrekt zu beschreiben und zu interpretieren. Natürlich ist dabei die Erforschung der physiologischen Mechanismen und der evolutionären Bedeutung von „Kriegen“ in der Tierwelt nicht weniger bedeutsam.

Die wichtigsten Bedingungen für das Auftreten von „Kriegen“ durch streunende Hunde sind eine hohe Bevölkerungsdichte, ungefähr gleich starke Konfliktparteien und der Anspruch auf Dominanz von beiden Seiten.

Die Regeln, unter denen „Kriege“ in den Populationen von streunenden Hunden auftreten, können in einigen Aspekten homolog zu denen „ursprünglicher“ menschlicher Gesellschaften sein. Damit wäre es meines Erachtens gerechtfertigt, die Gänsefüßchen vom Begriff „Krieg“ bei Hunderudeln zu entfernen und damit dieses Phänomen als eine der ersten Phasen von Krieg zu betrachten.

DIE MOSKAUER METRO-DOGS
— *Geschichte eines erstaunlichen Phänomens*

Viele Jahre lang bevölkerten Hunderte Hunde die U-Bahn-Stationen Moskaus und nutzten sogar scheinbar Züge, um bestimmte Orte zu erreichen. Heute sind die Hunde verschwunden, vertrieben durch den Staat, der mit dem Phänomen wohl überfordert war.

Das Phänomen der Moskauer „Metro-Hunde“ ist eine sehr interessante und leider relativ kurze Geschichte über die ungewöhnliche Anpassung und Eroberung neuer ökologischer Nischen durch streunende Hunde. Das Moskauer U-Bahn-Netz gehört zu den größten der Welt und ist bekannt sowohl für seine Schönheit als auch Effizienz. Die Metro verfügt über eine Radial-Ring-Struktur, dabei erstrecken sich die Linien vom Stadtzentrum bis zum Stadtrand und bieten den Fahrgästen einen zuverlässigen und schnellen Transport. Im weiter unten beschriebenen Zeitraum bestand die Moskauer U-Bahn aus 15 Linien mit einer Gesamtlänge von 397,3 km (in zweigleisiger Berechnung). Nach offiziellen Statistiken werden täglich etwa neun Millionen Menschen transportiert, mehr als die Hälfte der U-Bahn-Stationen verzeichnen eine tägliche Gesamtauslastung von mehr als 50 000 Passagieren. Die durchschnittliche Betriebsgeschwindigkeit der Züge der Moskauer U-Bahn (einschließlich der Haltestellen) liegt bei 41,62 km/h. Dies gewährleistet eine hohe Regelmäßigkeit der Züge mit einem Mindestabstand von 90 Sekunden. Bis 2013 hatte die U-Bahn etwa 230 Stationen, 2019 sind es bereits 267.

LAGE DER U-BAHN-STATIONEN

Seit dem Bau der Moskauer U-Bahn im Jahr 1935 haben sich der Baustil der Stationen und die Methoden des Durchlaufs an Menschen am Bahnhof immer wieder verändert. Mehr als die Hälfte der U-Bahn-Stationen befinden sich tief unter der Erde und um sie zu erreichen, müssen die Nutzer viele Rolltreppen hinunterfahren. Eine kleinere Anzahl von Stationen befindet sich in geringerer Tiefe oder auf der Erdoberfläche und hat keine langen Rolltreppen. Der Abstieg zu diesen weniger tief gelegenen Stationen erfolgt über eine feste Treppe oder einfach durch die Gänge. Jede Metrostation hat ihre eigene Lobby, die im Winter beheizt wird, das U-Bahn-Personal ist das ganze Jahr über an den Drehkreuzen im Einsatz.

Ringbahnen dienten den Hunden wahrscheinlich auch als warmes, mobiles Schlafzimmer.

STREUNER IN DER BAHN

Schuld haben wahrscheinlich die eisigen russischen Winter: Irgendwann muss ein Straßenhund auf die kluge Idee gekommen sein, den Eingangsbereich der U-Bahn als Zufluchtsort vor der ungemütlichen Kälte zu nutzen. Doch es brauchte die Perestroika, damit die Hunde dort auch geduldet wurden: in der Sowjetzeit von Beginn der U-Bahn bis ungefähr 1987/88 war die Einstellung der Stadtverwaltung gegenüber den streunenden Hunden negativ. Hunde wurden aus den U-Bahn-Stationen und Unterführungen vertrieben. In der Phase der politischen Umwälzungen unter Gorbatschow kam es zu einer erheblichen Liberalisierung, die sich auch in der Einstellung zu streunenden Hunden zeigte: Plötzlich wurde die Anwesenheit von Hunden in den Eingangshallen der U-Bahn-Stationen nicht mehr so streng gesehen. Die Hunde durften bleiben, es entwickelten sich sogar Beziehungen zum Personal und den regelmäßigen Besuchern. Verhielten sich die Hunde also sehr nett, bekamen sie nicht nur ein „Aufenthaltsrecht", sondern durch die hohe Anzahl von Passanten auch eine ganz neue Möglichkeit, auf viele spendierfreudige Menschen zu treffen.

SPEZIALISIERTER BETTLER-TYP

Die Moskauer Metro wurde also für Hunde eines bestimmten ökologischen Typs von Streunern attraktiv: Hunde, die in der Stadt aufgewachsen waren, sich auf das Erbetteln von Nahrung spezialisiert hatten und in der Regel allein oder zu zweit, maximal zu dritt unterwegs waren. Auch das hat wieder ökologische Gründe, da

1. große Hundegruppen Menschen eher Angst einjagen und
2. eine große Gruppe weniger Futter für den Einzelnen erbetteln kann.

Die „Bettler" unter den Streunerhunden halten sich generell gern in der Nähe von Orten auf, an denen eine große Anzahl von Menschen Lebensmittelvorräte aus den Läden trägt (Supermarkt-Parkplätze), viele Menschen draußen sitzen und essen (Restaurants im Sommer) oder eben auf dem Weg zur Arbeit auf Züge warten müssen und ihre Pausenbrote dabeihaben (Bahnstationen).
„Bettler-Streuner" sind wahnsinnig gut in der Lage, die Stimmung der jeweiligen Menschen zu bestimmen und diejenigen zu isolieren, die potenziell dazu geneigt sind, ihnen Nahrung abzugeben. Sie haben einen besonderen Verhaltenskomplex des „Bettelns um Nahrung" entwickelt, der die Menschen nicht verunsichert, sondern im Gegenteil emotional berührt und dadurch für den Durchschnittsbürger attraktiv ist. Dieses Verständnis von Menschentypen und Verhalten und der Mangel an Angst vor großen Menschenmassen waren die wichtigsten Eigenschaften, die es den „Metro-Dogs" ermöglichten, die Nutzung der U-Bahn zu meistern.

EROBERUNG DER U-BAHN

Die erste Entwicklungsstufe der Hunde der U-Bahn bestand natürlich in der Eroberung des Eingangsbereiches und der angrenzenden Gänge. Ein Teil der Population fing dann damit an, die Bahnhöfe zu erorbern, und einige Hunde haben sogar das Fahren in Zügen gemeistert. Die erste Herausforderung für die Hunde war dabei die Nutzung der langen Rolltreppen. Danach mussten sie lernen, sich in den U-Bahnen zu bewegen. Wie bewusst und zielgerichtet die Nutzung der Metro war, bleibt leider durch mangelnde Zeit für tief greifende Forschungen unklar, wirft aber in einigen Fällen interessante Fragen auf.

BEWUSSTE NUTZUNG DER U-BAHN?

Einige Beispiele deuten nämlich auf eine bewusste und regelmäßige Nutzung der U-Bahn als Transportmittel hin. So lebten im Filjowski-Park ein paar Hunde, die aus einer Gruppe erwachsener Rüden und Hündinnen bestanden. Diese fuhren mehrere Stationen von Kiew bis zu einer Station, an der sich ein Lebensmittelmarkt befand. Dort bettelten die Hunde tagsüber um Essen oder sammelten essbare Reste ein, abends stiegen sie wieder in die U-Bahn und fuhren zum Filjowski-Park zurück. An dieser Stelle sei darauf hingewiesen, dass beide Stationen keine langen Rolltreppen haben, was wahrscheinlich die Bewegung der Hunde sehr erleichtert hat. Aber auch

Besonders talentierte Streuner erkennen unsere Stimmungen und zeigen Verhaltensweisen, die uns emotional berühren – ihre Welpen lernen durch Beobachtung.

an den Stationen mit den tiefsten und längsten Rolltreppen einschließlich der alten Linien der U-Bahn konnte man auf vierbeinige Fahrgäste treffen, die allein unterwegs waren. Einer meiner Studenten, Alexey Vereshchagin, beobachtete einen streunenden Hund, der durch den U-Bahn-Ring reiste, der 1954 gebaut wurde. Der Streuner fuhr mehr als zwei ganze Kreise, an einer bestimmten Station hob die Hündin den Kopf und stand auf, legte sich dann aber spontan wieder hin und schlief wieder ein. Leider wurden die Beobachtungen unterbrochen und wo der Hund aus dem Zug ausstieg, blieb unklar. Anhand solcher Beobachtungen könnte man argumentieren, dass die besitzerlosen Hunde die U-Bahn-Züge zufällig nutzten, aber in einigen Fällen wie dem beschriebenen schienen sie sich auch gezielt zwischen bestimmten Stationen zu bewegen. Welches die Anzeichen dafür sind, ob sich ein Hund im U-Bahn-System navigieren kann, bleibt unklar. Aber wir haben damals gemutmaßt, dass Lautsprecheransagen, das Verhalten der menschlichen Passagiere und der charakteristische Geruch der einzelnen Stationen hierbei eine Rolle spielen könnten. Welche Ansage bei der Orientierung von Hunden wichtig sein könnte, berichtete eine andere Studentin, Alyona Zavertyaeva, die zum Phänomen der Metro-Hunde ihre Masterarbeit geplant hat. So beobachtete sie einen Hund im Zug und schrieb: „Bei der Ankündigung ‚Vorsicht! Die Türen schließen sich. Die nächste Station ist Südwest. Hier bitte alle aussteigen!' stand der Hund auf, ging zu den geschlossenen Türen und wartete mit den anderen Passagieren auf die Ankunft des Zuges." Aus derartigen

Einige Hunde lernten Rolltreppenfahren …

… nutzten Züge als Transportmittel und …

... orientierten sie sich evtl. an den Durchsagen.

Beobachtungen wagen wir anzunehmen, dass Hunde die Bedeutung der Ansager verstehen und in diesem geschilderten Fall daraus schließen, dass es an den Endstationen notwendig ist, aus dem Zug zu steigen.

NUTZUNG DER STRASSENBAHN

Über den gezielten Einsatz eines anderen Verkehrsmittels – der Straßenbahn – kann sich Alyona bei einem weiteren interessanten Streuner erinnern. Die Hündin lebte in der Nähe unseres Instituts in der Vavilov-Straße. Etwa 2,5 bis 3 Kilometer von diesem Ort entfernt, war der Cheremushkin Markt, wo sie immer reichlich Nahrung finden konnte. Auf der Vavilov-Straße in Richtung Markt verlief auch eine Straßenbahnlinie und der Hund benutzte sie, um zum Markt zu gelangen. Aber in die entgegengesetzte Richtung fuhr die Bahn nicht den gleichen Weg: Einige Straßenbahnen fuhren zu unserem Institut, wieder andere machten eine scharfe Kurve und fuhren in eine ganz andere Richtung. Das Bemerkenswerte war, dass der Hund dies zu wissen schien und deshalb auf dem Rückweg vom Markt die Straße entlanglief, ohne an der Station wieder einzusteigen.

Im Allgemeinen war die Anzahl der frei lebenden Hunde, die in die U-Bahn oder Straßenbahn stiegen und in den Zügen mitfuhren, um ein Vielfaches geringer als die Anzahl der Hunde, die nur die Eingangshallen der U-Bahn aufsuchten. Zu Beginn des 20. Jahrhunderts benutzten Hunde die Metro jedoch sehr aktiv. So zeigen die ersten Daten der Masterarbeit von Alyona Zavertyaeva, dass fast alle U-Bahn-Stationen von streunenden Hunden beherrscht wurden.

INTERESSANTE DATEN

In verschiedenen Zeiträumen von 2007 bis 2008 und 2011 nahm die Zahl der Hunde leider rapide ab. Bis dahin konnte auf einer durchschnittlichen U-Bahn-Station bei einem Besuch ein bis zwei Hunde notiert werden, auf anderen fünf bis sechs. Rüden waren in U-Bahn-Stationen wie in der gesamten Population mehr als doppelt so häufig wie Hündinnen anzutreffen (59 % vs. 22 %, bei 19 % wurde das Geschlecht nicht bestimmt). Im Vergleich zur städtischen Hundepopulation als Ganzes war die Subpopulation der U-Bahn-Hunde durch einen höheren Prozentsatz erwachsener Hunde und weniger Junghunde und Welpen gekennzeichnet. Ein weiteres Muster, das in dieser Arbeit identifiziert werden konnte, war die unterschiedliche Dichte an den Bahnhöfen.

Die täglichen Metronutzer waren zuverlässige Futterspender.

So war die Anzahl der Hunde an den Hauptbahnhöfen (innerhalb der Ringlinie) im Durchschnitt pro Station mehr als zweimal geringer als an den peripheren Stationen. In ihrer Arbeit verwendete Alyona Zavertyaeva Daten, die in fünf Linien der ersten Periode (2007 – 2008) erhoben wurden: Sokolnicheskaya, Kalinin, Aratskiy-Pokrovskaya, Filevskaya, Zamoskvoreche. In der zweiten Periode (2010 – 2011) kam die Linie Kaluga-Riga hinzu. Sie zählte dabei nicht nur in den Stationen und Eingangshallen, sondern auch an den Ausgängen und im Bereich in der Nähe der Eingänge (nicht weniger als fünf Meter und nicht mehr als 30 Meter in einem Radius um den Eingang zur Metrostation), dabei wurden alle Streunerhunde berücksichtigt. Diese Berechnung wurde zweimal auf allen ausgewählten Linien durchgeführt. Detailliertere Studien wurden an einer Modellstation im Südwesten durchgeführt. Dort wurde das Material mehrere Monate lang gesammelt und die Hunde regelmäßig beobachtet. Es stellte sich heraus, dass die Station von 33 Hunden besucht wurde, von denen ein Großteil (44 %) nur ein bis zwei Mal zu sehen war, also wahrscheinlich zufällig kam. 29 Prozent der identifizierten Hunde kamen ständig vorbei und 26 Prozent erschienen gelegentlich, das heißt nicht regelmäßig im Beobachtungszeitraum. So kann davon ausgegangen werden, dass im Zeitraum 2005 bis 2009 praktisch an jeder Moskauer Metrostation Streunerhunde lebten, von denen einige dort ihren festen Platz hatten und den Bahnhof und die Züge nutzten.

VORTEILE DES LEBENS IM UNTERGRUND

Die Vorteile liegen auf der Hand, denn besonders im kalten russischen Winter waren die Hunde dem Frost nicht ausgesetzt und hatten Zugang zu großen Nahrungsreserven. Wie bereits durch Zählungen der U-Bahn-Verwaltung festgestellt, passieren täglich Zehntausende von Menschen die Eingangsbereiche, unter denen sich immer eine ausreichende Anzahl von Menschen befand, die eine Leckerei für die Streunerhunde dabeihatte. Ich erinnere mich an eine Beobachtung, bei der ich auf der Station „Kiew“ einen großen Hund sah, der direkt mit der Nase an ein paar Schalen lag, in denen Wurststücke, Fleischstücke und Knochen für ihn bereitgestellt worden waren.

Der Hund war sehr gut ernährt, zeigte keine Aufmerksamkeit für Futter und schlief friedlich. Gleichzeitig zogen jede Sekunde Menschenmassen an ihm vorbei – was für eine erstaunliche Stresstoleranz! Dieser große Hund lebte in der Lobby und dem Übergang vom Bahnhof Kiew in den Jahren 2006 bis 2009. Ich habe ihn allerdings nie zum Bahnhof gehen sehen, er beschränkte sich auf sein offensichtlich erfolgreiches Betteln vor Ort.

DAS VERSCHWINDEN DER METRO-DOGS

Die Situation änderte sich, als der Moskauer Bürgermeister Juri Luschkow aus dem Amt entlassen wurde und an seiner Stelle im Oktober 2010 der derzeitige Bürgermeister Sergej Sobjanin kam. Seitdem hat sich der Umgang mit städtischen Streunerhunden radikal geändert. Die Aufgabe, Hunde aus den Straßen der Stadt zu eliminieren, betraf zuerst die U-Bahn-Stationen. Das ist der Grund, warum in der Populationszählung von Alyona Zavertyaeva im Jahr 2011 bereits zweimal weniger Hunde im Vergleich zu den Umfragen 2007 bis 2008 festgestellt werden konnten. Hunde wurden danach nur noch als einzelne Individuen in den Jahren 2015 und 2016 in der U-Bahn angetroffen, aber das System hat auch gegen sie gearbeitet. Die städtische Population an streunenden Hunden wurde auf ein Minimum reduziert, aus den U-Bahnen sind die Hunde komplett verschwunden. Nur noch ein Denkmal an der Station Mendelejewskaja erinnert an die Zeit, als die Moskauer Metro-Hunde berühmt waren und in den Medien der Welt über sie berichtet wurde. Die Statue wurde zu Ehren des Straßenhundes „Maltschik" errichtet, der ungefähr fünf Jahre lang in der zum Bahnhof führenden Fußgängerunterführung lebte. Der schwarzgelbe Mischlingsrüde hatte sehr viele „Fans" unter den täglichen Besuchern, besonders die Verkäuferinnen der kleinen Bahnhofsgeschäfte liebten ihn, aber auch U-Bahn-Mitarbeiter und Kunden hatten immer verlässlich Leckerbissen für ihn dabei. Offiziell gehörte er wohl der Bahnhofsvorsteherin, aber er soll sich eigenständig im gesamten U-Bahnhof bewegt und diesen auch gegen fremde Streunerhunde verteidigt haben. Als er 2001 von einer geistig verwirrten Passantin getötet wurde, berichtete die Presse wochenlang über den Vorfall und seine menschlichen Freunde setzten sich nicht nur dafür ein, dass die Täterin vor Gericht kam, sondern auch, dass ihm am Tatort das Denkmal errichtet wurde. Heute ist die kleine Bronzefigur in der Nähe der Schalterhalle eine Besucherattraktion und „Maltschik" hat sogar einen eigenen Wikipedia-Eintrag. Doch das Denkmal steht nicht nur für „Maltschik", sondern auch für das faszinierende Phänomen der „Metro-Dogs", das wahrscheinlich einzigartig war – und bestimmt nicht nur den Wissenschaftlern, die hier gerne weitergeforscht hätten, sondern auch vielen Menschen täglich auf ihrem Weg zur Arbeit fehlen wird.

„Maltschik" hatte viele Fans und bekam ein eigenes Denkmal.

AUS DER PERSPEKTIVE DER STREUNER

— Von Stefan Kirchhoff

STREUNER IN BEHÜTETEN VERHÄLTNISSEN

WAS MACHT HUNDE GLÜCKLICH?

Auf Hundewiesen wimmelt es mittlerweile von Hunden, die in ihrem „ersten Leben“ entweder die totale Freiheit kannten oder eingesperrt auf Grundstücken oder an Ketten gehalten wurden. Bei uns sollen sie plötzlich ein sicheres, „glücklicheres“ Dasein führen. Doch was genau macht Hunde glücklich?

Der Hund aus dem Ausland ist in Deutschland nicht mehr wegzudenken. Unzählige Tierschutzvereine vermitteln Hunde aus dem Ausland, erzählen uns, wie dankbar diese sind und wie schlimm die Situation im Herkunftsland ist. Eine objektive Aufklärung über das Vorleben des Hundes findet hier leider recht selten statt. Und so ist es für die neuen Halter schlichtweg unmöglich, sich in die Lage des Hundes zu versetzen und zu verstehen, was in ihm vorgeht und warum er das ein oder andere problematische Verhalten zeigt. Was nicht heißt, dass ein Hund aus dem Ausland automatisch ein Problemhund sein muss. Aber die Unwissenheit der neuen Halter und der Menschen, die sich zu diesem Thema aufgrund negativer oder gar keiner Erfahrungen äußern, sorgt letztlich für die vielen Vorurteile gegenüber diesen Hunden.

ÜBERRASCHUNGSPAKET HUND

In meiner Tätigkeit als Tierpfleger und Tierheimleiter habe ich sehr viele Hunde aus Rumänien und Ungarn vermittelt, viele von ihnen erwiesen sich als völlig unproblematisch bei der Integrierung in den Haushalt. Wenn es zu Problemen kam, dann sind es die gleichen Probleme gewesen, die letztlich jeder Hund unabhängig von seiner Herkunft zeigen kann. Verlassensängste, hohe jagdliche Disposition, territoriale Aggression, An-der-Leine-Ziehen usw. kommen auch beim Rassehund vom Züchter vor. Ein Hund ist letztlich ein Überraschungspaket, egal, wo ich ihn herhabe.

Was genau macht Hunde glücklich?

FESTIGUNG VON PROBLEMVERHALTEN

Wenn es allerdings zu Problemen beim Auslandshund kommt, können diese sehr viel intensiver auftreten. Das hängt sicher damit zusammen, dass man bei Welpen frühzeitiger eingreifen kann. Beim Auslandshund, der vielleicht schon bei der Übernahme zwei bis drei Jahre oder älter ist, wurde das problematische Verhalten im Herkunftsland von niemandem als störend empfunden, schließlich sind die Art der Haltung und der allgemeine Umgang vor Ort nicht mit unseren Vorstellungen einer Hundehaltung und unseren Ansprüchen an den Hund zu vergleichen. Daraus resultiert, dass der Hund ziemlich unbeeinflusst ein Verhalten entwickeln und festigen konnte, das in Deutschland nicht so gerne gesehen wird. Natürlich wird auch nicht jedes Fehlverhalten im Ausland toleriert, allerdings behebt man diese Unannehmlichkeit nicht mit modernen erzieherischen Maßnahmen. Wenn das Problem als störend empfunden wird und nicht durch einfache Maßnahmen korrigiert werden kann, verschwindet der Hund halt irgendwie. Das gilt für herrenlose Streuner als auch für die Besitzerhunde.

HERKUNFT DER HUNDE

Die Mehrzahl aller nach Deutschland verbrachten Hunde sind ehemalige Besitzerhunde. Sie wurden als Kettenhunde, „Verschlagshunde", Hofhunde mit und ohne Auslauf gehalten. Sie alle können mehr oder weniger typische problematische Verhaltensweisen zeigen, die meist ziemlich deutliche

STEFAN KIRCHHOFF

Stefan Kirchhoff hat zwölf Jahre lang hauptberuflich als staatlich anerkannter Tierpfleger im Bereich Heim- und Pensionstierpflege für den „Bund gegen den Missbrauch der Tiere e. V." gearbeitet. Davon war er fünf Jahre lang Beiratsmitglied und als Tierheimleiter angestellt. In dieser Zeit war er auch im Auslandstierschutz tätig und ehrenamtliches Mitglied des Prüfungsausschusses der IHK für Tierpfleger. Er war eineinhalb Jahre lang stellvertretender Projektleiter des Tuscany Dog Projektes von Günther Bloch. Nach seiner Tierschutztätigkeit dokumentierte er in neun unterschiedlichen Ländern fotografisch das Leben der Straßenhunde und verfasste zu diesem Thema ein Buch und mehrere Artikel in Fachmagazinen. Heute ist er Inhaber einer kleinen Hundepension sowie als Hundetrainer, Verhaltensberater und Referent tätig. Mehr Infos unter www.streunerbutze.de

Es gibt für Hunde auf der Straße nicht nur schlechte Erfahrungen mit Menschen oder der Umwelt. Gerade in städtischen Gebieten gibt es eine Vielzahl an tierlieben Menschen.

Rückschlüsse darüber zulassen, wie sie vorher gelebt haben und welche Art der Beziehung sie zu Menschen hatten.
Da in diesem Buch aber hauptsächlich über frei lebende und herrenlose Hunde geschrieben wird, konzentriere ich mich im Folgenden auf diese und möchte hier nur ein Beispiel für typische Haltungsweisen und die daraus resultierenden problematischen Verhaltensweisen wiedergeben, die sich häufig bei der Übernahme eines Hofhundes aus dem Ausland zeigen.

STREUNER BEI UNS

Während Besitzerhunde uns durch ihr Verhalten in Alltagssituationen meist sehr schöne Hinweise geben, wie sie gelebt und was sie erlebt haben könnten, sieht die Verhaltens- und Herkunftsanalyse von „echten" Streunern wesentlich umfangreicher aus. Kurz gesagt, gibt es eigentlich keine „typischen" Verhaltensweisen des Streuners, da nicht nur individuelle Persönlichkeitsunterschiede zum Tragen kommen, sondern auch die Lebensweisen so unterschiedlich sind. Den größten Unterschied macht das entweder menschennahe Aufwachsen im urbanen Umfeld oder menschenferne im ländlichen Bereich. Die ersteren Hunde kennen Menschen, können unser Verhalten einschätzen und haben eventuell auch mehr oder weniger enge Beziehungen zu manchen Menschen vor Ort gepflegt. Bei frei lebenden Hunden, die abseits von der Zivilisation aufgewachsen sind, sieht es noch mal anders aus. Diese Hunde halten meist eine Fluchtdistanz zum Menschen ein, sodass zum Glück kaum einer auf die Idee kommt, diese fast verwilderten Hunde einzufangen, sie kommen somit eher selten nach Deutschland. Hier möchte ich nochmals betonen, dass, egal wo der Hund herkommt oder welche Erfahrungen er bisher gesammelt hat, völlig individuell eingeschätzt werden muss. Es gibt immer Ausnahmefälle!

AUS ALLER WELT – DER HOFHUND

In vielen Ländern werden Hofhunde als Wachhund gehalten. Das heißt: Der Hund lebt auf dem Hof und kommt niemals mit ins Haus. Wenn das Gelände ausbruchssicher eingezäunt ist, dann wächst dieser Hund recht isoliert von seiner Umwelt auf. Ich nenne diese Hunde „Besitzerhunde ohne Freigang" (Kirchhoff, 2015). Wirklich sozialisiert auf Menschen ist er nicht, er kennt und akzeptiert nur die Menschen, die im Haus leben. Spaziergänge oder gar Beschäftigung mit dem Menschen hat dieser Hund nie kennengelernt. So erfüllt er nur einen Zweck, er soll anschlagen, sobald sich jemand dem Gelände nähert oder es betritt. Dies muss nicht antrainiert werden, angetrieben durch seine Unsicherheit, fängt der Hund früher oder später an, das Gelände zu bewachen. Dieses Verhalten ist in diesem Fall sogar erwünscht. In Rumänien gibt es auf fast jedem Gelände solch einen Hund. Kommt ein erwünschter Gast zu Besuch, wird der Hund weggesperrt, angekettet oder festgehalten. Nachdem der Besuch mit dem Besitzer des Hundes im Haus verschwunden ist, hat sich das Thema für den Hund erledigt und er konzentriert sich wieder auf seine Umwelt. Sein „Reich" ist der Hof, nicht das Haus.

Der Hofhund bei uns

Kommt dieser Hund – aus welchen Gründen auch immer – nach Deutschland, ist er erst einmal in den ersten Tagen unauffällig. Er muss sich einleben und verarbeiten, dass sein jetziges Leben anders abläuft. Aber es dauert nicht lange, bis sein territoriales Verhalten durchbricht. Dadurch, dass er nun im Haus lebt und mehr Privilegien genießt, bindet er sich sehr schnell an seinen neuen Besitzer, schirmt aber alle anderen, die für ihn „von außen" dazukommen, ab.
Dabei reagiert er ziemlich stark, da der Besuch ja „frecherweise" auch mit ins Haus hineingeht. Dazu kommt, dass es für den Hund einfach ungewohnt und nicht berechenbar ist, wie er mit dem fremden Besuch im Haus umgehen soll. Er ist schlichtweg überfordert. Jeder Versuch des neuen Hundebesitzers, dieses Verhalten zu unterbinden, scheitert, da der Hund sämtliche Beeinflussungen des Besitzers schlichtweg nicht kennt. Er merkt nur, dass der Besitzer angespannt und aufgeregt ist, und verknüpft dieses Verhalten mit dem Besucher, was das Problem letztlich verschlimmert.

Mögliche Lösungswege

An dieser Stelle muss ich erwähnen, dass hier natürlich keine allgemeingültigen Lösungen präsentiert werden können, da die Motivation des Hundes, das problematische Verhalten zu zeigen, sehr unterschiedlich sein kann. Daher kann ich nur „einfache" Tipps geben. Man könnte in diesem Fall aber erst einmal für Ruhe sorgen, indem man den Hund wegsperrt. Er wird dadurch zwar oftmals ruhiger, aber natürlich behebt man das eigentliche Problem nicht. Es kann sogar sein, dass es sich dadurch verschlimmert, da das Haus jetzt auch zum Territorium des Hundes gehört und er nicht akzeptieren möchte, aus der Situation genommen zu werden.
Handelt es sich um einen eher unsicheren/ängstlichen Hundetypus, kann ich viel mit rein positiver Verstärkung erreichen. Das heißt, der Besuch wirft in bestimmten Situationen, also immer dann, wenn der Hund nicht bellt, dem ehemaligen Hofhund ein Leckerchen zu. Hier ins Detail zu gehen, würde allerdings den Rahmen sprengen.
Ist die Motivation des Hundes jedoch allein seine selbstbewusste territoriale Aggression, komme ich mit „Wurstwerfen" nicht weiter. Was simpel und einfach heißt, dass hier ein Hundetrainer ein MUSS ist, der sich die Situation vor Ort anschauen sollte.
Ich hoffe, durch dieses Beispiel des „Hofhundes" verdeutlicht zu haben, dass die Hunde eigentlich aus einer ganz anderen Welt kommen und die neue Welt erst einmal kennenlernen und neue Strategien zum Leben hier lernen müssen.

In vielen ost- und südeuropäischen Ländern eine gängige Haltung: der Hofhund ohne Freigang.

Straßenhunde haben die Wahl, wie sie miteinander umgehen.

DIE FREIHEIT DER STREUNER

Einen Hund zu erziehen, ohne sein Wesen, seine Motivation, seinen Charakter zu kennen, ist rein technisch gesehen möglich. Allerdings kommen Sie Ihrem Hund und einer vernünftigen Erziehung bzw. Beziehung wesentlich näher, wenn Sie sich in die Lage des Hundes versetzen können. Sie treten dann bei erzieherischen Maßnahmen ganz anders auf. Allein das Verständnis um sein Wesen sorgt dafür, dass Sie viel besser einschätzen können, was Ihr Hund braucht und was nicht. Auch in puncto erzieherische Methoden sind Sie viel besser dazu in der Lage zu entscheiden, was Sie und Ihr Hund wirklich brauchen, und laufen nicht unbedingt Gefahr, irgendeine völlig unangebrachte Erziehungsmethode aufgeschwatzt zu bekommen. Allerdings kann es ein steiniger und langer Weg sein, zum eigentlichen Charakter seines Hundes durchzudringen.

Die Welt eines wirklichen Straßenhundes zu verstehen, heißt zu verstehen, was Freiheit bedeutet!

LEBENSQUALITÄT AUF DER STRASSE

Als Hund auf der Straße zu leben, bedeutet für viele Menschen zwangsläufig, dass Streuner ein geradezu erbärmliches Leben führen müssen. In deren Vorstellungswelt kämpfen die Streuner täglich um ihr Überleben, es ist geprägt von Misshandlungen, Hunger und Krankheiten. Auch wenn diese Umstände jederzeit erfolgen können, heißt es noch lange nicht, dass das auch immer der Fall ist. Auf meinen Reisen habe ich viele Beispiele von positiven Situationen erlebt, die für den einen oder anderen in unseren Augen „normal" gehaltenen Hund ein Traum wäre.
Tatsächlich gibt es eine Lebensqualität auf der Straße, die Frage ist immer nur, für wie lange. Die Erfahrungen, die Hunde sammeln können, reichen von extrem schlecht bis hin zu extrem gut, entsprechend unterschiedlich ist letztlich auch das gezeigte Verhalten. Diese Erfahrungen werden zudem individuell, je nach Charakter und Wesen, unterschiedlich verarbeitet. Wie bereits beschrieben, gibt es das typische „Straßenhundeverhalten" nicht. Allerdings haben alle Streuner ganz unabhängig von der Herkunft, dem Zustand und der Lebensqualität eines gemeinsam: die Freiheit.

DEFINITION: FREIHEIT

Es gibt zwei entscheidende Punkte, die die Freiheit definieren.

- Erstens, die Tiere können kanidentypische Verhaltensweisen, wie z. B. Sozialkontakte, Futterbesorgung, Gefahrenabwehr, Territorialverhalten usw. ausleben. Nur wenn wir uns als Hundehalter Mühe geben, können wir all das auch unseren im Haus lebenden Hunden zur Verfügung stellen.
- Der zweite und viel wichtigere Punkt ist allerdings etwas, was wir unseren Hunden nicht ansatzweise bieten können. Nämlich den Luxus der freien Entscheidung. Das heißt, dass sie immer und jederzeit entscheiden können, wie und was sie machen möchten.

Eigenständiges Denken, selbst Entscheidungen treffen und entsprechend handeln ist etwas, in das man hineinwachsen muss. Wenn man aber gelernt hat, mit dieser Verantwortung umzugehen, wird man sie sehr stark vermissen, wenn man sie nicht mehr hat. Hunde, die in unserer Haltung des „goldenen Käfigs" groß geworden sind, haben diesen Prozess nie erlebt. Meist sind sie sogar völlig überfordert, wenn sie einmal selbstständig handeln sollen.
Ein Beispiel: Zwei Straßenhunde treffen sich. Sie haben jetzt verschiedene Möglichkeiten, zu agieren oder zu reagieren. Sie können sich einfach aus dem Weg gehen oder sich gegenseitig verprügeln, dazwischen gäbe es noch zig andere Möglichkeiten, zu reagieren. Sie haben die Wahl!

GROSSE FREIHEIT, DANN LEINE!

Der Streuner kommt in unsere Gesellschaft und verspürt schon den ersten Druck gesellschaftlicher Anpassung, die erste Zwangseinwirkung, die erste Begrenzung: die Leine. Die Leinenaggression, eher die Leinenpöbelei, ist eine der typischsten und häufigsten Verhaltensprobleme bei Streunern und hat eher selten etwas mit tatsächlicher Aggression zu tun, sondern in erster Linie mit Frust. Die Leine verhindert genau das, was ich bei „Freiheit" beschrieben habe – die Hunde können nicht mehr frei entscheiden, wie sie auf den anderen Hund reagieren sollen. Meistens dauert es keine zwei Wochen und der Hund rastet bei jeder Hundebegegnung aus. Oftmals wird von den Hundehaltern berichtet, dass, wenn der Hund an der Leine Kontakt zum anderen Hund hatte, er sich ruhig verhält. Dies ist natürlich nicht immer möglich und auch nicht empfehlenswert.

In den seltensten Fällen kommt es zu ernsthaften Auseinandersetzungen.

Erzieherisch kommen wir da auch schon an unsere Grenzen. Der Streuner weiß, was er will. Durch sein erfahrungsreiches Leben ist er schlau genug, sich nicht einfach mit Leckerchen ablenken oder sich durch Umkonditionierung manipulieren zu lassen. Er wird lernen müssen, mit diesem Frust umzugehen. Das allein ist schon sehr viel verlangt. Während der „normale" Haushund schon fast froh ist, wenn der Besitzer die Initiative ergreift und ein Alternativverhalten anbietet, fragt sich der Streuner, warum sich jetzt dieser Loser am Ende der Leine auch noch einmischt.

Eigenständigkeit wird ersetzt durch „Ausgehen"

Natürlich kommen noch andere Multifaktoren hinzu, die dieses oder jenes Problem auslösen können. Langeweile zum Beispiel. Auf der Straße wird es nie langweilig, es gibt immer was zu tun. Das, was Streuner am liebsten machen, ist „Gucken". Dieses völlig unspektakuläre Verhalten zeigen sie täglich mehrere Stunden.

Streuner besuchen ihre Umwelt nicht, sie leben in ihr!

Sie sind ein Teil dieser Umwelt, in der ständig etwas passiert. Ein gruppenfremder Hund kommt vorbei, eine Katze schleicht durch das Gebüsch, ein Mensch spricht die Hunde an oder bringt Futter. Die Fehlzündung eines Mofas bringt kurzzeitig Unruhe in die Gruppe usw. Die Auseinandersetzung mit den ständigen Umwelterfahrungen ist ein Teil ihres Lebens, die sie so ausgeprägt in unserer Gesellschaft nicht mehr erleben. Die meiste Zeit des Tages verbringen sie bei uns im Haus, abgeschnitten von der Umwelt, man könnte auch sagen: eingesperrt. Kein Wunder, dass da schnell Langeweile und Unterforderung aufkommen!

HOBBYS DER STREUNER

Neben kontinuierlichen Beschäftigungen gibt es auch die kurzzeitigen. Man könnte auch sagen: die „Hobbys der Streuner". Die Futtersuche z. B. muss nicht immer mit einem Überlebenskampf verglichen werden. Ich habe zahlreiche Streuner kennengelernt, die einfach Spaß daran hatten, sich Futter zu besorgen, obwohl sie es eigentlich nicht nötig gehabt hätten.
Es geht nicht allein darum, satt zu werden, sondern das Suchen allein macht Spaß, das Ausarbeiten verschiedener Gerüche und die freudige Erwartung darauf, was man heute so finden wird (hohe Vorfreude durch variable Belohnung).
Die Hunde von Pompeji sind mein Lieblingsbeispiel zu diesem Thema. Jeden Tag treffen sie sich vor der bekannten Touristenattraktion und begleiten die Reisegruppen. Sie ziehen eine richtige Show ab und bekommen dafür Aufmerksamkeit und Futter. Hier kann es gar nicht darum gehen, nur satt zu werden, da der Energie- und Zeitaufwand nicht im Verhältnis zur Futtermenge steht. Die Hunde haben schlichtweg Spaß daran, sich Strategien einfallen zu lassen.
So schließen sie sich lieber jüngeren Reisegruppen an, sie müssen auskundschaften und ausloten, bei wem sie was erreichen können und bei wem nicht. Ich wage sogar zu behaupten, dass sie schauspielern können. Ziehe ich die „Hallo, ich bin ein kleiner frecher Streuner"-Nummer ab oder die „Ich bin ein armer Straßenhund, der nur etwas Liebe möchte"-Nummer? (siehe hierzu auch die Beobachtungen von Andrey Poyarkov zu den „Bettlern", S. 248)?
Eines der größten Vorurteile bei Streunern ist, dass ihnen unterstellt wird, sie seien alle scheu und wollen vom Menschen nichts wissen. Ich habe zahlreiche Hunde kennengelernt, die freiwillig den Kontakt zum Menschen suchten. Auch das kann ein Hobby sein.

Die Lieblingsbeschäftigung der Streuner: Gucken. Eine ausdauernde und kontinuierliche Beschäftigung, die letztlich auch für eine qualitativ hohe Auslastung sorgt.

EIN LEBEN VOLLER EINSCHRÄNKUNGEN

Natürlich ist das Leben auf der Straße kein Luxusleben, aber wir müssen uns im Klaren darüber sein, dass das Leben im Haus genauso wenig ein Luxusleben für ehemalige Straßenhunde ist. Es ist gefahrenfrei und sicher, aber es ist für den ehemals „freien" Hund ein Leben voller Einschränkungen. Und natürlich bringt die Freiheit auch Gefahren mit sich, Hungerstrecken, Krankheiten, Misshandlungen sind nicht zwangsläufig Alltag, kommen aber durchaus vor. Glück und Zufriedenheit sind relativ. Alles zu haben, heißt noch lange nicht, glücklich zu sein. Kennen Sie dieses tolle Gefühl, sich einen kleinen Traum erfüllen zu wollen? Sie setzen sich ein Ziel, Sie arbeiten hart, um es sich leisten zu können, das Ziel rückt näher, Sie stellen sich vor, wie schön es sein wird, dann gibt es vielleicht Zweifel, ob Sie es schaffen werden. Sie scheitern, stehen auf und versuchen es noch einmal und kommen letztlich an Ihr Ziel. Eigentlich sind Sie schon glücklich, bevor Sie es haben. Das nennt sich Vorfreude. Wenn Sie Ihr Ziel dann erreicht haben, erfüllt Sie ein bestimmter Stolz, eine Zufriedenheit. Sie sind glücklich. Jetzt stellen Sie sich vor, Sie gewinnen im Lotto und können alles einfach so kaufen. Glauben Sie wirklich, dass es das gleiche Gefühl sein wird? Genauso geht es den Streunern, die auf der Straße ihr Leben lang einen Fulltime-Job hatten, mit allen Aufs und Abs, die es im Leben gibt, und nun von heute auf morgen das Leben eines isolierten Rentners führen sollen.

HUNDE DER PUNKS

Es gibt eine Schnittstelle zwischen dem Leben als herrenloser Straßenhund und einem „normalen" Familienhund. Das sind die Punks und ihre Hunde. Haben Sie auch schon einmal voller Bewunderung eine Gruppe Punks mit ihren Hunden durch die Stadt laufen sehen und sich gefragt, wie die das hinbekommen, dass die Hunde ohne Leine, ohne dauernde Kommandos oder Fleischwurst völlig ruhig und gelassen mitlaufen? Sich nicht vom Lärm oder den Menschenmengen einer Stadt ablenken lassen, Omas kläffenden und völlig ausrastenden Yorkshireterrier einfach links liegen lassen und sich die ganze Zeit an ihrer Gruppe orientieren? Der Traum eines jeden Hundehalters. In diesem Fall können wir eine geheimnisvolle Erziehungsmethode nach irgendeinem Hundeerziehungs-Guru völlig ausschließen.

KEINE ZEIT FÜR DEN BESITZER!

Ein Großteil aller Familienhunde flippt völlig aus, sobald Herrchen oder Frauchen die Leine in die Hand nimmt. Warum? Weil sie es kaum erwarten können, nach draußen zu kommen. Sie ziehen und zerren an der Leine, es kann ihnen gar nicht schnell genug gehen, Orientierung am Menschen gleich null. Der Fokus liegt zu 100 Prozent auf „draußen". Sie haben nur eins im Sinn, ihre Auslastung zu finden, ihre Bedürfnisse zu decken und zu erkunden. Schließlich haben sie nicht mitbekommen, was in den letzten Stunden oder seit dem letzten Spaziergang (Besuch der Umwelt) so passiert ist. Sie müssen nachholen, was sie verpasst haben, und haben jetzt für den Besitzer keine Zeit. Eigentlich nachvollziehbar. Die Punks auf der Straße führen mit ihren Hunden im Grunde genommen ein Leben wie die Straßenhunde. Für einen Punkhund ist es nichts Außergewöhnliches, draußen zu sein, auch sie leben in ihrer Umwelt, in der sie alles mitbekommen. Auch sie schlafen draußen oder in unterschiedlichen Gebäuden, bei denen jederzeit eine Störung vorkommen kann. Sie sind in Gruppen unterwegs, treffen permanent andere Hunde. Sie erleben einfach viel und empfinden nicht alles als superaufregend. All das ist eine Grundvoraussetzung dafür, ruhig und gelassen seiner

Die Hunde der Punks sind die Schnittstelle zwischen Streuner- und Familienhund.

Gruppe zu folgen. Dadurch, dass die Hunde typischerweise so gut wie nie angeleint sind, entsteht ein Effekt, den unsere Hunde gar nicht kennen. Sie haben gar kein Bedürfnis, Fahrradfahrer zu jagen, einfach wegzulaufen oder jeden Hund stürmisch zu begrüßen. Aber theoretisch könnten sie das jederzeit tun. Auch wenn sie es praktisch gar nicht umsetzen, wirkt es beruhigend, zumindest die Möglichkeit zu haben.

NIE ALLEIN!

Ein wichtiger Faktor ist auch, dass die Hunde permanent bei ihrer Gruppe sind, stundenlanges Getrenntsein kennen sie einfach nicht, auch das schweißt zusammen. Dazu kommt, dass die Punks grundsätzlich etwas lockerer drauf sind und die Hunde von Anfang an lernen, den Anschluss nicht zu verpassen. Ein weniger kontrolliertes Leben fordert Hunde dazu auf, Situationen selbst regeln zu lernen. Dadurch können sie auf viel mehr Erfahrungen im sozialen Umgang miteinander zurückgreifen, verfügen über mehr soziale Strategien, kennen sich mit ihren Stärken und Schwächen gut und treten dadurch allgemein gelassener auf.

HUNDEGERECHTERES LEBEN

Was können wir daraus lernen, oder wie können wir unseren Hunden ein ähnliches Leben bieten? Fast unmöglich, wenn wir unsere Jobs nicht kündigen und unser Haus verkaufen wollen, um auf der Straße zu leben. Diese Art der kontinuierlichen Auslastung unseren Hunden zu bieten, ist nur sporadisch möglich und somit wieder nicht das Gleiche. Aber wenn Sie die Möglichkeit haben, lassen Sie Ihren Hund draußen im Garten gucken, insofern er Lust dazu hat. Anstatt zu Hause auf der Couch ein Buch zu lesen, gehen Sie mit ihm nach draußen, setzen sich auf eine Parkbank und lesen Sie dort Ihr Buch. Wann immer sich die Möglichkeit ergibt, nehmen Sie Ihren Hund mit, es muss ja nicht gleich der Jahrmarkt sein. Und natürlich können Sie auf altbewährte und konzentrierte Kurzzeitbeschäftigungen zurückgreifen wie z. B. Futtersuche oder Hundesport. Davon aber nicht zu viel!
Wie gesagt, es ist eher die kontinuierliche Beschäftigung, die unseren Hunden allgemein und nicht nur ehemaligen Straßenhunden fehlt.
Ich möchte noch einmal darauf hinweisen, dass die meisten Hunde aus dem Ausland ehemalige Besitzerhunde sind, die mit dem Leben eines „echten" Streuners kaum etwas zu tun haben. Aber für die echten Straßenhunde lässt sich zusammenfassen, dass sie aus dem wahren Leben kommen. Freie Entscheidungen, freies Handeln, permanente Beschäftigung, Stress, Niederlagen, Erfolge, Ängste, Krankheiten, Hunger, Ausgelassenheit und Freude sind Stationen im Leben, die den Hund zum gut ausgebildeten Überlebenskünstler gemeißelt haben. Sie durften vom süßen Nektar der Freiheit kosten und werden diesen Geschmack nicht vergessen. Das macht sie zu ganz besonderen Hunden und für uns extrem schwer, sie in unserer Obhut zufriedenzustellen.

SERVICE
— *Wissenswertes für Hundehalter*

INSTITUTE UND ADRESSEN

Enrique Font
Instituto Cavanilles de Biodiversidad
y Biología Evolutiva
Universität Valencia
APDO. 22085
46071 Valencia, Spanien
enrique.font@uv.es

Roberto Bonanni
Independent researcher
via Giuseppe Donati 32
00159 Rom, Italien
roberto.bonanni@inwind.it

Michele Minunno
Kontakt: Tierschutzverein
„Hundefreunde Ampulien"
www.hundefarmbritz.wordpress.com
hundefarm-britz@gmx.net

Anindita Bhadra
Indian Institute of Science, Education
and Research, Kolkata
abhadra@iiserkol.ac.in

Martina Lazzaroni und
Sarah Marshall-Pescini
Wolf Science Center
Dörfles 48
A – 2115 Ernstbrunn
www.wolfscience.at

Günther Bloch
Caniden-Verhaltenszentrum Hunde-
Farm „Eifel"
Abteilung Verhaltensforschung
www.hundefarm-eifel.de
Bloch-Tours@shaw.ca

Andrey Poyarkov
A.N. Sevetsov Institution
and-poyarkov@yandex.ru

Stefan Kirchhoff
Haslah 27
D – 27711 Osterholz-Scharmbeck
www.streunerbutze.de

QUELLENNACHWEISE
Die Quellen, die in den Kapiteln der Wissenschaftler angegeben wurden, finden Sie als PDF- Download unter https://www.kosmos.de/streunerhunde

REGISTER

BILDNACHWEIS

Mit 117 Farbfotos von Stefan Kirchhoff.

Weitere Farbfotos von Anindita Bhadra (6: S. 104, 108); Günther Bloch (9: S. 186, 187, 192, 193, 194, 196, 197, 214, 215); Roberto Bonanni (1: S. 36); Giulia Cimarelli (4: S. 144, 148, 158, 161); Rachel Dale (3: S. 149, 157, 178); Larissa Darc (2: 150, 269); Martina Lazzaroni (8: S. 146 re., 164 o., 164 m., 165, 170, 172, 173); John E. Marriott (1: S. 206); Sarah Marshall-Pescini (1: S. 146 li.); Andrey Poyarkov (5: S. 218, 248, 250, 251); Shutterstock (4: S. 39/ Giampaolo Cianclla, 85/Sasa Dzambic Photography, 253/Natalja Nikolaeva, 264/Walenciennc); Heike Schmidt-Röger (1: S. 184); Klaudia Tondos (1: S. 164 u.).
Vignette Weltkugel von Shutterstock/LuckyDesigner

Mit 13 Grafiken von Anindita Bhadra (Gestaltung: Atelier Krohmer, Dettingen/Erms).

IMPRESSUM

Umschlaggestaltung von GRAMISCI-EDITORIALDESIGN, München unter Verwendung von zwei Farbfotos von Stefan Kirchhoff.

Mit 163 Farbfotos und 13 Grafiken.

Alle Angaben in diesem Buch erfolgen nach bestem Wissen und Gewissen. Sorgfalt bei der Umsetzung ist indes dennoch geboten. Der Verlag und die Autoren übernehmen keinerlei Haftung für Personen-, Sach- oder Vermögensschäden, die aus der Anwendung der vorgestellten Materialien, Methoden oder Informationen entstehen könnten.

Gedruckt auf chlorfrei gebleichtem Papier

ISBN 978-3-440-16003-9
Redaktion: Hilke Heinemann
Gestaltungskonzept: Peter Schmidt Group GmbH, Hamburg
Gestaltung und Satz: Atelier Krohmer, Dettingen/Erms
Produktion: Nina Renz
Druck und Bindung: Westermann Druck Zwickau GmbH, Zwickau
Printed in Germany / Imprimé en Allemagne

FSC
www.fsc.org
MIX
Papier aus verantwortungsvollen Quellen
FSC® C110508